FPGA
时序分析和约束

常建芳 ◎ 编著

清华大学出版社
北京

内 容 简 介

本书介绍了 4 种基本时序路径分析、时钟约束、输入/输出延时约束、时序例外约束和其他时序约束。本书共 8 章，第 1 章以生活场景时序例子开篇，介绍 FPGA 及 Vivado 编译工具，阐述时序分析和约束意义，描述 FPGA 时序约束整体框架；第 2 章从建立/保持时间、启动沿/锁存沿等概念切入，分析 4 种基本时序路径；第 3 章聚焦时钟分析与约束，涵盖主时钟、抖动、不确定性、延时、虚拟时钟和衍生时钟约束等内容；第 4 章讲述输入/输出延时约束，依次分析输入延时约束和输出延时约束；第 5 章阐述时序例外约束的意义，分析伪路径约束、时钟组约束、最大/最小延时约束、多周期路径约束，说明其优先级和逻辑设计方法；第 6 章汇总其他时序约束，如 Case Analysis、Disable Timing 等；第 7 章设计简单时序工程，涵盖前几章的时序路径并进行约束；第 8 章总结时序约束技巧，分享作者学习历程。

本书适合作为 FPGA 开发工程师和研究人员的参考书籍，尤其适合希望全面理解 FPGA 时序的开发者，也可以作为高等院校相关专业 FPGA 课程的教材。

图书在版编目(CIP)数据

FPGA 时序分析和约束 / 常建芳编著. -- 北京 ：清华大学出版社，2025. 8. -- ISBN 978-7-302-69982-8

Ⅰ．TP332.1

中国国家版本馆 CIP 数据核字第 20258MP215 号

责任编辑：杨迪娜
封面设计：杨玉兰
责任校对：徐俊伟
责任印制：刘　菲

出版发行：清华大学出版社
　　　　网　　　址：https：//www.tup.com.cn，https：//www.wqxuetang.com
　　　　地　　　址：北京清华大学学研大厦 A 座　　　邮　　编：100084
　　　　社　总　机：010-83470000　　　　邮　　购：010-62786544
　　　　投稿与读者服务：010-62776969，c-service@tup.tsinghua.edu.cn
　　　　质量反馈：010-62772015，zhiliang@tup.tsinghua.edu.cn
　　　　课件下载：https：//www.tup.com.cn，010-83470236
印　装　者：大厂回族自治县彩虹印刷有限公司
经　　　销：全国新华书店
开　　　本：185mm×260mm　　印　张：12.75　　　　字　　数：314 千字
版　　　次：2025 年 8 月第 1 版　　　　　　　印　　次：2025 年 8 月第 1 次印刷
定　　　价：69.00 元

产品编号：111588-01

FPGA 因具备可编程、并行处理及低功耗等独特优势,广泛应用于复杂数字逻辑、硬件加速、数字信号处理、边缘计算、深度学习算法加速等领域。当前时钟频率越来越快,数据带宽越来越大,FPGA 逻辑设计中时序问题凸显,这使得 FPGA 时序分析和时序约束在高频且逻辑功能复杂的设计中越来越重要。

在交通领域,车辆行驶速度快、流量大,则易导致交通事故与拥堵;车辆行驶速度慢、流量小,则浪费交通资源且通行效率低。交通安全不应仅靠限行限速,更需要合理调度公路资源、优化交通规则,实现快速、安全通行。城市之间可以设计高速公路,城市之内可以设计快速路,交叉路口设计智能红绿灯,区域可以设计绿波路段,不断提高交通资源的效率和利用率。

类比到 FPGA 逻辑设计中,高时钟频率和高带宽如同提高车速和路宽,提升效率则容易引发数据阻塞、追尾和刮蹭。若要打造更快速、更稳定的 FPGA 逻辑,不仅需要设计合理的逻辑功能,而且需要进行时序分析并设计时序约束。换言之,FPGA 逻辑设计既要会修路,还要会当交警,时序分析和约束就是当“交警”。

然而,在学习 FPGA 时序分析和约束的过程中,我发现存在一些问题。互联网上虽然有大量官方手册、经验总结及论坛教程对其进行说明,但大多是针对某一时序问题展开分析和约束,不利于研究者了解完整的时序框架,完整且系统地对 FPGA 时序进行分析和约束的资料相对匮乏。同时对实际工程逻辑代码、时序分析公式、时序路径框图及时序报告进行分析的案例较少,能够将时序报告中各类延时绘制成时序图,以帮助研究者直观理解时序的资料更是寥寥无几。

我在学习过程中做了一些努力。首先,有意识地构建了一个时序框架把时序问题规范到一起,摒弃从网上照搬一知半解的解决方案,因为很多时序问题可以采用不同的约束方案,只有理解全局后解决问题才变得游刃有余。其次,为不同时序问题设计工程逻辑代码,依据时序分析公式、时序路径框图和时序报告对每一种时序问题进行分析和约束,理解问题最好的方法就是仿真和实践。最后,为了直观地呈现时序路径的延时,我将时序报告中的延时数据绘制到时序路径中,并绘制了时序图,使时序问题变得清晰、明确。

最初学习 FPGA 时序分析和约束的笔记是手写稿,随着整理内容的不断增多,我对时序问题也有了更多的心得与体会。为了方便阅读和规范化,我将其整理为电子稿,后来又编撰成册,希望能与广大读者产生共鸣。本书内容相对全面,几乎涵盖了 Vivado 支持的所有时序约束指令,且每个时序分析案例都附有完整的逻辑代码、时序原理公式、时序图和路径图,清晰、直观且不枯燥。此外,书中还包含一些场景实例,能够帮助读者更好地理解时序概念和相关问题。

　　本书介绍了4种基本时序路径分析、时钟约束、输入/输出延时约束、时序例外约束和其他时序约束。读者既可以按照顺序依次阅读,也可依据研究需要针对具体约束进行查阅。需要强调的是,实践出真知,对于初学者来说,亲自对案例进行编译和分析,自行绘制时序路径和时序图,会比单纯阅读更有助于深入理解。

　　最后,非常感谢清华大学出版社杨迪娜老师,为本书的立项、编辑和出版做了很多工作。感谢清华大学出版社对本书的认可和支持。感谢天津大学董娜教授,在硕博6年的时间里对我精心指导,帮助我拓宽科研思路并提升写作能力。感谢刘星和常斐然同学对行文和绘图提出宝贵意见。

　　非常感谢单位领导张大钢、李红军、王进军、刘剑锋、朵慧智,在百忙之中抽出时间阅读本书初稿,并提出了宝贵的建议和修改思路。还要感谢邢立佳、高广杰、王高峰、杜金艳、李文健、梁志豪、秦法佳,他们是非常好的导师、朋友和工作伙伴,与他们共事十分愉快。

　　由于个人水平有限,书中难免存在缺陷或纰漏之处,恳请各位读者谅解并批评指正。

常建芳

2025 年 7 月

目 录

变量列表 ··· 1

第1章 时序分析和约束 ·· 2

1.1 什么是时序分析和约束 ·· 2

1.2 什么是FPGA——将时序分析和约束例子搬到FPGA中 ································· 3

1.3 什么是Vivado2024.1——逻辑设计/时序分析工具 ···································· 6

1.4 时钟频率和逻辑资源的影响 ·· 12

1.5 FPGA的基本时序约束 ··· 13

第2章 4种基本时序路径 ·· 16

2.1 时钟与寄存器基本模型 ·· 16

2.2 建立时间与保持时间 ··· 17

2.3 启动沿、锁存沿与建立时间关系、保持时间关系 ····································· 18

2.4 基本时序路径的相关概念 ·· 21

2.5 寄存器到寄存器的时序路径分析 ·· 22

2.6 输入引脚到寄存器的时序路径分析 ··· 25

    2.6.1 系统同步接口输入引脚到寄存器路径分析 ··· 26

    2.6.2 源同步接口输入引脚到寄存器路径分析 ··· 29

2.7 寄存器到输出引脚的时序路径分析 ··· 32

    2.7.1 系统同步接口寄存器到输出引脚路径分析 ··· 32

    2.7.2 源同步接口寄存器到输出引脚路径分析 ··· 36

2.8 输入引脚到输出引脚的时序路径分析 ··· 39

第3章 时钟约束 ··· 40

3.1 主时钟约束 ··· 40

    3.1.1 主时钟约束语法 ·· 41

    3.1.2 主时钟与主时钟约束 ·· 41

    3.1.3 主时钟时序分析报告 ·· 43

3.2 时钟抖动约束 ··· 56

　　　　3.2.1　时钟抖动约束语法 ·· 57

　　　　3.2.2　时钟抖动约束实例 ·· 58

　　3.3　时钟不确定性约束 ··· 61

　　　　3.3.1　时钟不确定性约束语法 ·· 61

　　　　3.3.2　时钟不确定性约束实例 ·· 62

　　　　3.3.3　时钟不确定性约束妙用 ·· 62

　　3.4　时钟延时约束 ··· 64

　　　　3.4.1　时钟延时约束语法 ·· 65

　　　　3.4.2　时钟延时约束实例 ·· 65

　　3.5　虚拟时钟约束 ··· 67

　　　　3.5.1　系统同步接口输入引脚到寄存器路径的虚拟时钟约束 ········· 68

　　　　3.5.2　系统同步接口寄存器到输出引脚路径的虚拟时钟约束 ········· 69

　　3.6　衍生时钟约束 ··· 71

　　　　3.6.1　衍生时钟约束语法 ·· 71

　　　　3.6.2　衍生时钟约束实例 ·· 72

　　3.7　关于 Max at Slow Process Corner 和 Min at Fast Process Corner ········ 74

第4章　输入/输出延时约束 ·· 77

　　4.1　输入延时约束 ··· 77

　　　　4.1.1　输入延时约束语法 ·· 77

　　　　4.1.2　输入延时约束实例 ·· 81

　　4.2　输出延时约束 ·· 104

　　　　4.2.1　输出延时约束语法 ··· 104

　　　　4.2.2　输出延时约束实例 ··· 107

第5章　时序例外约束 ·· 128

　　5.1　时序例外约束的意义 ··· 128

　　5.2　伪路径约束/时钟组约束 ·· 132

　　　　5.2.1　伪路径约束语法 ·· 132

　　　　5.2.2　伪路径约束实例 ·· 133

　　　　5.2.3　时钟组约束语法 ·· 137

　　　　5.2.4　时钟组约束实例 ·· 138

　　5.3　最大/最小延时约束 ·· 138

　　　　5.3.1　最大/最小延时约束语法 ·· 140

　　　　5.3.2　最大/最小延时约束实例 ·· 140

　　5.4　多周期路径约束 ·· 147

　　　　5.4.1　多周期路径约束语法 ··· 147

　　　　5.4.2　同频同相多周期路径约束 ······································· 149

　　　　5.4.3　同频异相多周期路径约束 ······································· 152

5.4.4　慢时钟域到快时钟域多周期路径约束 ······················ 156

5.4.5　快时钟域到慢时钟域多周期路径约束 ······················ 159

5.5　时序例外约束优先级 ······················ 165

5.6　时序例外约束对应的逻辑设计 ······················ 165

第 6 章　其他时序约束 ······················ 166

6.1　时钟约束 ······················ 166

6.1.1　Set Clock Sense 约束 ······················ 166

6.1.2　Set External Delay 约束 ······················ 169

6.2　时序断言 ······················ 170

6.2.1　Set Data Check 约束 ······················ 170

6.2.2　Set Bus Skew 约束 ······················ 171

6.3　其他约束 ······················ 174

6.3.1　Set Case Analysis 约束 ······················ 175

6.3.2　Set Disable Timing 约束 ······················ 175

6.3.3　Group Path 约束 ······················ 176

6.3.4　set_max_time_borrow 约束 ······················ 177

第 7 章　时序案例 ······················ 180

7.1　跨时钟域单脉冲传递 ······················ 183

7.2　跨时钟域电平信号传递 ······················ 187

7.3　多周期路径实例 ······················ 189

第 8 章　写在最后 ······················ 195

8.1　FPGA 时序约束技巧 ······················ 195

8.2　FPGA 学习之路 ······················ 196

8.3　引用文件 ······················ 196

变量列表

变量	说 明
T_{clk}	时钟周期
T_p	高脉冲周期
T_n	低脉冲周期
f	时钟频率,其时钟周期为 $1/f$
T_h	保持时间
T_{su}	建立时间
$T_{uncertain}$	时钟不确定性,代表时钟网络自身固有的抖动和偏差
T_{clk1}	时钟源到源寄存器的时钟路径延时
T_{clk2}	时钟源到目标寄存器的时钟路径延时
T_{co}	源寄存器输入端锁存数据到达源寄存器输出端的延时,也表示芯片固有延时
T_{data}	数据从源寄存器输出端到达目标寄存器输入端的延时
T_{common}	时钟源扇出到源寄存器和目标寄存器之前共用时钟路径延时
T_{clk1_pcb}	时钟源到源寄存器芯片/FPGA 引脚经过的 PCB 走线延时
T_{clk2_pcb}	时钟源到目标寄存器芯片/FPGA 引脚经过的 PCB 走线延时
T_{io2reg}	数据从 FPGA 数据输入端口到寄存器 reg2 输入端的延时
T_{data_pcb}	数据 PCB 走线延时
T_{clk2_out}	源同步接口:芯片时钟输入端到芯片时钟输出端延时,时钟从 FPGA 时钟输入引脚到 FPGA 时钟输出引脚的延时
T_{clk2_inter}	时钟从 FPGA 时钟输入引脚到目标寄存器 reg2 时钟引脚的延时
T_{reg2io}	数据从源寄存器输入端(触发沿)到 FPGA 数据输出端口的延时

第1章

时序分析和约束

初学 FPGA(field programmable gate array,现场可编程逻辑门阵列)时,复制逻辑代码、改逻辑、分配引脚、编译、烧写、上板调试,一切顺理成章,甚至不需要时序约束。当逻辑增加、算法复杂且有速度要求、逻辑跨时钟或异步时,FPGA 编译工具就会出现各种时序问题,甚至报错。查阅后发现,FPGA 设计还需要进行时序分析和约束。

1.1　什么是时序分析和约束

以航班登机时间为例。

【背景】　航班每天 6 点安检登机,7 点起飞,登机时间示意如图 1-1 所示。

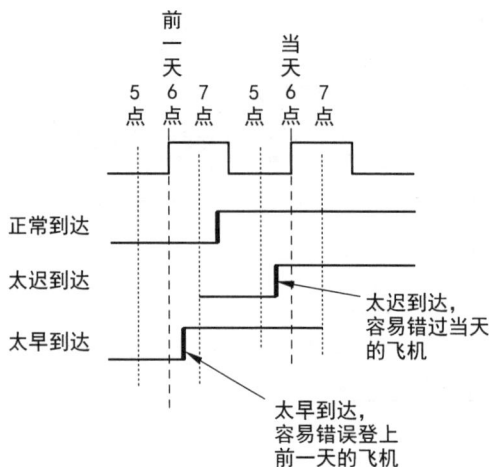

图 1-1　登机时间示意图

【分析】　为了确保登机,规定乘客当天 5 点之前必须到达机场。太迟到达影响安检登机,换句话说,到达机场时间越早,准时登机越有保障。

为了保证准时登机,到达机场的时间可以无限提前吗?

如果提前到前一天的 6 点半到达机场,乘客有可能误上前一天的航班,造成时序混乱。也就是说,乘客到达机场的时间为前一天的 7 点至当天的 5 点之间,就能顺利乘坐当天航班,这就是时序分析。

【结论】 到达时间早于当天 5 点是为了稳定、可靠,晚于前一天 7 点是为了避免混淆。为了顺利登机,需要约束到达机场的时间,这就是时序约束。

这样的例子既不合理,又不专业,仅仅是为了代入一个周期传递的情景,方便理解时序概念。将上述例子中的乘客类比上级寄存器输出数据,将航班类比当前寄存器,6 点定义为时钟采样沿,5 点定义为建立时间,7 点定义为保持时间,这就建立了 FPGA 内部寄存器之间数据传递最基本的模型。结论相似,上级寄存器传递的数据应该在当前寄存器采样沿建立时间之前保持稳定,并在保持时间内维持不变,也就是下一部分数据不能提前混入。

另一个例子:组装计算机的时候会发现处理器 CPU 和内存 DDR 距离很近,这是由于PCB 走线会造成数据传递延时,距离越近,布线越短,延时越小。同时,DDR 和 CPU 之间存在很多蛇形走线,这是为了使数据总线的走线等长,减小同组信号的时间偏移,可以理解为多个比特数据同时到达,谁也不用等谁。

将这个例子类比到 FPGA 中。FPGA 内部包含大量的逻辑资源,通过布局布线将逻辑资源连接起来实现不同的逻辑功能,与 PCB 走线将元器件连接起来相似。元器件距离越近,布线越短,延时越小;布线空间不足时,只能牺牲距离,路径延时就会增加。布局布线时,也存在多比特信号走线等长的问题。

时序约束指令可以限制 FPGA 内部布局布线,使布局布线后的逻辑电路满足时序要求。

1.2 什么是 FPGA——将时序分析和约束例子搬到 FPGA 中

什么是 FPGA? 时序分析和约束在 FPGA 中又该如何理解呢?

FPGA 是一种现场可编程逻辑门阵列,内部包含大量可配置的逻辑块(configuration logic block,CLB),FPGA 的结构如图 1-2 所示,用于实现逻辑电路。每个 CLB 连接一个开关矩阵,用于访问通用布线资源。CLB 中包含查找表(look up table,LUT)和触发器(filp-flop,FF),多路触发器构成寄存器 reg,分别用于实现组合逻辑和时序逻辑,还包括数据选择器和进位链等,不再赘述。通过逻辑代码编程将 FPGA 内部逻辑资源连接起来,以实现各种各样的逻辑功能,就像乐高积木,FPGA 可以灵活地设计逻辑功能。

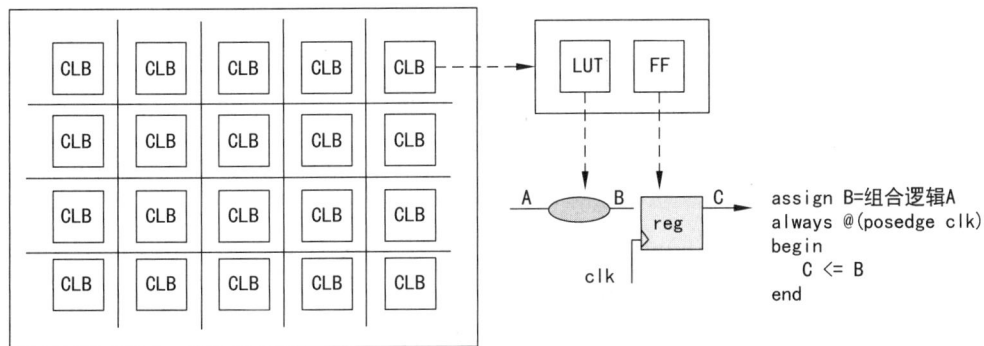

图 1-2 FPGA 的结构

　　FPGA 可以通过编程实现不同的逻辑功能,具有极高的设计灵活性。内部 CLB 逻辑阵列结构支持高速并行处理,适合处理重复性高的数字信号处理任务。逻辑功能可以根据需要重新配置 CLB 连接,适用于需要频繁更改逻辑功能的场景。FPGA 被广泛地应用于通信、医疗、航空航天、工业控制、嵌入式系统等领域。

　　一般地,FPGA 内部组合逻辑可以由查找表 LUT 实现,时序逻辑可以由触发器 FF/寄存器 reg 实现,如逻辑代码片段 Ch1_test1.v。

```
Ch1_test1.v

wire A;
wire B;
reg  C;
wire D;
reg  E;

assign B = ~A;
always @(posedge clk)
    begin
        C <= B;
    end

assign D = ~C;
always @(posedge clk)
    begin
        E <= D;
    end
```

代码片段的 FPGA 实现逻辑如图 1-3 所示。

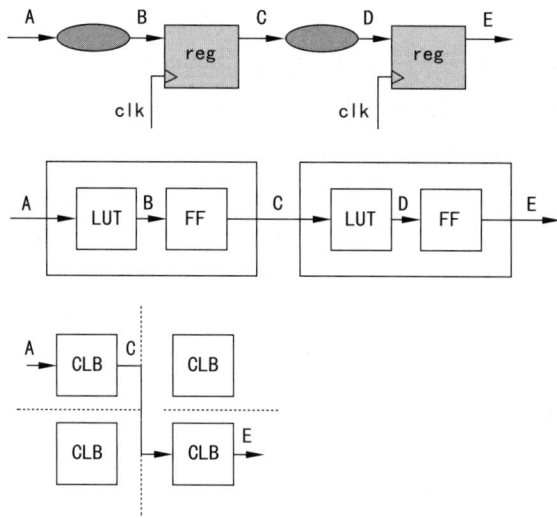

图 1-3　FPGA 实现逻辑示意图

　　对比图 1-3 和代码片段 Ch1_test1.v,组合逻辑 B=~A 和 D=~C 由 CLB 单元中的查找表 LUT 实现;时序逻辑 always 块实现寄存器 C<=B 和寄存器 E<=D 数据寄存,由 CLB 单元中的触发器 FF 实现;布局布线时,将逻辑资源 CLB 连接起来即可实现逻辑功能。

在正确实现逻辑功能的基础上,布局布线时可以随意连接 CLB 资源吗?

设计一个时序逻辑,CLB 布线和时序逻辑如图 1-4 所示,时钟 clk 的周期为 5ns,暂不考虑建立时间和保持时间,数据由 A 传递到 E。假设定义 CLB 内部的时序延时为 1ns,定义相邻 CLB 之间的路径延时为行差+列差,则 CLB1 和 CLB2 路径延时为 1ns,CLB1 和 CLB3 路径延时为 1ns,CLB1 和 CLB4 路径延时为 2ns。

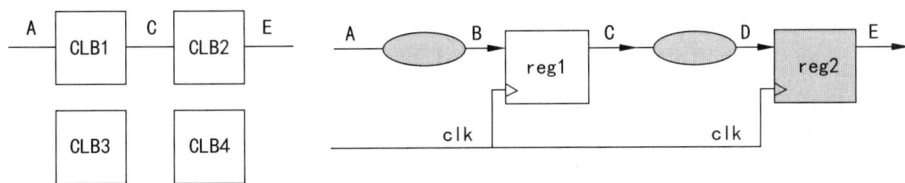

图 1-4 CLB 布线和时序逻辑

当无时序约束时,FPGA 编译工具布局布线过程将不受限制。编译工具并不知道时钟 clk 的周期为 5ns,布局布线时无须考虑路径延时是否超过 5ns,只需要依据逻辑功能将 CLB 连接起来即可。无时序约束时可能的布线结果如图 1-5 所示,其中布线延时 3ns 如图 1-5(a)所示,布线延时 7ns 如图 1-5(b)所示。

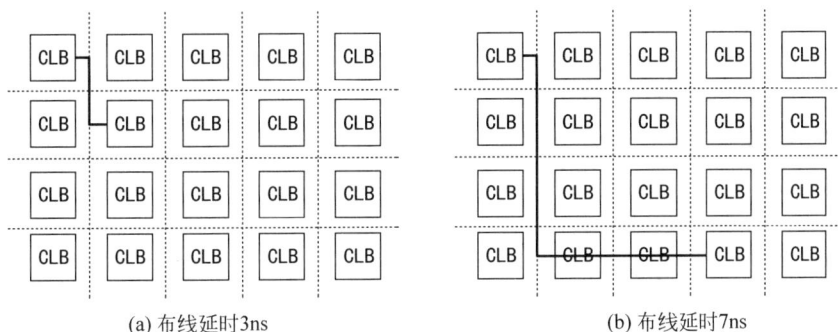

(a) 布线延时3ns   (b) 布线延时7ns

图 1-5 无时序约束时可能的布线结果

图 1-5(a)中,CLB 之间传递的延时=1ns(CLB 内部)+2ns(路径延时)=3ns,小于时钟 clk 的周期 5ns,下级寄存器采样沿 5ns 时刻数据可以到达,布局布线满足时序要求。图 1-5(b)中,CLB 之间传递的延时=1ns(CLB 内部)+6ns(路径延时)=7ns,大于时钟 clk 的周期 5ns,下级寄存器采样沿 5ns 时刻数据未到达,布局布线不满足时序要求。保持此时布局布线结果,只需要降低时钟 clk 的频率使周期变为 10ns,即可满足时序要求。因此,无时序约束时,编译结果或许可以满足时序要求,但是可能存在隐患和不确定性。

当设计最大/最小延时约束,最小延时 2ns,最大延时 3ns,最大/最小延时约束的布线范围如图 1-6 所示。CLB 之间传递的延时=1ns+1ns 或 1ns+2ns,满足最小延时 2ns,最大延时 3ns,且小于时钟 clk 的周期 5ns,布局布线满足时序要求。这里仅仅是两个寄存器之间的时序要求,FPGA 编译工具需要使所有路径都满足时序要求。

当设最小延时 2ns,最大延时 2ns,虽然延时小于

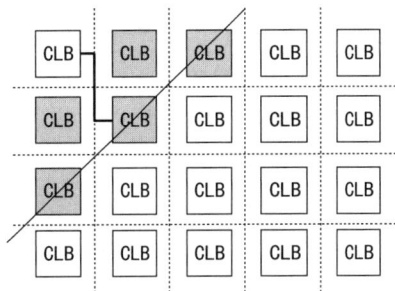

图 1-6 最大/最小延时约束的布线范围

时钟 clk 的周期 5ns,但是时序约束过紧,这样的时序约束称为过约束,会增加布局布线的压力。当设最小延时 4.9ns,最大延时 4.9ns,虽然延时小于时钟 clk 的周期 5ns,但是时序约束过松,这样的时序约束称为欠约束。虽然欠约束或过约束可能不会引发时序问题,但时序约束应尽可能平衡所有逻辑实现的时序松紧。

值得注意的是,本节的例子无实际应用意义,仅为了帮助理解时序约束。FPGA 中寄存器延时和路径延时一般都很小,只要正常约束时钟周期/频率,同一时钟域中寄存器数据传递的建立时间和保持时间很容易满足,一般不会出现时序违例;主要是异步跨时钟域和时序例外路径需要重点关注时序问题。

综上,FPGA 内部有大量可编程逻辑块 CLB,通过 FPGA 布局布线将逻辑块连接起来,可以实现各种逻辑功能;不同的布局布线路径延时不同,时序约束指令可以限制 FPGA 内部布局布线,使布局布线后的逻辑电路满足时序要求。至此,将时序分析和约束的例子搬到了 FPGA 中。

理解了前面的内容后,下面给出时序分析和时序约束的定义。

时序分析,是指遍历寄存器时序模型(布局布线的电路)所有的时序路径,计算时序路径上的各种延时,分析数据在该模型(电路)上传递是否满足时序要求。

时序约束,是指对逻辑电路提出时序要求,主要包括时钟约束、I/O 口数据时序约束、时序例外约束和其他类别的约束。

FPGA 编译工具会自动完成时序分析并给出时序报告,了解各种时序路径分析对理解时序报告是大有裨益的。时序约束则要求设计者对布局布线的逻辑电路提出时序要求,当布局布线失败时,可以利用时序约束加紧或放松时序要求。

1.3 什么是 Vivado2024.1——逻辑设计/时序分析工具

FPGA 可以通过编程实现不同的逻辑功能,不同厂商的 FPGA 芯片都有对应的开发套件进行逻辑设计、逻辑仿真、综合优化、布局布线、时序分析;开发套件编译后的可执行文件烧写到 FPGA/Flash 中,FPGA 即可实现设计的逻辑功能。

Xilinx 是全球领先的 FPGA 完整解决方案的供应商,也是目前排名第一的 FPGA 解决方案提供商。Xilinx FPGA 开发工具包括 Vivado 和 ISE(Xilinx 已经不考虑升级 ISE 的版本)。Altera FPGA 开发工具主要是 Quartus。Actel FPGA 开发工具主要是 Libero 集成设计环境。

本书中的时序分析和约束案例主要基于 Xilinx FPGA,开发套件采用 Vivado2024.1。本书中的所有工程基于 xc7k325tffg900-2 FPGA 芯片,综合策略为 Vivado Synthesis Defaults,实现策略为 Vivado Implementation Defaults。

新工程创建完成后进入 Vivado2024.1 的工程主界面,Vivado2024.1 的工程主界面如图 1-7 所示。

Vivado2024.1 的工程主界面中包含几个主要子窗口。

Flow Navigator(流程向导)窗口显示从设计输入到生成比特流的整个过程;Add Source(添加资源)用于添加逻辑源文件、约束文件和仿真文件;Language Templates(语言模板)提供了各语言示例模板,可以将其复制到设计中;IP Catalog(IP 核目录)主要用于搜

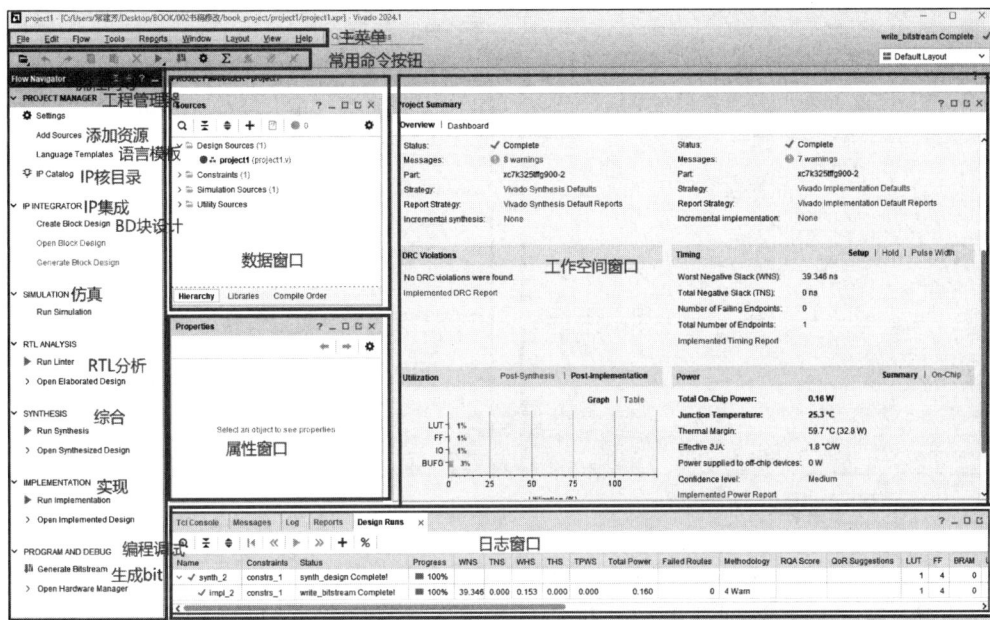

图 1-7 Vivado2024.1 的工程主界面

索 IP 并添加 IP 到工程中；SIMULATION（仿真）主要用于逻辑仿真；SYNTHESIS（综合）用于工程的综合；IMPLEMENTATION（实现）用于工程的实现；Generate Bitstream 用于生成. bit 文件。

数据窗口显示设计源文件和数据相关的信息。

属性窗口显示所选逻辑对象、元素、路径、器件等资源的特性信息。

工作空间窗口中，Project Summary 提供了当前工程的摘要信息，可以显示和编辑基于文本的文件和报告，还包括原理图显示窗口、器件显示窗口、封装显示窗口，以及编译结果、编译报告、时序分析等显示窗口。

日志窗口中，运行命令的状态和结果显示在结果窗口区域；Tcl Console 视图允许输入 Tcl 命令，并查看以前的命令和输出的历史记录；Messages 视图显示当前设计的所有消息，按进程和严重性分类，包括 Error、Critical Warning、Warning；Log 视图显示由综合、实现和仿真创建的日志文件；Reports 视图提供对整个设计流程中生成的报告的快速访问；Designs Runs 视图管理当前工程综合和实现。

常用命令按钮的单击访问，常用 Generate Bitstream 和 Project Summary。

在 Vivado 工程中，设计者可以在 Sources 窗口 Constraints 文件夹中创建管理约束文件。Constraints 文件夹中包含名为 constrs_1 的文件夹，用来保存以. xdc 为后缀的约束文件，约束文件管理窗口如图 1-8 所示。

Constraints 文件夹中可以包含不同的文件夹，设计者可以对同一个工程添加不同的约束以满足不同的应用需求。Constraints 文件夹中的多种约束策略如图 1-9 所示，constrs_1 加粗显示且有（active）标记，表示 constrs_1 文件夹中的约束文件作用于当前工程的编译。当需要切换到 constrs_2 文件夹时，选择 constrs_2 文件夹，右击选择 Make Active，如图 1-10 所示。切换到 constrs_2 文件夹后，constrs_2 加粗显示且出现（active）标记。

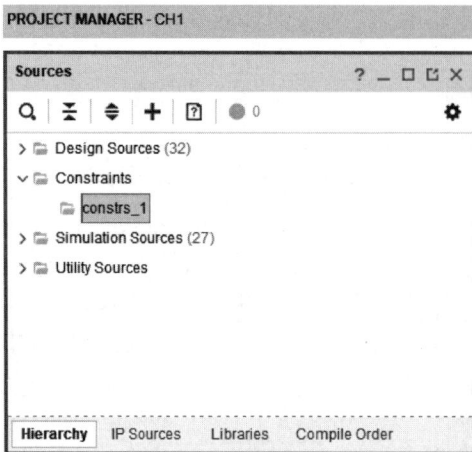

图 1-8　约束文件管理窗口

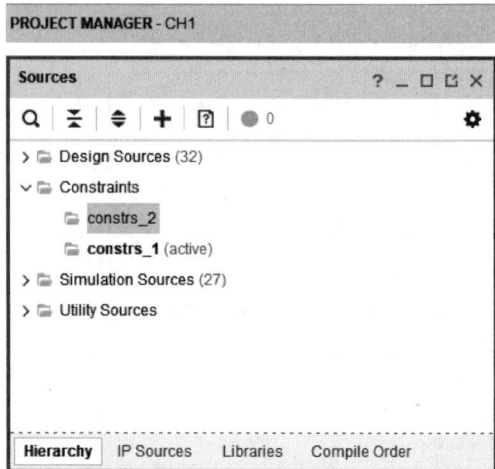

图 1-9　Constraints 文件夹中的多种约束策略

本节以 constrs_1 文件夹为例添加约束文件,选中 constrs_1,右击选择＋Add Sources 选项,如图 1-11 所示,新建约束文件窗口。

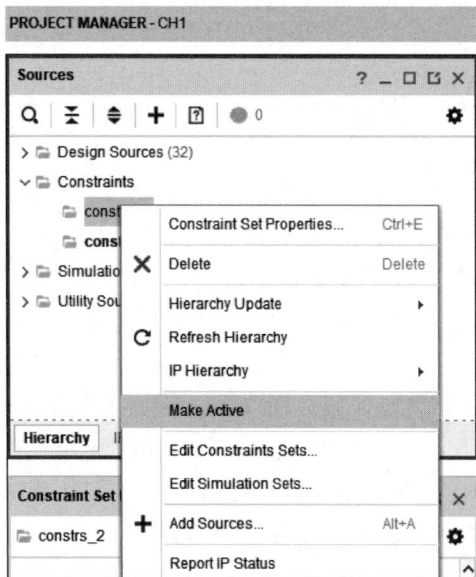

图 1-10　选择 Make Active

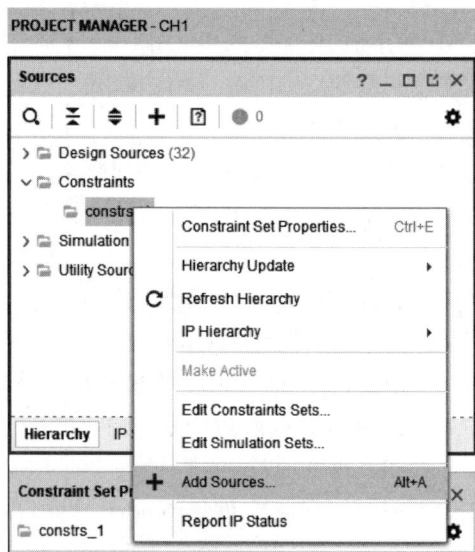

图 1-11　新建约束文件窗口

弹出 Add Sources 窗口,如图 1-12 所示,单击 Next 按钮。

弹出 Add or Create Constraints 窗口,如图 1-13 所示。

图 1-13 中,Specify constraint set 下拉列表框用于指定将约束文件. xdc 添加到哪个目标文件夹,此处指定添加到 constrs_1 文件夹,也可以指定添加到 constrs_2 文件夹。Add Files 按钮用于添加已有的. xdc 约束文件到当前工程。Create File 按钮用于创建新的. xdc 约束文件到当前工程,本节添加了 pin. xdc 约束文件用于分配引脚和电压,添加了 timing. xdc 约束文件用于记录时序约束。设计者可以为不同的逻辑功能块添加不同的. xdc 约束

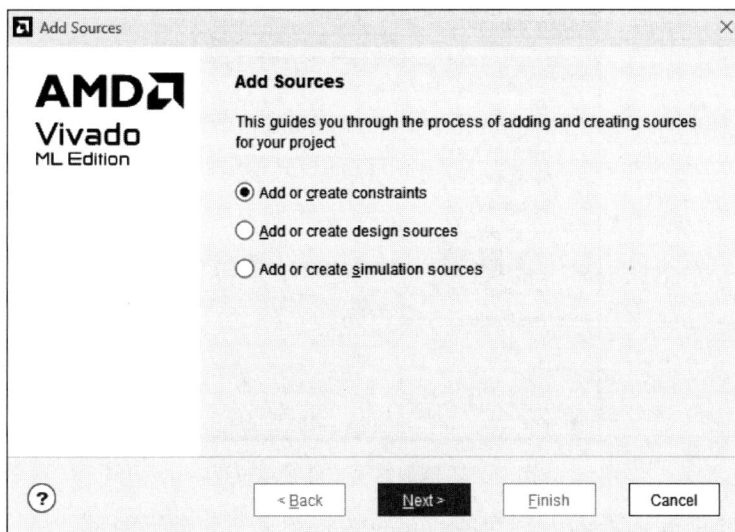

图 1-12 Add Sources 窗口

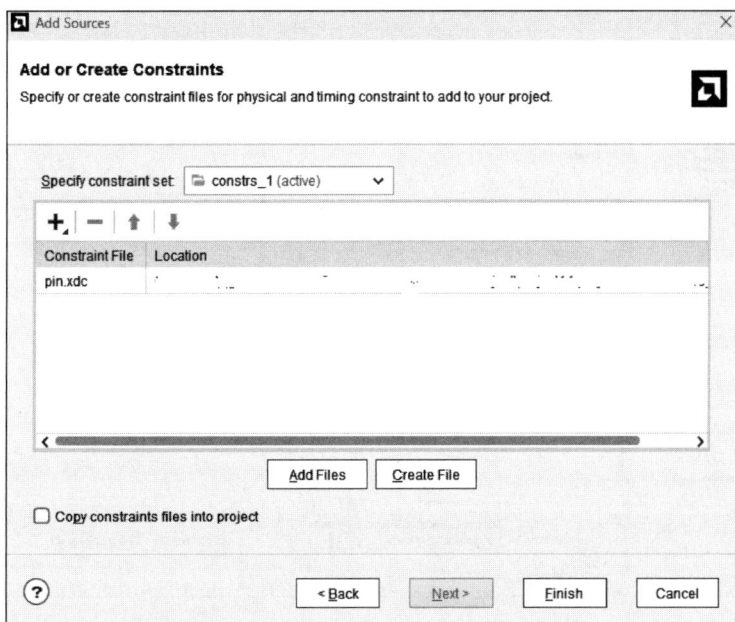

图 1-13 Add or Create Constraints 窗口

文件,也可以将高速口的 .xdc 约束文件单独拎出来,还可以针对固定不变的约束和不断调整的约束分别建立 .xdc 约束文件,当然把所有约束指令放到一个 .xdc 约束文件中也是可以的。单击 Finish 按钮完成 .xdc 约束文件的创建。

创建 pin.xdc 和 timing.xdc 约束文件,添加约束文件管理窗口如图 1-14 所示。虽然这两个 .xdc 文件已经添加到工程中了,但是其中并未包含任何约束信息。pin.xdc 约束文件中的引脚分配相对简单,此处不再赘述,本节主要讨论 timing.xdc 时序约束文件的配置。

约束文件的配置主要有两种方式,一种是直接写入约束指令,另一种是利用 GUI 工具配置约束。两种方式都是将时序约束指令保存在 .xdc 文件中。

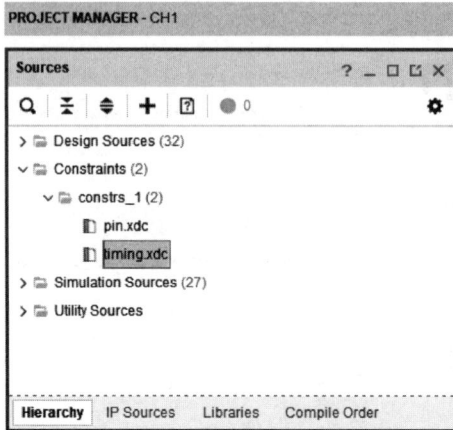

图 1-14 添加约束文件管理窗口

直接写入约束指令时,打开创建的 timing. xdc 约束文件进行编辑,约束指令的模板可以参考 Vivado Language Templates,Vivado Language Templates 窗口如图 1-15 所示。将满足语法规则,且配置了时序约束变量的指令粘贴到 timing. xdc 约束文件中即可。

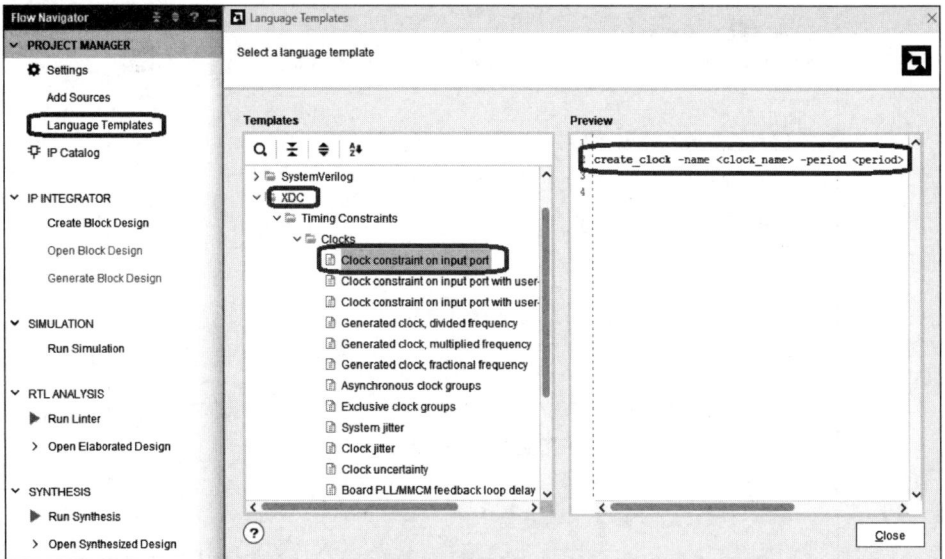

图 1-15 Vivado Language Templates 窗口

利用 GUI 工具配置约束时,首先需要进行 Run Synthesis 和 Run Implementation 操作,这时 GUI 工具才能识别工程中的有效节点。为了使 GUI 生成的指令保存到 timing. xdc 约束文件,需要选中 timing. xdc 并右击选择 Set as Target Constraint File,如图 1-16 所示。timing. xdc 约束文件出现(target)标识则表示成功配置 GUI 输出目标文件,如图 1-17 所示。

进入 Run Synthesis 选项的 Constraints Wizard(约束向导)和 Run Implementation 选项的 Edit Timing Constraints(时序约束编辑)的 GUI 界面进行时序约束的创建、修改和编译,如图 1-18 所示。

GUI 时序约束流程如图 1-19 所示,依次单击 IMPLEMENTATION 选项和 Edit Timing Constraints 选项,进入 GUI 配置界面,在 Timing Constraints 窗口中选择添加约束

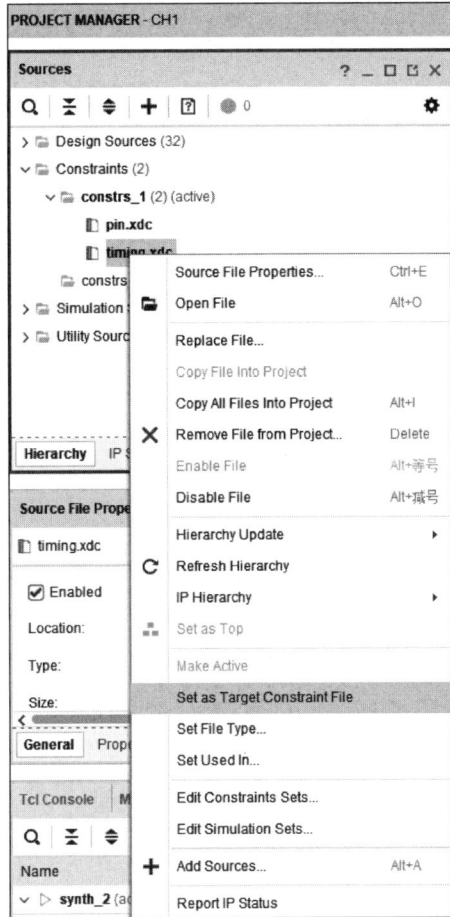

图 1-16 选择 Set as Target Constraint File

的类型（时钟约束、输入/输出引脚约束、时序例外约束等），单击"＋"按钮即可进入选定约束的 GUI 配置窗口。GUI 配置完成后，约束指令将自动添加到指定目标的.xdc 文件中。

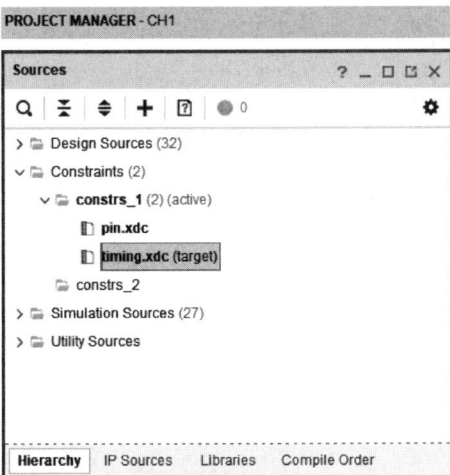

图 1-17 配置 GUI 输出目标文件

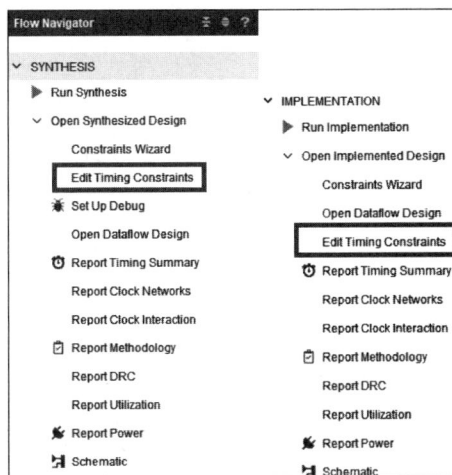

图 1-18 Run Synthesis 选项和 Run Implementation 选项

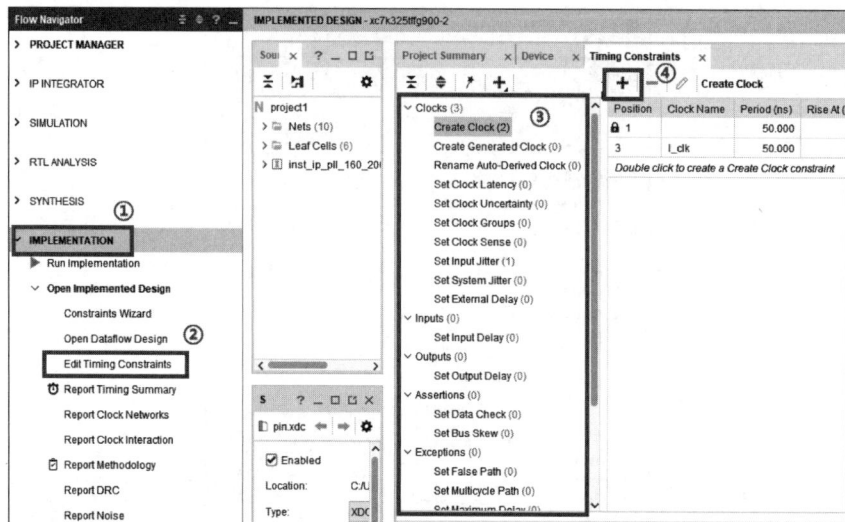

图 1-19 GUI 时序约束流程

1.4 时钟频率和逻辑资源的影响

在前述的登机的例子中,到达机场时间为前一天 7 点(保持时间)至当天 5 点(建立时间)。时钟周期为 24 小时,时序约束范围为 22 小时,时序非常松弛。类比场景,每小时一班高铁,提前 5 分钟到达,乘客到达的时间为 X:05(保持时间)至 X:55(建立时间)。时钟周期为 1 小时,时序约束范围为 50 分钟,时序变紧张。

时钟频率对布局布线的影响如图 1-20 所示,假设 FPGA 芯片的建立时间和保持时间基本一致,上升沿为采样时刻。时钟频率越快,周期越短,布局布线的范围就越窄,编译器布局布线时压力越大。很多工程布局布线时间长或布局布线失败(时序不满足要求)时,降低时钟频率即可顺利编译,就是这个原因;但是降低时钟频率会降低运算速度。

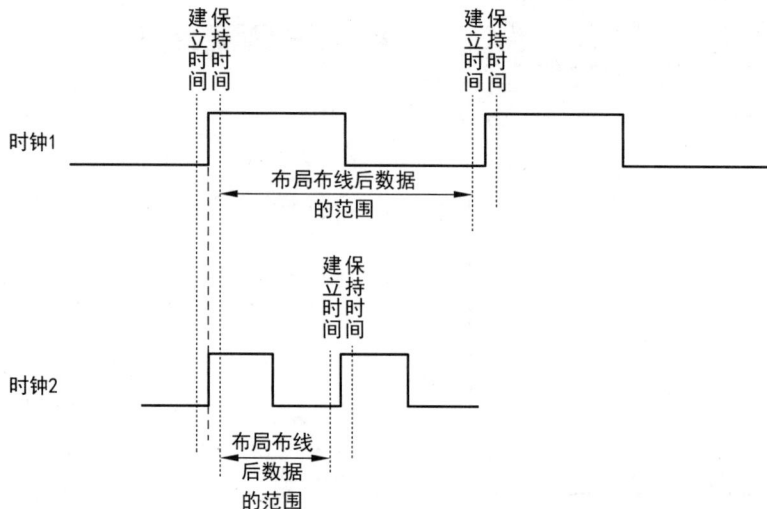

图 1-20 时钟频率对布局布线的影响

FPGA 逻辑资源对时序约束的影响可以类比 PCB 布局布线：FPGA 逻辑资源充足，设计的逻辑功能简单，类比大块 PCB 上只有少量元件，时序约束严格时元件布局可以紧凑，时序约束宽松时元件布局可以宽松；FPGA 逻辑资源与设计的逻辑功能相匹配，需要不断调整布局布线，使数据在逻辑资源之间的传递满足时序要求；FPGA 逻辑资源紧张，类比 PCB 上挤满元件，任何元件布局布线的调整牵一发而动全身，通过布局布线满足时序要求会更加困难，FPGA 编译工具布局布线的时间会超长甚至会导致编译失败。

综上，FPGA 的时序分析和约束应该根据逻辑资源、时钟频率、时序约束等综合考虑，当然代码质量和设计架构也非常重要，这样才能设计出稳定、可靠且高速的 FPGA 逻辑功能。

1.5　FPGA 的基本时序约束

FPGA 中有哪些时序需要分析、考虑并施加约束呢？

FPGA 的基本时序路径有 4 种：寄存器到寄存器（reg2reg）的时序路径、引脚到寄存器（io2reg）的时序路径、寄存器到引脚（reg2io）的时序路径和引脚到引脚（io2io）的时序路径，如图 1-21 所示。

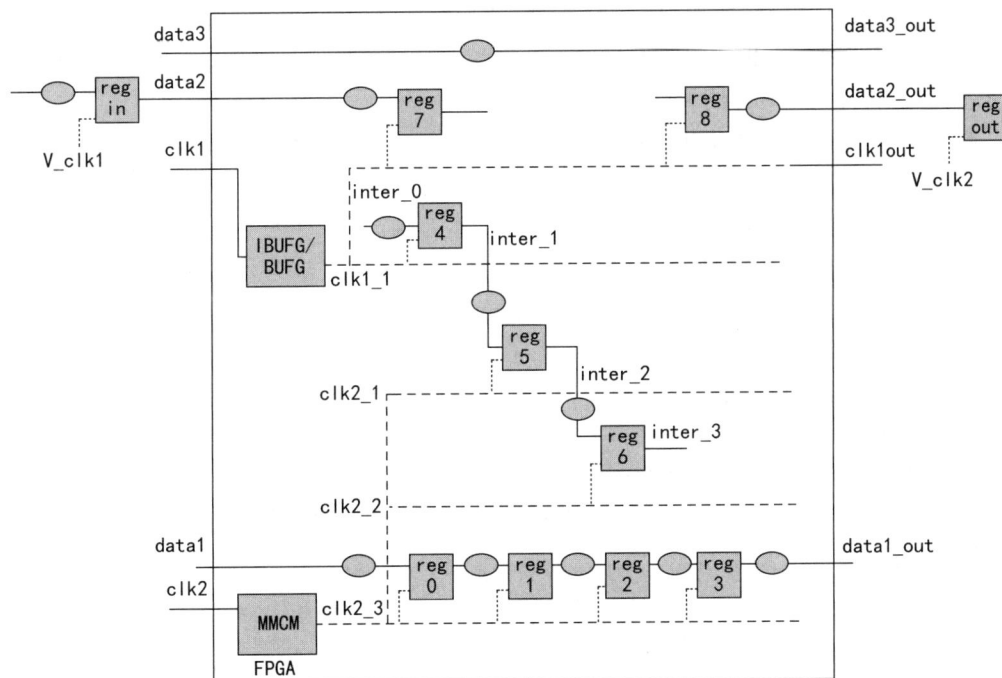

图 1-21　FPGA 的基本时序路径

寄存器到寄存器的时序路径，数据传递的两级寄存器在 FPGA 内部，即图 1-21 中的 reg0—reg1—reg2—reg3（同时钟源）和 reg4—reg5—reg6（跨时钟域）。具体来说，同时钟源寄存器到寄存器时序路径，正常约束时钟周期，一般不需要过多约束；异步时钟/跨时钟域寄存器到寄存器时序路径，最糟糕的时序相位可能很紧张，更适合用多周期路径或者伪路径约束。

引脚到寄存器的时序路径,FPGA 输入引脚数据传递到内部寄存器,即图 1-21 中的 data2—reg7 和 data1—reg0。常见的应用是将其他传感器或芯片的数据传递给 FPGA,时序约束为了使外部芯片寄存器到 FPGA 内部的寄存器满足时序要求,主要约束为输入延时约束 set_input_delay。

寄存器到引脚的时序路径,内部寄存器数据传递到 FPGA 输出引脚,即图 1-21 中的 reg3—data1_out 和 reg8—data2_out。常见的应用是将 FPGA 数据传递给其他传感器或芯片,时序约束为了使 FPGA 内部的寄存器到外部芯片寄存器满足时序要求,主要约束为输出延时约束 set_output_delay。

引脚到引脚的时序路径,FPGA 输入引脚数据传递到 FPGA 输出引脚,即图 1-21 中的 data3—data3_out。无特殊时序要求,可依据实际情况设置最大/最小延时约束。

接下来梳理一下有哪些约束。

FPGA 的主时钟一般是由外部板载晶振时钟、同步数据时钟和高速收发器时钟驱动,如图 1-21 中的 clk1 和 clk2。主时钟是各类时序分析的基准,因此要对主时钟进行约束定义。时钟传递会产生抖动和偏差,需要进行时钟抖动约束和时钟不确定性约束。时钟在传递过程中存在延时,必要时需要进行时钟延时约束。

有些时钟在 FPGA 内部并非真实存在的,在路径 data2—reg7 和 reg8—data2_out 中,外部芯片寄存器 reg in 的时钟 V_clk1 和外部芯片寄存器 reg out 的时钟 V_clk2 并未出现在 FPGA 内部。时钟分析时需要定义外部时钟用于描述外部时钟信号,这些时钟被称为虚拟时钟,需要进行虚拟时钟约束。

主时钟分频、倍频或相位移动产生的时钟为衍生时钟,时钟管理单元 MMCM 产生的时钟就是衍生时钟,如图 1-21 中的 clk2_1、clk2_2 和 clk2_3。一般情况下,编译工具可以自动约束衍生时钟,如有必要,设计者可以重新约束衍生时钟。

引脚到寄存器的时序路径和寄存器到引脚的时序路径需要进行输入/输出延时约束。在 FPGA 内部寄存器到寄存器的时序路径,主要需要考虑跨时钟域时,多周期路径约束、伪路径约束/时钟组约束。引脚到引脚的时序路径主要需要考虑最大/最小延时约束,最大/最小延时约束也常用来放宽或加紧时序要求。

FPGA 时序约束并非只有一种方式,只要厘清时序路径和时序约束关系,不同的时序约束方式也可以产生相同的时序约束效果。

综上,FPGA 的基本时序约束主要包括时钟约束、输入/输出延时约束、时序例外约束和其他时序约束,如图 1-22 所示。

时钟约束主要包括主时钟约束、时钟抖动约束、时钟不确定性约束、时钟延时约束、虚拟时钟约束和衍生时钟约束。输入/输出延时约束主要包括输入延时约束和输出延时约束(io2reg 和 reg2io)。时序例外约束主要包括多周期路径约束、伪路径约束/时钟组约束、最大/最小延时约束等(reg2reg 和 io2io)。其他时序约束包括 Case Analysis 约束、Disable Timing 约束、Time Borrow 约束、Clock Sence 约束、Data Check 约束、External Delay 约束、Group Path 约束和 Bus Skew 约束等。

本书将以 4 种基本路径的时序分析开始,介绍时序路径和时序分析方法、时序约束中变量的含义,依次拓展到时钟约束、输入/输出延时约束和跨时钟域的时序例外约束,其他时序约束也会简要描述。

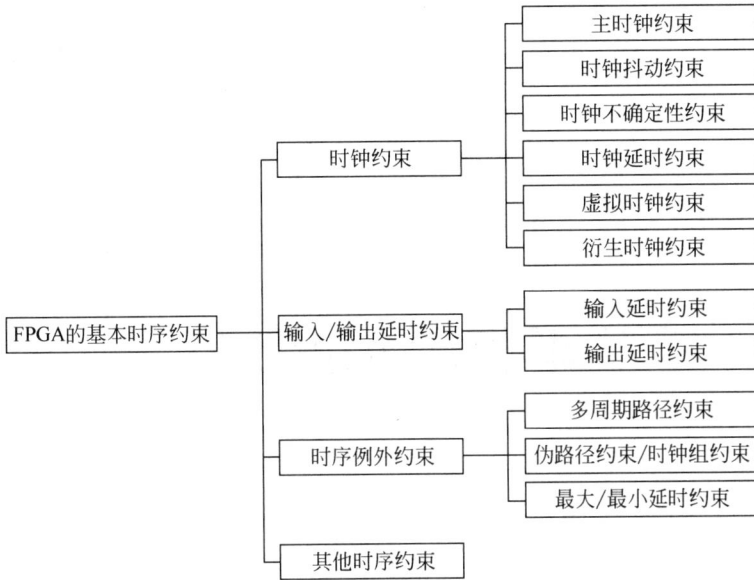

图 1-22 FPGA 的基本时序约束

第2章

4种基本时序路径

FPGA 的基本时序路径有 4 种：寄存器到寄存器的时序路径、引脚到寄存器的时序路径、寄存器到引脚的时序路径和引脚到引脚的时序路径。为了具体分析这四种时序路径，本章引入了寄存器基本模型，建立时间与保持时间，启动沿、锁存沿与建立时间关系、保持时间关系等基本概念，以及相关的时序图，进而扩展到四种基本路径的时序分析和时序图。

2.1 时钟与寄存器基本模型

时序逻辑电路中，寄存器状态是由时钟信号触发控制的。如代码 Ch2_test1.v 所示，在 clk 时钟上升沿，reg1 寄存器锁存 D 值，reg2 寄存器锁存 reg1 寄存器值。

```
Ch2_test1.v

always @(posedge clk)
    begin
        reg1 <= D;
    end

always @(posedge clk)
    begin
        reg2 <= reg1;
    end
```

代码对应的寄存器模型和时序如图 2-1 所示。

如图 2-1 所示，clk 为寄存器 reg1 和 reg2 的采样时钟。T_{clk} 是一个时钟周期，T_p 是高脉冲周期，T_n 是低脉冲周期，占空比为 50%，这是一个理想的方波信号。当一个时钟的频率为 f，其时钟周期为 $1/f$，例如时钟频率为 25MHz，时钟周期 T_{clk} 为 40ns。在时钟上升沿 clk_i，寄存器 reg1 锁存 D 变为高电平，寄存器 reg2 锁存 reg1 变为低电平。在时钟上升沿 clk_i+1，寄存器 reg1 锁存 D 变为低电平，寄存器 reg2 锁存 reg1 变为高电平。事实上，图 2-1 中并未将寄存器的延时过程表达出来，即寄存器 reg1 锁存 D 后再传递到 reg2 是存在延时的。

寄存器时序延时模型和时序如图 2-2 所示,在时钟上升沿 clk_i,寄存器 reg1 锁存 D 并未立即输出高电平,寄存器 reg2 锁存 reg1 保持的低电平。reg1_out+path/reg2_in 延时一段时间才变为高电平,这是寄存器 reg1 延时+路径 path 延时造成的,其中 reg1_out 表示寄存器 reg1 的输出,reg2_in 表示寄存器 reg2 的输入,reg1_out+path 表示寄存器 reg1 延时+路径 path 延时。在时钟上升沿 clk_i+1,寄存器 reg1 锁存 D 并未立即变为低电平,寄存器 reg2 锁存 reg1 在 clk_i 时刻锁存的高电平,寄存器 reg2 的输出 reg2_out 也延时一段时间才变成高电平。该时序模型是时序约束的基础模型,同时由此引出建立时间与保持时间。

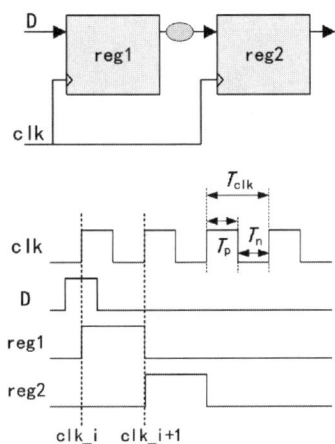

图 2-1　寄存器模型和时序图　　　　图 2-2　寄存器时序延时模型和时序图

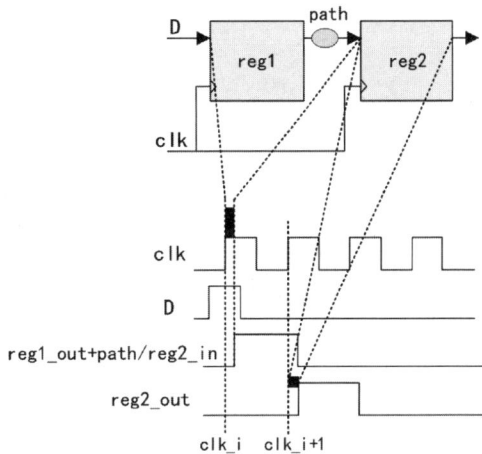

2.2　建立时间与保持时间

建立时间与保持时间如图 2-3 所示,由上节内容可知,由于寄存器 reg1 延时和 path 延时存在,寄存器 reg1 在 clk_i 时刻锁存值会延时一段时间才能传递到 reg2,reg1_out+path/reg2_in 的跳变就表示这段延时。在上升沿 clk_i 时刻,寄存器 reg2 锁存 reg1(前一拍锁存)还未改变的低电平;在上升沿 clk_i+1 时刻,寄存器 reg2 锁存 reg1 在 clk_i 时刻锁存且跳变后的高电平。

上升沿 clk_i 时刻,寄存器 reg2 锁存 reg1 的输出;为了避免采样到波动的跳变值,reg2 寄存器输入(寄存器 reg1 延时和 path 延时)需要在此刻继续稳定一段时间,如图 2-3 中的 T_h,将它称为保持时间(hold time),也就是寄存器 reg1 输出+path 延时跳变应该位于 T_h 虚线之后。

上升沿 clk_i+1 时刻,寄存器 reg2 锁存 reg1 的输出;为了避免采样到波动的跳变值,reg2 寄存器输入(寄存器 reg1 延时和 path 延时)需要在此刻提前一段时间保持稳定,如图 2-3 中的 T_{su},将它称为建立时间(setup time),也就是寄存器 reg1 输出+path 延时跳变应该位于 T_{su} 虚线之前。

综上,reg2 寄存器输入(寄存器 reg1 延时和 path 延时)跳变不能太早,否则会影响 reg2

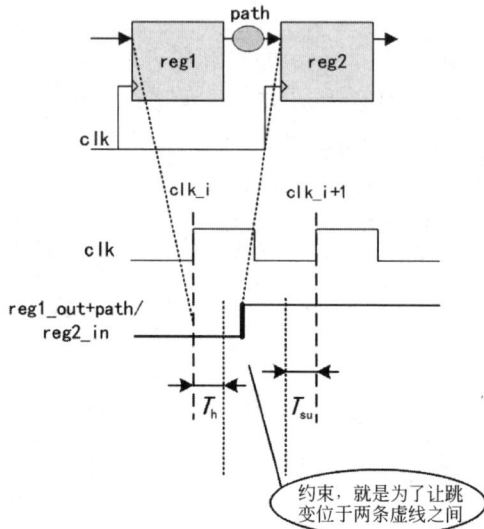

图 2-3　建立时间与保持时间示意图

当前周期锁存(保持时间),reg2 输入数据容易受到干扰;reg2 寄存器输入(寄存器 reg1 延时和 path 延时)跳变不能太迟,否则会影响 reg2 下一周期锁存(建立时间),reg2 输入数据没有准备好。也就是说,reg2 寄存器输入(寄存器 reg1 延时和 path 延时)跳变需要位于两条虚线之间,这是数据可以稳定传递的核心基础,时序约束就是为了确保这件事。

建立时间 T_{su} 是指时钟有效沿之前,数据必须保持稳定的最短时间。保持时间 T_h 是指时钟有效沿之后,数据必须保持稳定的最短时间。T_h 是相对于 clk_i 而言的,T_{su} 是相对于 clk_i+1 而言的,由此将进一步引出启动沿、锁存沿、建立时间关系和保持时间关系的概念。

2.3　启动沿、锁存沿与建立时间关系、保持时间关系

对于连续两级寄存器数据传递,上级寄存器 reg1 锁存的数据,在一个时钟周期之后由下级寄存器 reg2 锁存。分析连续两级寄存器的建立时间关系与保持时间关系时,将上级寄存器的时钟定义为启动沿(launch edge),将下级寄存器的时钟定义为锁存沿(latch edge),建立时间关系与保持时间关系由启动沿和锁存沿的关系表示,建立时间关系与保持时间关系如图 2-4(a)所示。

建立时间关系:上级寄存器 reg1 在启动沿锁存的数据,需要在下级寄存器 reg2 下一个时钟周期锁存沿的建立时间之前稳定下来,以保证下级寄存器 reg2 正常锁存数据,所以启动沿比锁存沿早一个时钟周期。在时序分析时,建立时间关系默认启动沿为 0ns,锁存沿为一个时钟周期 T_{clk}。

保持时间关系:上级寄存器 reg1 在启动沿锁存的数据,会延时一段时间传递到下级寄存器 reg2,这个延时需要大于保持时间。与启动沿同一时刻的锁存沿,下级寄存器 reg2 锁存的仍是 reg1 上一时钟周期的数据,不受当前锁存数据的影响。在时序分析时,保持时间关系默认启动沿为 0ns,锁存沿为 0ns。

这里引入航班的例子作为类比,在图 2-4(b)中,启动沿就是乘客拟启动下一日登机,锁存沿就是机场锁存前一日启动登机的乘客;建立时间关系就是 N 日的乘客拟启动 $N+1$ 日登机,到达时间需早于 $N+1$ 日—建立时间 T_{su},$N+1$ 日机场锁存 N 日启动登机的乘客;锁存沿 $N+1$ 比启动沿 N 晚一天;保持时间关系就是 N 日的乘客拟启动 $N+1$ 日登机,到达时间需晚于 N 日+保持时间 T_h,N 日机场锁存 $N-1$ 日启动登机的乘客;锁存沿 N 和启动沿 N 同一天;时序约束就是 N 日的乘客启动 $N+1$ 日登机,到达机场的时间为 (N 日+保持时间 T_h)~($N+1$ 日—建立时间 T_{su});N 日启动 $N+1$ 日登机的乘客太早到达机场,早于 N 日+保持时间 T_h 到达机场,和 N 日机场锁存 $N-1$ 日启动登机的乘客混淆,保持时间违例;N 日启动 $N+1$ 日登机的乘客太晚到达机场,晚于 $N+1$ 日—建立时间 T_{su} 到达机场,赶不上 $N+1$ 日机场锁存,建立时间违例。设想自己明日登机并感受一下上述场景,再去读前面的概念,可能更容易理解。

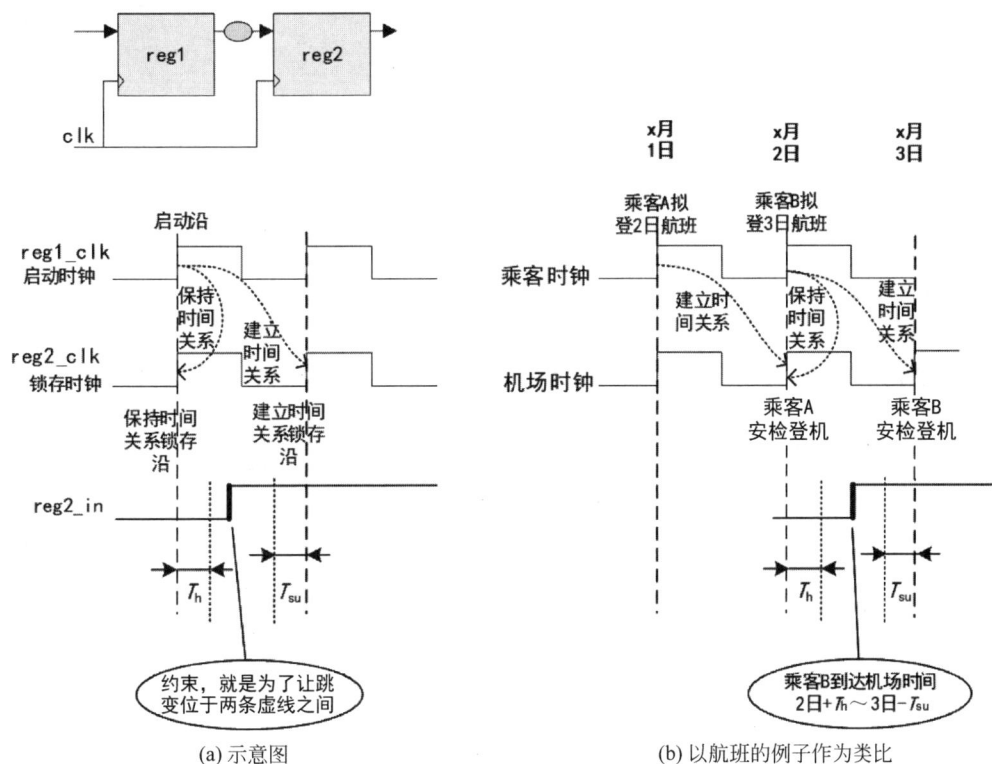

(a)示意图 　　　　　　　　　(b)以航班的例子作为类比

图 2-4　建立时间关系与保持时间关系

建立时间关系表示启动沿锁存的数据不能延时太大、传递太慢,需要早于建立时间达到,否则将影响下级寄存器下一周期锁存;保持时间关系表示启动沿锁存的数据不能延时太短、传递太快,需要晚于保持时间到达,否则将影响下级寄存器当前周期锁存。换句话说,reg2 寄存器输入(寄存器 reg1 延时和 path 延时)跳变需要位于两条虚线之间。

值得注意的是,建立时间和保持时间是矛盾的。在周期内,建立时间希望上级寄存器 reg1 的延时跳变越靠前越好,保持时间则希望上级寄存器 reg1 的延时跳变越靠后越好。在实际工程中,同时满足建立时间和保持时间就能使数据正常传递。

设计一个时序逻辑,输入数据 D1 和 D2 在时钟 clk 的上升沿分别被锁存到寄存器 reg1

和 reg2,这两路信号经过信号 S 控制的多路选择器到达下级寄存器 reg3 的输入端;在 clk
的下一个上升沿,reg3 的输入端的数据被锁存,如代码 Ch2_test2.v 所示。

```
Ch2_test2.v

always @(posedge clk)
    begin
            reg1 <= D1;
            reg2 <= D2;
    end

always @(posedge clk)
    begin
            if(S)
                    reg3 <= reg1;
            else
                    reg3 <= reg2;
    end
```

代码对应的寄存器模型与时序如图 2-5 所示。

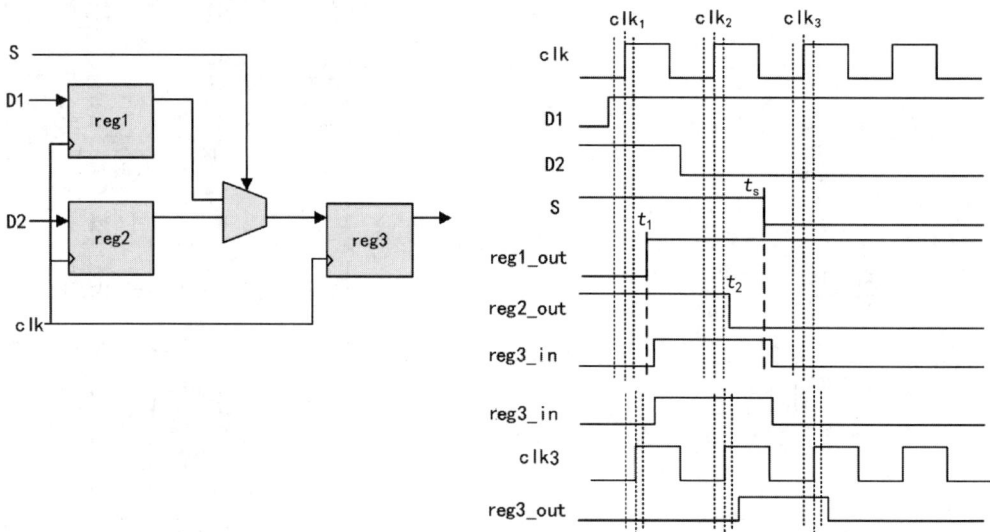

图 2-5 寄存器模型与时序图

时钟源 clk 到寄存器 reg1、reg2 和 reg3 的路径/时钟延迟不同,时序图中 clk3 相对于
clk 增加了时间延时,寄存器 reg1 和 reg2 在 clk 上升沿锁存数据,寄存器 reg3 在 clk3 上升
沿锁存数据。时钟 clk 和 clk3 的上升沿前后绘制了三条虚线,分别表示建立时间、采样时刻
和保持时间,寄存器锁存数据应该满足建立时间和保持时间要求。

对于 clk 时钟,在 clk_1 时刻,寄存器 reg1 锁存 D1 值变为高电平,由于寄存器 reg1 内部
的路径延时,寄存器 reg1 的输出 reg1_out 在 t_1 时刻跳变为高电平,满足保持时间要求。在
clk_2 时刻,寄存器 reg2 锁存 D2 值变为低电平,由于寄存器 reg2 内部的路径延时,寄存器
reg2 的输出 reg2_out 在 t_2 时刻跳变为低电平,满足保持时间要求。在 t_s 时刻之前,寄存器
reg3 锁存 reg1_out,在 t_s 时刻之后,寄存器 reg3 锁存 reg2_out;由于寄存器延时和路径延
时,reg3_in 在 t_1 时刻和 t_s 时刻分别对 reg1_out 和 reg2_out 存在延时。对于 clk3 时钟,寄

存器 reg3 在时钟上升沿锁存 reg3_in,时序满足建立时间和保持时间要求。

在上述模型中微调 reg3_in 的时序,使信号的跳变在建立时间或者保持时间内就会造成时序违例,建立时间和保持时间时序违例如图 2-6 所示。时序违例后寄存器锁存的数据为不确定的状态,也可能是高低不定的亚稳态,数据采样会出现误差。与之前的结论一致:上级寄存器输出的延时跳变(本级寄存器的输入)需要位于两条虚线之间。

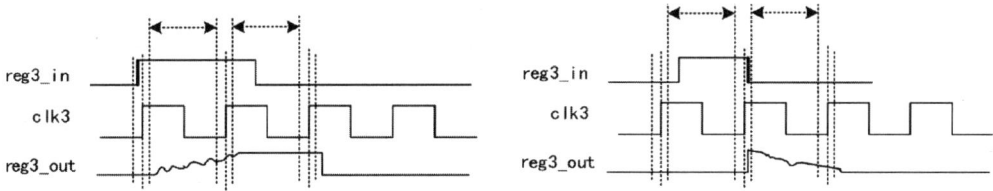

图 2-6　建立时间和保持时间时序违例

2.4　基本时序路径的相关概念

这里还有几个概念需要交代,数据路径和时钟路径如图 2-7 所示。

数据路径:数据从本级寄存器的输入端到下级寄存器的输入端。

时钟路径:时钟从时钟源到本级寄存器,时钟从时钟源到下级寄存器。

数据到达路径和数据需求路径如图 2-8 所示,时序如图 2-9 所示。

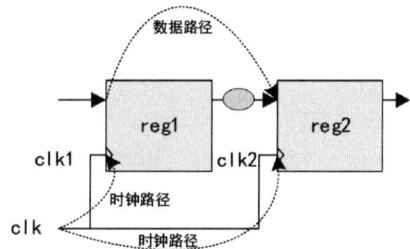

图 2-7　数据路径和时钟路径

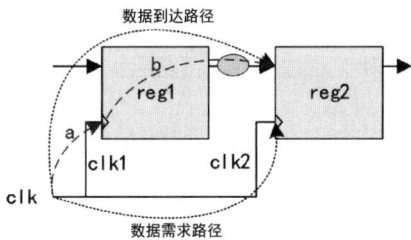

图 2-8　数据到达路径和数据需求路径

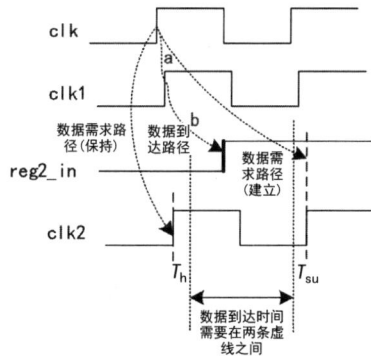

图 2-9　时序图

数据到达路径:数据在两个寄存器之间传输的实际需要时间的路径,从时钟源的启动沿到下级寄存器输入跳变。

数据需求路径:数据在两个寄存器之间传输的理论需要时间的路径,从时钟源的启动沿到下级寄存器锁存沿。

图 2-8 和图 2-9 中,数据到达路径包含时钟路径 a+数据路径 b,数据到达路径的延时就是数据到达时间(data arrival time),延时跳变时刻=时钟路径 a 延时+数据路径 b 延时。

数据需求路径包含一条时钟路径,需要满足数据传递的建立时间和保持时间要求。保持时间关系中数据需求路径为同一时钟沿,建立时间关系中数据需求路径为下一时钟沿。保持时间关系中数据需求时间(data required time)为 clk2 锁存沿$+T_h$,建立时间关系中数据需求时间为 clk2 锁存沿$-T_{su}$。因此,锁存沿(保持)$+T_h$<数据到达时间<锁存沿(建立)$-T_{su}$。

无论如何扩充概念,最后时序约束都可以归结为:上级寄存器 reg1 输出的延时跳变(本级寄存器 reg2 的输入)需要位于两条虚线之间。接下来的时序分析就是确保:

$$建立时间余量=数据需求时间-数据到达时间$$
$$=锁存沿(建立)-T_{su}-数据到达时间>0;$$
$$保持时间余量=数据到达时间-数据需求时间$$
$$=数据到达时间-[锁存沿(保持)+T_h]>0。$$

2.5 寄存器到寄存器的时序路径分析

寄存器到寄存器路径时序分析时,将各类延时信息标注出来,寄存器到寄存器的时序路径和时序如图 2-10 所示,其中 clk 为时钟源,clk1 为 reg1 的驱动时钟,clk2 为 reg2 的驱动时钟。

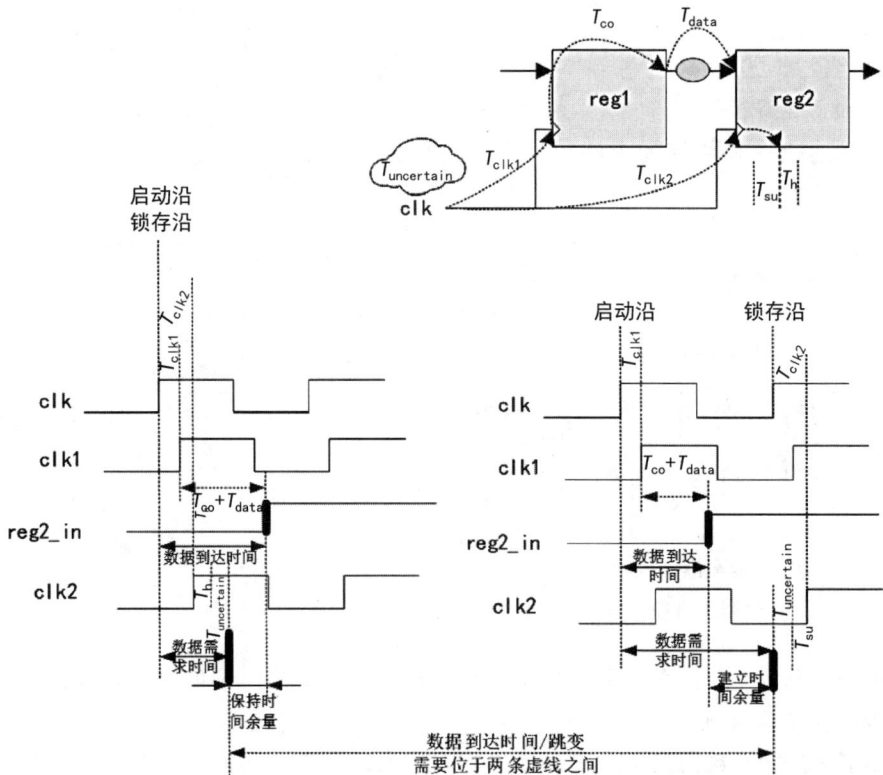

图 2-10 寄存器到寄存器的时序路径和时序图

$T_{uncertain}$ 为时钟不确定性,代表时钟网络自身固有的抖动和偏差,抖动和偏差会传递到源寄存器和目标寄存器；时序分析时作为时钟不确定时间的一部分，在数据需求时间中补偿；T_{clk1} 代表时钟源到源寄存器 reg1 的时钟路径延时；T_{clk2} 代表时钟源到目标寄存器 reg2 的时钟路径延时；T_{co} 代表源寄存器输入端锁存数据到达源寄存器输出端的延时，它实际上是寄存器内部路径的延时，一般与 FPGA 器件本身的设计工艺相关，通常是一个固定值；T_{data} 代表数据从源寄存器输出端，到达目标寄存器输入端的延时，它实际上是数据路径的延时＋组合逻辑的延时，与数据路径和组合逻辑复杂度相关；T_{su} 代表目标寄存器的建立时间；T_h 代表目标寄存器的保持时间。

依据图 2-10 所示时序路径和时序图很容易列出时间余量计算公式。

建立时间余量：

$$数据到达时间＝启动沿＋\max(T_{clk1})＋T_{co}＋T_{data}$$
$$数据需求时间＝锁存沿＋\min(T_{clk2})－T_{su}－T_{uncertain}$$
$$建立时间余量＝数据需求时间－数据到达时间$$

保持时间余量：

$$数据到达时间＝启动沿＋\min(T_{clk1})＋T_{co}＋T_{data}$$
$$数据需求时间＝锁存沿＋\max(T_{clk2})＋T_h＋T_{uncertain}$$
$$保持时间余量＝数据到达时间－数据需求时间$$

对比图 2-10 中的时序图和上述公式，它们的本质是一致的。建立时间关系中锁存沿比启动沿晚一个时钟周期，保持时间关系中锁存沿与启动沿一致；建立时间关系中数据到达时间早于数据需求时间（不违例），因此建立时间余量中数据到达时间为减数，保持时间关系中数据到达时间晚于数据需求时间（不违例），因此保持时间余量中数据达到时间为被减数；为了计算最糟糕的建立时间余量（数据需求时间－数据到达时间），应该使数据到达时间尽量靠后，数据需求时间尽可能靠前，确保数据需求时间为最小值，则计算延时最小值 $\min(T_{clk2})$ 并减去不确定时间 $T_{uncertain}$；确保数据到达时间为最大值，则计算延时最大值 $\max(T_{clk1})$；为了计算最糟糕的保持时间余量（数据到达时间－数据需求时间），应该使数据到达时间尽量靠前，数据需求时间尽可能靠后，确保数据需求时间为最大值，则计算延时最大值 $\max(T_{clk2})$ 并加上不确定时间 $T_{uncertain}$；确保数据到达时间为最小值，则计算延时最小值 $\min(T_{clk1})$。

这里需要引入 CPR（clock pessimism removal）的概念，Vivado 时序报告中也会列出 CPR 时间。CPR 推导过程如图 2-11 所示。

图 2-11(a) 中不考虑 common 路径，时钟源到源寄存器和目标寄存器分别计算了延时，事实上，时钟源扇出到源寄存器和目标寄存器之前共用一段时钟路径 common，如图 2-11(b) 中的 T_{common}。时序分析应该依据图 2-11(b) 设计。

建立时间 CPR 推导，在图 2-11(c) 中，数据到达时间时钟延时为 $\max(T_{clk1})$，相当于 $\max(T_{common})＋\max(*T_{clk1})$；数据需求时间时钟延时为 $\min(T_{clk2})$，相当于 $\min(T_{common})＋\min(*T_{clk2})$；实际上 T_{common} 为共同路径的延时，不应该分别计算 $\max(T_{common})$ 和 $\min(T_{common})$；在图 2-11(d) 中，数据到达时间时钟延时为 $T_{common}＋\max(*T_{clk1})$，数据需求时间时钟延时为 $T_{common}＋\min(*T_{clk2})$；计算建立时间余量为数据需求时间－数据到达时间，图 2-11(d) 中 T_{common} 直接抵消，因此在图 2-11(c) 中多出一截 $\max(T_{common})－\min(T_{common})$，多出的一截定义为 CPR。同理，保持时间 CPR 推导，在图 2-11(e) 中多出一

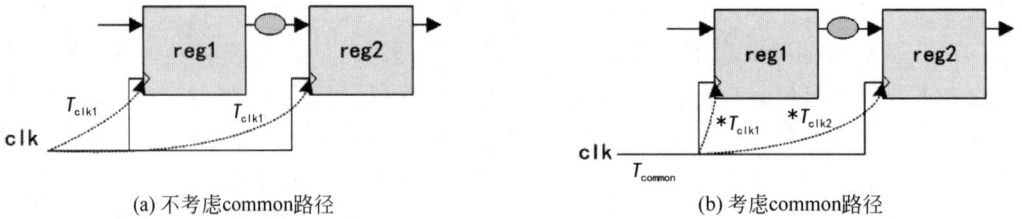

(a) 不考虑common路径

(b) 考虑common路径

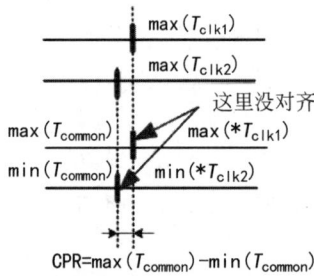

(c) 建立时间CPR推导

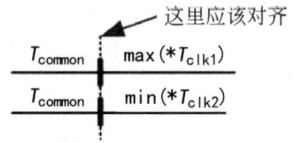

(d) 建立时间common路径延时一致

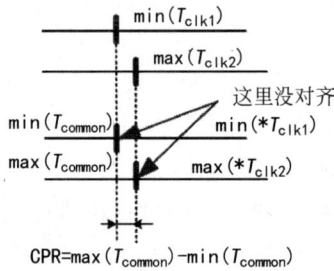

(e) 保持时间CPR推导

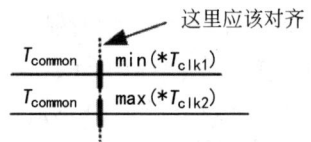

(f) 保持时间common路径延时一致

图 2-11　CPR 推导示意图

截 $\max(T_{\text{common}})-\min(T_{\text{common}})$，它应该像图 2-11(f) 中一样被抵消掉，多出的一截定义为 CPR。

$$\text{CPR}=\max(T_{\text{common}})-\min(T_{\text{common}})$$

计算建立时间余量，为了使图 2-11(c) 中 T_{common} 对齐抵消，需要数据需求时间＋CPR；计算保持时间余量，为了使图 2-11(e) 中 T_{common} 对齐抵消，需要数据需求时间－CPR；增加 CPR 寄存器到寄存器的时序路径和时序如图 2-12 所示。

引入 CPR 时间后，时间余量计算公式如下。

建立时间余量：

数据到达时间＝启动沿＋$\max(T_{\text{clk1}})+T_{\text{co}}+T_{\text{data}}$

数据需求时间＝锁存沿＋$\min(T_{\text{clk2}})-T_{\text{su}}-T_{\text{uncertain}}+\text{CPR}$

建立时间余量＝数据需求时间－数据到达时间

保持时间余量：

数据到达时间＝启动沿＋$\min(T_{\text{clk1}})+T_{\text{co}}+T_{\text{data}}$

数据需求时间＝锁存沿＋$\max(T_{\text{clk2}})+T_{\text{h}}+T_{\text{uncertain}}-\text{CPR}$

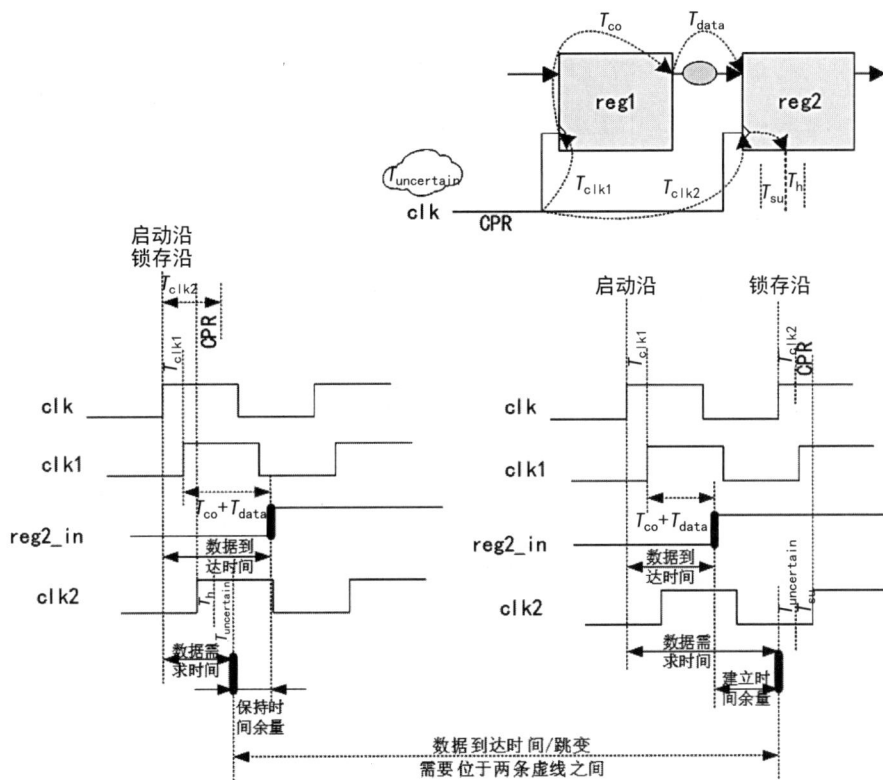

图 2-12 增加 CPR 寄存器到寄存器的时序路径和时序图

保持时间余量＝数据到达时间－数据需求时间

图 2-12 中还有一个问题需要讨论,建立时间余量和保持时间余量是顾此失彼的;数据到达时间在建立时间余量中是减数,在保持时间余量中是被减数;建立时间余量希望数据到达时间越早越好,保持时间余量希望数据到达时间越晚越好;上级寄存器 reg1 输出的延时跳变(本级寄存器 reg2 的输入)需要位于两条虚线之间,跳变越靠左(越早),建立时间余量越大,保持时间余量越小,跳变越靠右(越晚),建立时间余量越小,保持时间余量越大。

事实上,建立时间余量和保持时间余量大于 0 即可满足时序要求,将数据到达时间约束在一个适当值(两条虚线的中间)范围内,有利于提高设计的稳定性。换一个角度思考,当所有路径建立时间余量很大,保持时间余量＞0,是不是一种时序浪费呢?是否可以适当提高时钟频率,将数据需求时间提前(右侧虚线左移),既满足时序要求又提高传递效率呢?

2.6 输入引脚到寄存器的时序路径分析

输入引脚到寄存器的时序路径主要分为系统同步和源同步接口,系统同步接口和源同步接口如图 2-13 所示。当 FPGA 时钟和外部芯片时钟来自同一时钟源时,为系统同步接口;当 FPGA 的接口时钟和数据都是外部芯片输入时,为源同步接口。接下来分别进行系统同步和源同步接口输入引脚到寄存器的路径分析。

(a) 系统同步接口

(b) 源同步接口

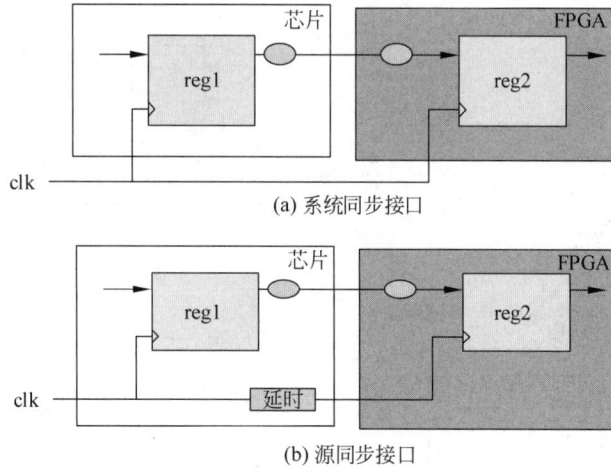

图 2-13　系统同步接口和源同步接口

2.6.1　系统同步接口输入引脚到寄存器路径分析

系统同步接口输入引脚到寄存器时序路径和时序如图 2-14 所示，clk 为时钟源，clk2 为 FPGA 内部寄存器 reg2 的驱动时钟。

$T_{uncertain}$ 代表时钟网络自身固有的抖动和偏差，抖动和偏差会传递到源寄存器和目标寄存器，时序分析时作为时钟不确定时间的一部分，在数据需求时间中补偿；T_{clk1_pcb} 代表时钟源到芯片时钟引脚经过的 PCB 走线延时；T_{co} 代表芯片的延时，芯片收到启动沿后到数据输出的延时，包含芯片时钟引脚到寄存器 reg1 时钟引脚的延时＋寄存器 reg1 启动沿到数据到达芯片引脚输出的延时，它是芯片的固有延时，在芯片手册中可以查到；或 $T_{co}(min) = T_h$，$T_{co}(max) = T_{clk} - T_{su}$，与寄存器到寄存器时序路径分析中的两条虚线一致；$T_{data\_pcb}$ 代表芯片数据到 FPGA 数据输入端口的 PCB 走线延时；T_{io2reg} 代表数据从 FPGA 数据输入端口到寄存器 reg2 输入端的延时；T_{clk2_pcb} 代表时钟源到 FPGA 时钟输入引脚经过的 PCB 走线延时；T_{clk2} 代表时钟从 FPGA 时钟输入引脚到达目标寄存器 reg2 时钟引脚的延时；T_{su} 代表目标寄存器的建立时间；T_h 代表目标寄存器的保持时间。

依据图 2-14 所示时序路径和时序图很容易列出时间余量计算公式。

建立时间余量：

数据到达时间＝启动沿＋$\max(T_{clk1\_pcb}) + \max(T_{co}) + \max(T_{data\_pcb}) + \max(T_{io2reg})$

数据需求时间＝锁存沿＋$\min(T_{clk2\_pcb}) + \min(T_{clk2}) - T_{su} - T_{uncertain}$

建立时间余量＝数据需求时间－数据到达时间

保持时间余量：

数据到达时间＝启动沿＋$\min(T_{clk1\_pcb}) + \min(T_{co}) + \min(T_{data\_pcb}) + \min(T_{io2reg})$

数据需求时间＝锁存沿＋$\max(T_{clk2\_pcb}) + \max(T_{clk2}) + T_h + T_{uncertain}$

保持时间余量＝数据到达时间－数据需求时间

为了计算最糟糕的建立时间余量，应该使数据到达时间尽量靠后，最大化 $\max(T_{clk1\_pcb}) + \max(T_{co}) + \max(T_{data\_pcb}) + \max(T_{io2reg})$，数据需求时间尽可能靠前，最小化 $\min(T_{clk2\_pcb}) + \min(T_{clk2}) - T_{uncertain}$；为了计算最糟糕的保持时间余量，应该使数据到达时间尽量靠前，最

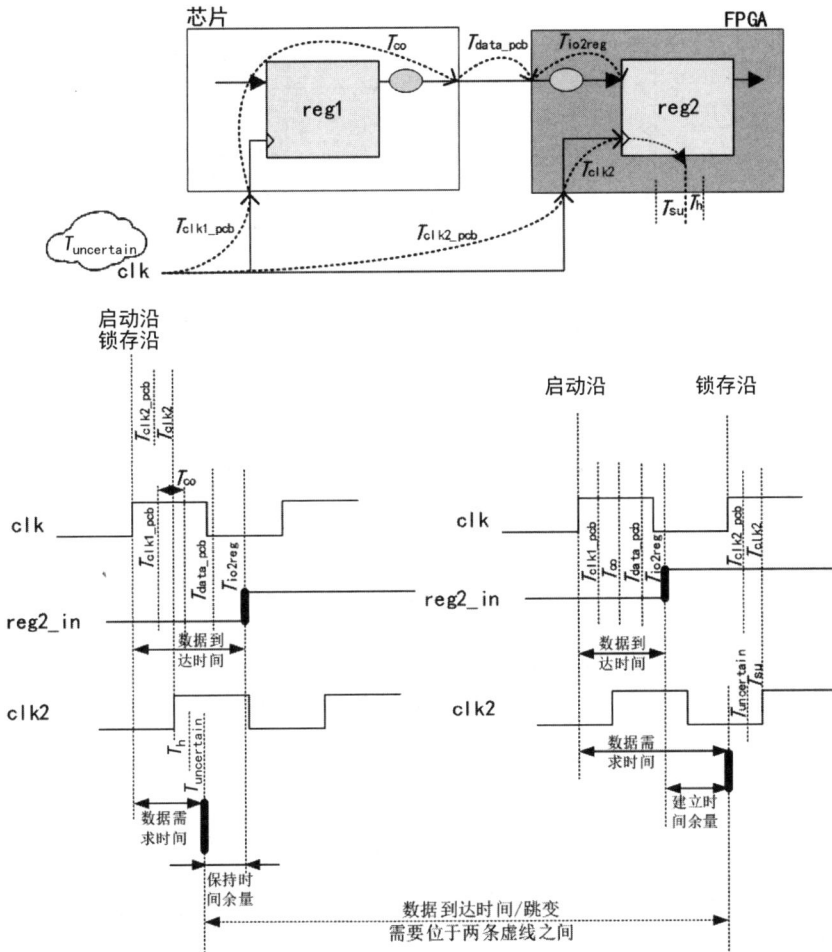

图 2-14 系统同步接口输入引脚到寄存器时序路径和时序图

小化 $\min(T_{\text{clk1\_pcb}}) + \min(T_{\text{co}}) + \min(T_{\text{data\_pcb}}) + \min(T_{\text{io2reg}})$，数据需求时间尽可能靠后，最大化 $\max(T_{\text{clk2\_pcb}}) + \max(T_{\text{clk2}}) + T_{\text{uncertain}}$。

系统同步接口输入引脚到寄存器时序路径转化示意如图 2-15 所示，时序路径的原始延时如图 2-15（a）所示，其中只有 FPGA 内部的 T_{io2reg} 和 T_{clk2} 可以进行时序约束，其他的延时信息可以计算或者查询手册获得，输入引脚到寄存器时序路径相当于寄存器到寄存器时序路径的后半部分；为了简化时序路径，考虑抵消数据需求路径中的延时 $T_{\text{clk2\_pcb}}$，数据到达路径中 $T_{\text{clk1\_pcb}}$ 和数据需求路径中 T_{clk2} 同时减去 $T_{\text{clk2\_pcb}}$，抵消时钟 clk2 的 pcb 延时如图 2-15（b）所示；抵消 $T_{\text{clk2\_pcb}}$ 后，等效时钟源 clk 到 FPGA 时钟输入引脚无延时，将时钟源 clk 平移到 FPGA 时钟输入引脚，时钟等效如图 2-15（c）所示。这个抵消过程不会影响时间余量的计算，也不代表真实的数据传递，只是一个推导过程，方便读者理解。

时序路径转化后的时间余量计算如下。

建立时间余量：

$$数据到达时间 = 启动沿 + \max(T_{\text{clk1\_pcb}}) - \min(T_{\text{clk2\_pcb}}) + \max(T_{\text{co}}) +$$
$$\max(T_{\text{data\_pcb}}) + \max(T_{\text{io2reg}})$$

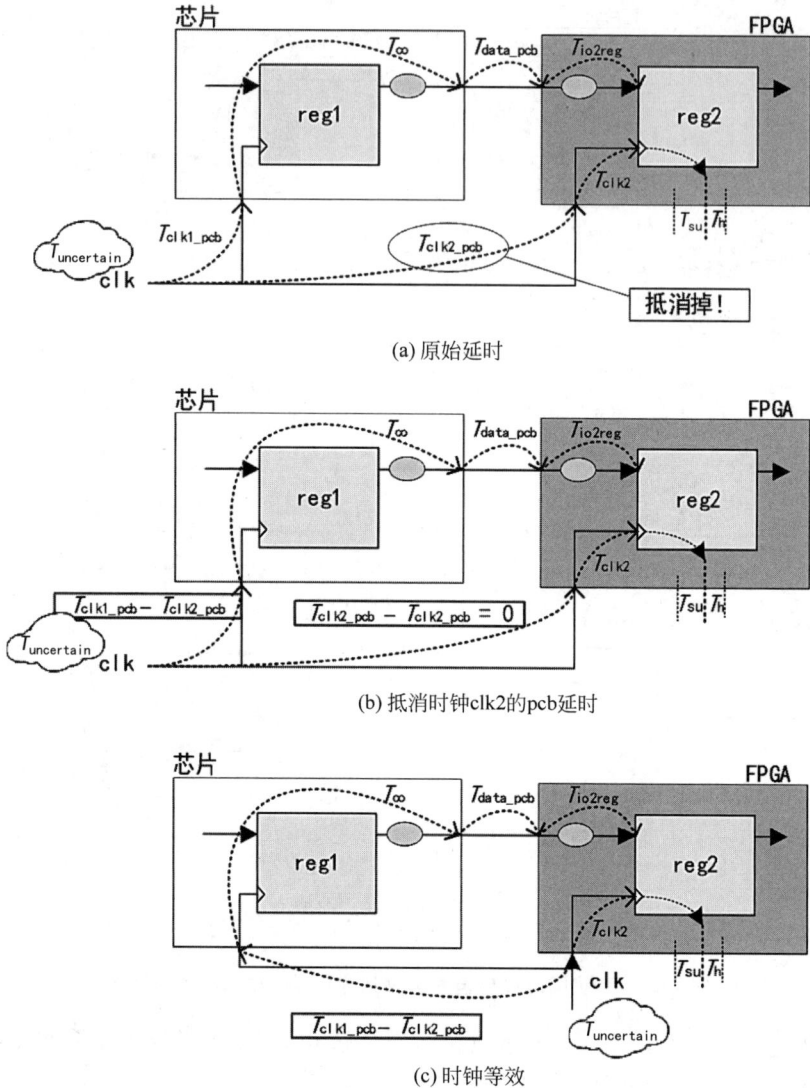

(a) 原始延时

(b) 抵消时钟clk2的pcb延时

(c) 时钟等效

图 2-15　系统同步接口输入引脚到寄存器时序路径转化示意图

$$数据需求时间＝锁存沿＋\min(T_{clk2})－T_{su}－T_{uncertain}$$

$$建立时间余量＝数据需求时间－数据到达时间$$

保持时间余量：

$$数据到达时间＝启动沿＋\min(T_{clk1\_pcb})－\max(T_{clk2\_pcb})＋\min(T_{co})＋$$
$$\min(T_{data\_pcb})＋\min(T_{io2reg})$$

$$数据需求时间＝锁存沿＋\max(T_{clk2})＋T_{h}＋T_{uncertain}$$

$$保持时间余量＝数据到达时间－数据需求时间$$

　　时序路径转化之后,时间余量计算结果不变,输入延时示意如图 2-16 所示。将时钟源直接接入 FPGA 的时钟引脚,将 FPGA 外部的所有延时打包到一起。也就是说,当 FPGA 时钟引脚有上升沿时,芯片数据还需要"打包"延时才能到 FPGA 数据输入引脚。

　　无论外部电路如何设计,以 FPGA 时钟引脚为基准,FPGA 数据引脚外部的"打包"延

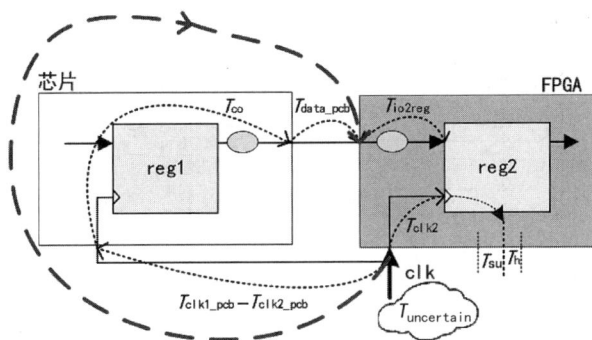

图 2-16 输入延时示意图

时为输入数据延时。使用指令 set_input_delay 约束输入数据延时,编译工具就能约束 FPGA 内部的 T_{io2reg} 和 T_{clk2}。

计算最糟糕的建立时间余量时,使数据到达时间更晚,需要设置最大输入延时;计算最糟糕的保持时间余量时,使数据到达时间更早,需要设置最小输入延时。

$$set\_input\_delay(max) = max(T_{clk1\_pcb}) - min(T_{clk2\_pcb}) + max(T_{co}) + max(T_{data\_pcb})$$
$$set\_input\_delay(min) = min(T_{clk1\_pcb}) - max(T_{clk2\_pcb}) + min(T_{co}) + min(T_{data\_pcb})$$

2.6.2 源同步接口输入引脚到寄存器路径分析

源同步接口输入引脚到寄存器时序路径和时序如图 2-17 所示,clk 为时钟源,clk2 为 FPGA 内部寄存器 reg2 的驱动时钟。

$T_{uncertain}$ 代表时钟网络自身固有的抖动和偏差,抖动和偏差会传递到源寄存器和目标寄存器,时序分析时作为时钟不确定时间的一部分,在数据需求时间中补偿;T_{co} 代表芯片的延时,芯片收到启动沿后到数据输出的延时;T_{data_pcb} 代表芯片数据到 FPGA 数据输入端口的 PCB 走线延时;T_{io2reg} 代表数据从 FPGA 数据输入端口到寄存器 reg2 输入端的延时;T_{clk2_out} 代表时钟源在外部芯片中的延时,从芯片时钟输入端 to 芯片时钟输出端,一般会将该延时补偿到 T_{co} 中,使 $T_{clk2\_out} = 0$;T_{clk2_pcb} 代表时钟从芯片时钟输出引脚到 FPGA 时钟输入引脚经过的 PCB 走线延时;T_{clk2_inter} 代表时钟从 FPGA 时钟输入引脚到目标寄存器 reg2 时钟引脚的延时;T_{su} 代表目标寄存器的建立时间;T_h 代表目标寄存器的保持时间。

依据图 2-17 所示时序路径和时序图很容易列出时间余量计算公式。

建立时间余量:

数据到达时间 = 启动沿 + $max(T_{co})$ + $max(T_{data\_pcb})$ + $max(T_{io2reg})$

数据需求时间 = 锁存沿 + $min(T_{clk2\_pcb})$ + $min(T_{clk2\_inter})$ - T_{su} - $T_{uncertain}$

建立时间余量 = 数据需求时间 - 数据到达时间

保持时间余量:

数据到达时间 = 启动沿 + $min(T_{co})$ + $min(T_{data\_pcb})$ + $min(T_{io2reg})$

数据需求时间 = 锁存沿 + $max(T_{clk2\_pcb})$ + $max(T_{clk2\_inter})$ + T_h + $T_{uncertain}$

保持时间余量 = 数据到达时间 - 数据需求时间

为了计算最糟糕的建立时间余量,应该使数据到达时间尽量靠后,最大化 $max(T_{co})$ +

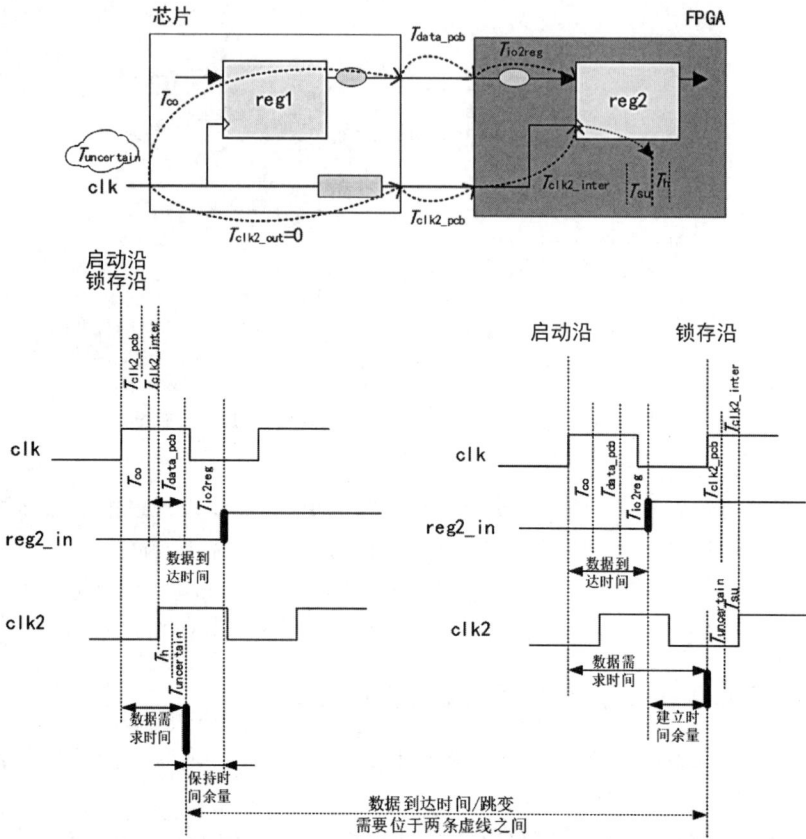

图 2-17 源同步接口输入引脚到寄存器时序路径和时序图

$\max(T_{\text{data\_pcb}}) + \max(T_{\text{io2reg}})$，数据需求时间尽可能靠前，最小化 $\min(T_{\text{clk2\_pcb}}) + \min(T_{\text{clk2\_inter}}) - T_{\text{uncertain}}$；为了计算最糟糕的保持时间余量，应该使数据到达时间尽量靠前，最小化 $\min(T_{\text{co}}) + \min(T_{\text{data\_pcb}}) + \min(T_{\text{io2reg}})$，数据需求时间尽可能靠后，最大化 $\max(T_{\text{clk2\_pcb}}) + \max(T_{\text{clk2\_inter}}) + T_{\text{uncertain}}$。

源同步接口输入引脚到寄存器时序路径转化示意如图 2-18 所示，时序路径的原始延时如图 2-18(a)所示，其中只有 FPGA 内部的 T_{io2reg} 和 $T_{\text{clk2\_inter}}$ 可以进行时序约束，其他的延时信息可以计算或者查询手册获得，输入引脚到寄存器时序路径相当于寄存器到寄存器时序路径的后半部分；为了简化时序路径，考虑抵消数据需求路径中的延时 $T_{\text{clk2\_pcb}}$，数据到达路径中 $T_{\text{data\_pcb}}$ 和数据需求路径中 $T_{\text{clk2\_pcb}}$ 同时减去 $T_{\text{clk2\_pcb}}$，抵消时钟 clk2 的 pcb 延时如图 2-18(b)所示；抵消 $T_{\text{clk2\_pcb}}$ 后，等效时钟源 clk 到 FPGA 时钟输入引脚 0 延时，将时钟源 clk 平移到 FPGA 时钟输入引脚，时钟等效如图 2-18(c)所示。这个抵消过程不会影响时间余量的计算。

时序路径转化后的时间余量计算如下。

建立时间余量：

数据到达时间＝启动沿＋$\max(T_{\text{co}})$＋$\max(T_{\text{data\_pcb}})$－$\min(T_{\text{clk2\_pcb}})$＋$\max(T_{\text{io2reg}})$

数据需求时间＝锁存沿＋$\min(T_{\text{clk2\_inter}})$－$T_{\text{su}}$－$T_{\text{uncertain}}$

建立时间余量＝数据需求时间－数据到达时间

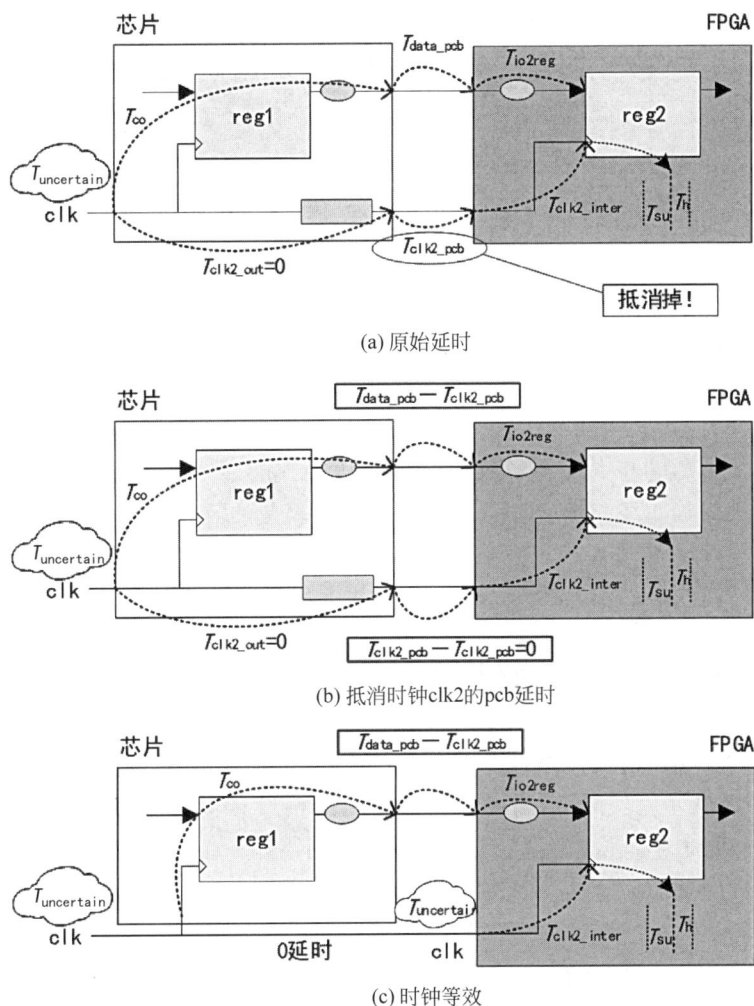

(a) 原始延时

(b) 抵消时钟clk2的pcb延时

(c) 时钟等效

图 2-18　源同步接口输入引脚到寄存器时序路径转化示意图

保持时间余量：

数据到达时间＝启动沿＋$\min(T_{co})$＋$\min(T_{data\_pcb})$－$\max(T_{clk2\_pcb})$＋$\min(T_{io2reg})$

数据需求时间＝锁存沿＋$\max(T_{clk2\_inter})$＋T_h＋$T_{uncertain}$

保持时间余量＝数据到达时间－数据需求时间

时序路径转化之后，时间余量计算结果不变，输入延时示意如图 2-19 所示。将时钟源直接接入 FPGA 的时钟引脚（数据需求时间的延时均已补偿，0 延时），将 FPGA 外部的所有延时打包到一起。当 FPGA 时钟引脚有上升沿时，芯片数据还需要"打包"延时才能到达 FPGA 数据输入引脚。

以 FPGA 时钟引脚为基准，FPGA 数据引脚外部的"打包"延时为输入数据延时。使用指令 set_input_delay 约束输入数据延时，编译工具就能约束 FPGA 内部的 T_{io2reg} 和 T_{clk2_inter}。计算最糟糕的建立时间余量时，使数据到达时间更晚，需要设置最大输入延时；计算最糟糕的保持时间余量时，使数据到达时间更早，需要设置最小输入延时。

$$\text{set\_input\_delay(max)}＝\max(T_{co})＋\max(T_{data\_pcb})－\min(T_{clk2\_pcb})$$

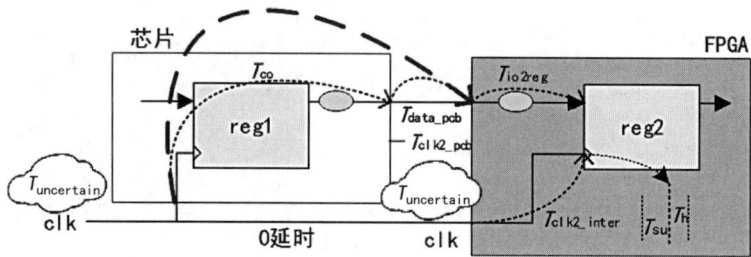

图 2-19　输入延时示意图

$$set\_input\_delay(min) = min(T_{co}) + min(T_{data\_pcb}) - max(T_{clk2\_pcb})$$

综上,输入引脚到寄存器的时序路径分析,就是将 FPGA 外部所有路径延时归了包堆儿"打包"到一起,芯片数据需要"打包"延时才能从芯片到 FPGA 数据输入引脚。通过打包延时设计 set_input_delay 约束告诉编译工具,FPGA 输入数据延时一共是多少(数据来晚了),FPGA 内部布局布线时把 FPGA 外部数据来时打包的延时节省出来。最终,数据到达时间需要满足 FPGA 内部目标寄存器的建立时间和保持时间要求。例如,某月 1 日发工资 100 元,还花呗欠款 20 元,set_input_delay 20,当月就剩下 80 元的预算。

2.7　寄存器到输出引脚的时序路径分析

寄存器到输出引脚的时序路径主要分为系统同步和源同步接口,系统同步接口和源同步接口如图 2-20 所示。实际上,寄存器到输出引脚接口和输入引脚到寄存器接口基本一致,仅仅是 FPGA 和外部芯片位置互换,接下来分别描述系统同步和源同步接口寄存器到输出引脚的路径分析。

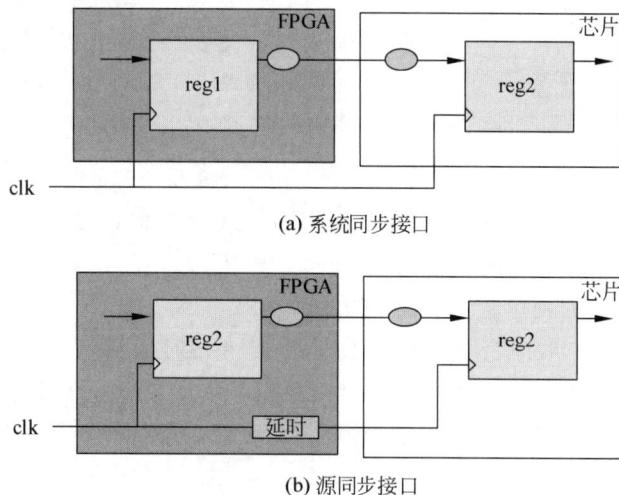

(a) 系统同步接口

(b) 源同步接口

图 2-20　系统同步接口和源同步接口

2.7.1　系统同步接口寄存器到输出引脚路径分析

系统同步接口寄存器到输出引脚时序路径和时序如图 2-21 所示,clk 为时钟源,clk2 为芯片时钟引脚的驱动时钟。

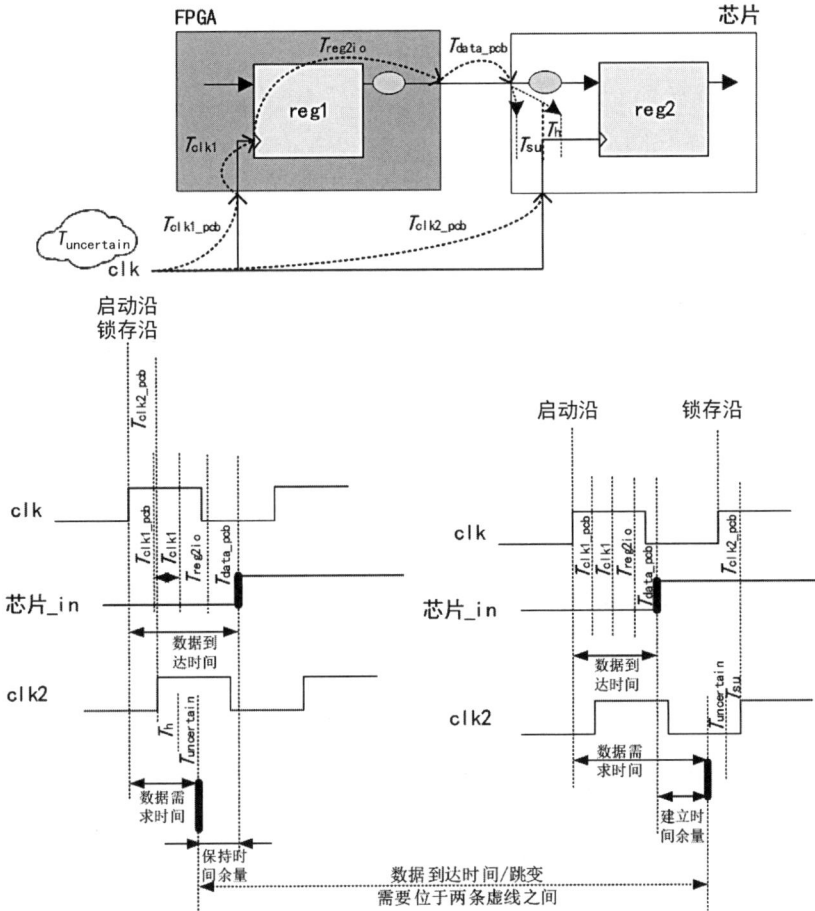

图 2-21 系统同步接口寄存器到输出引脚时序路径和时序图

$T_{uncertain}$ 代表时钟网络自身固有的抖动和偏差，抖动和偏差会传递到源寄存器和目标寄存器，时序分析时作为时钟不确定时间的一部分，在数据需求时间中补偿；T_{clk1_pcb} 代表时钟源到 FPGA 时钟输入引脚经过的 PCB 走线延时；T_{clk1} 代表时钟从 FPGA 时钟输入端到源寄存器 reg1 输入端的延时；T_{reg2io} 代表数据从源寄存器输入端（触发沿）到 FPGA 数据输出端口的延时；T_{data_pcb} 代表 FPGA 数据输出端口到芯片数据输入端口的 PCB 走线延时；T_{clk2_pcb} 代表时钟源到芯片时钟引脚经过的 PCB 走线延时；T_{su} 代表芯片的建立时间；T_h 代表芯片的保持时间。对于外部芯片，手册一般不会给出详细的目标寄存器延时说明，而是将内部延时整合后计算芯片的延时要求定义为建立时间和保持时间。

依据图 2-21 所示时序路径或时序图很容易列出时间余量计算公式。

建立时间余量：

数据到达时间＝启动沿＋$\max(T_{clk1\_pcb})$＋$\max(T_{clk1})$＋$\max(T_{reg2io})$＋$\max(T_{data\_pcb})$

数据需求时间＝锁存沿＋$\min(T_{clk2\_pcb})$－T_{su}－$T_{uncertain}$

建立时间余量＝数据需求时间－数据到达时间

保持时间余量：

数据到达时间＝启动沿＋$\min(T_{\text{clk1\_pcb}})$＋$\min(T_{\text{clk1}})$＋$\min(T_{\text{reg2io}})$＋$\min(T_{\text{data\_pcb}})$

数据需求时间＝锁存沿＋$\max(T_{\text{clk2\_pcb}})$＋$T_h$＋$T_{\text{uncertain}}$

保持时间余量＝数据到达时间－数据需求时间

为了计算最糟糕的建立时间余量,应该使数据到达时间尽量靠后,最大化 $\max(T_{\text{clk1\_pcb}})$＋$\max(T_{\text{clk1}})$＋$\max(T_{\text{reg2io}})$＋$\max(T_{\text{data\_pcb}}))$,数据需求时间尽可能靠前,最小化 $\min(T_{\text{clk2\_pcb}})-T_{\text{uncertain}}$;为了计算最糟糕的保持时间余量,应该使数据到达时间尽量靠前,最小化 $\min(T_{\text{clk1\_pcb}})$＋$\min(T_{\text{clk1}})$＋$\min(T_{\text{reg2io}})$＋$\min(T_{\text{data\_pcb}})$,数据需求时间尽可能靠后,最大化 $\max(T_{\text{clk2}})$＋$T_{\text{uncertain}}$。

系统同步接口寄存器到输出引脚时序路径转化示意如图 2-22 所示,时序路径原始延时如图 2-22(a)所示,其中只有 FPGA 内部的 T_{clk1} 和 T_{reg2io} 可以进行时序约束,其他的延时信息可以计算或者查询手册获得,寄存器到输出引脚时序路径相当于寄存器到寄存器时序路径的前半部分;为了简化时序路径,考虑抵消数据需求路径中的延时 $T_{\text{clk2\_pcb}}$,数据到达路径中 $T_{\text{clk1\_pcb}}$ 和数据需求路径中 $T_{\text{clk2\_pcb}}$ 同时减去 $T_{\text{clk2\_pcb}}$,抵消时钟 clk2 的 pcb 延时如图 2-22(b)所示;抵消 $T_{\text{clk2\_pcb}}$ 后,相当于时钟源 clk 到芯片时钟输入引脚无延时,将时钟源 clk 平移到芯片时钟输入引脚,合并数据到达路径延时如图 2-22(c)所示;为了便于观察,进一步将 $T_{\text{clk1\_pcb}}-T_{\text{clk2\_pcb}}$ 与 $T_{\text{data\_pcb}}$ 放到一起,等效延时如图 2-22(d)所示。建立时间分析时,数据到达芯片输入引脚需要早于 clk 上升沿 T_{su};保持时间分析时,数据到达芯片输入引脚要晚于 clk 上升沿 T_h,该时间要补偿到数据到达时间中。这个抵消过程不会影响时间余量的计算,也不代表真实的数据传递,只是一个推导过程。

时序路径转化后的时间余量计算如下。

建立时间余量:

数据到达时间＝启动沿＋$\max(T_{\text{clk1}})$＋$\max(T_{\text{reg2io}})$＋$\max(T_{\text{clk1\_pcb}})$－$\min(T_{\text{clk2\_pcb}})$＋$\max(T_{\text{data\_pcb}})$＋$T_{\text{su}}$

数据需求时间＝锁存沿－$T_{\text{uncertain}}$

建立时间余量＝数据需求时间－数据到达时间

保持时间余量:

数据到达时间＝启动沿＋$\min(T_{\text{clk1}})$＋$\min(T_{\text{reg2io}})$＋$\min(T_{\text{clk1\_pcb}})$－$\max(T_{\text{clk2\_pcb}})$＋$\min(T_{\text{data\_pcb}})$－$T_h$

数据需求时间＝锁存沿＋$T_{\text{uncertain}}$

保持时间余量＝数据到达时间－数据需求时间

时序路径转化之后,时间余量计算结果不变,输出延时示意如图 2-23 所示。将时钟源直接接入 FPGA 的时钟引脚和芯片的时钟引脚,将 FPGA 外部所有延时打包到一起。也就是说,不再考虑 FPGA 和芯片外部时钟路径的延时,FPGA 输出的数据还需要"打包"延时才能到外部芯片的数据输入引脚。值得注意的是,与输入引脚到寄存器不同,外部芯片的建立时间 T_{su} 和保持时间 T_h 与 FPGA 内部时序约束无关,需要与外部延时一起打包。

FPGA 输出数据到芯片数据输入端的"打包"延时作为输出数据延时,使用指令 set_output_delay 约束输出数据延时,编译工具就可以约束 FPGA 内部的 T_{clk1} 和 T_{reg2io};计算最糟糕的建立时间余量时,使数据到达时间更晚,需要设置最大输入延时;计算最糟糕的保持时间余量时,使数据到达时间更早,需要设置最小输入延时。

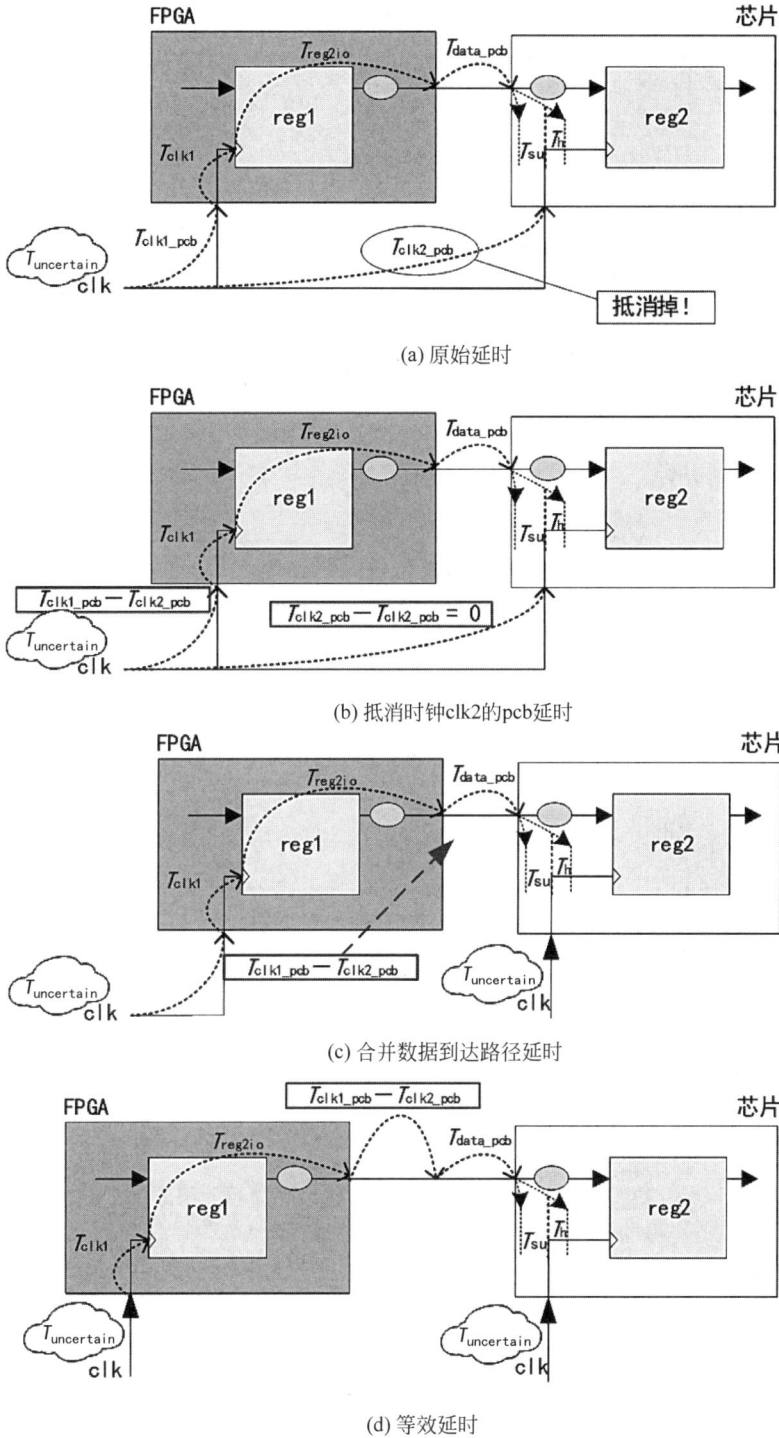

(a) 原始延时

(b) 抵消时钟clk2的pcb延时

(c) 合并数据到达路径延时

(d) 等效延时

图 2-22 系统同步接口寄存器到输出引脚时序路径转化示意图

$$\text{set\_output\_delay}(\max) = \max(T_{\text{clk1\_pcb}}) - \min(T_{\text{clk2\_pcb}}) + \max(T_{\text{data\_pcb}}) + T_{\text{su}}$$

$$\text{set\_output\_delay}(\min) = \min(T_{\text{clk1\_pcb}}) - \max(T_{\text{clk2\_pcb}}) + \min(T_{\text{data\_pcb}}) - T_{\text{h}}$$

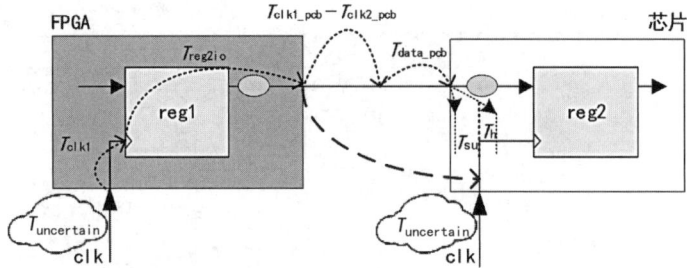

图 2-23　输出延时示意图

2.7.2　源同步接口寄存器到输出引脚路径分析

源同步接口寄存器到输出引脚时序路径和时序如图 2-24 所示,clk 为时钟源,clk2 为芯片时钟引脚的驱动时钟。

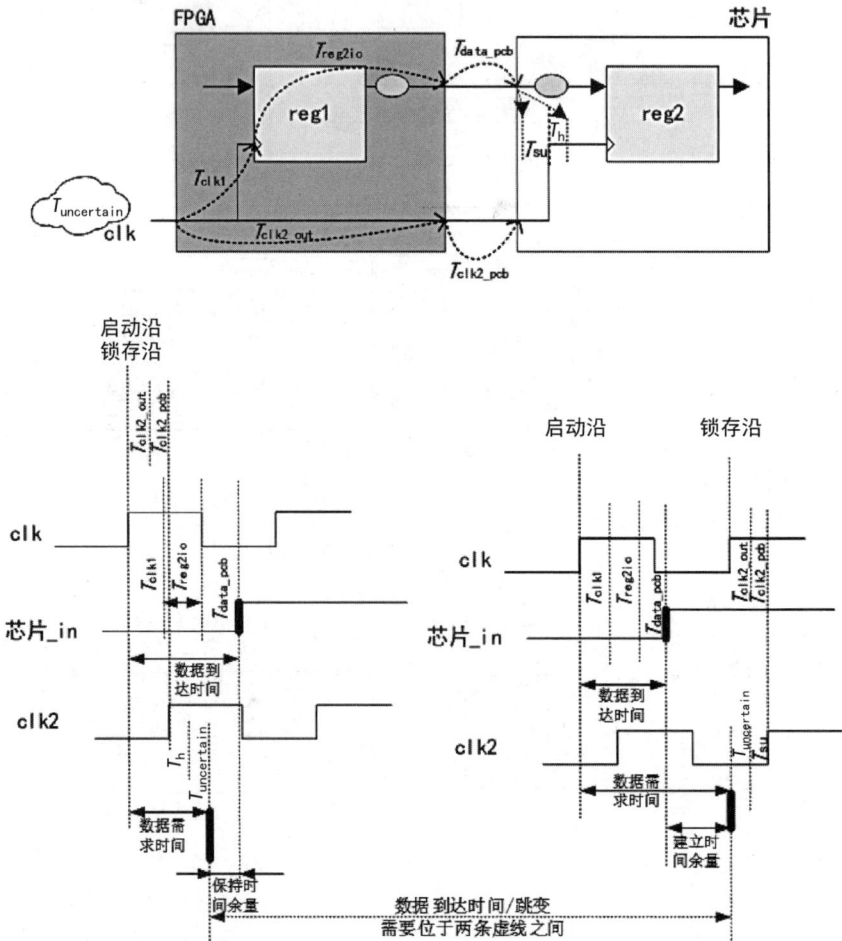

图 2-24　源同步接口寄存器到输出引脚时序路径和时序图

$T_{uncertain}$ 代表时钟网络自身固有的抖动和偏差,抖动和偏差会传递到源寄存器和目标寄存器,时序分析时作为时钟不确定时间的一部分,在数据需求时间中补偿;T_{clk1} 代表时钟从 FPGA 时钟输入引脚到源寄存器 reg1 输入端的延时；T_{reg2io} 代表数据从源寄存器输入端（触发沿）到 FPGA 数据输出引脚的延时；T_{data_pcb} 代表 FPGA 数据输出引脚到芯片数据输入引脚的 PCB 走线延时；T_{clk2_out} 代表时钟从 FPGA 时钟输入引脚到 FPGA 时钟输出引脚的延时；T_{clk2_pcb} 代表 FPGA 时钟输出引脚到芯片时钟引脚经过的 PCB 走线延时；T_{su} 代表芯片的建立时间；T_h 代表芯片的保持时间,手册一般不会给出详细的目标寄存器延时说明,而是将内部的延时整合后计算芯片的延时要求,定义为芯片的建立时间和保持时间。

依据图 2-24 所示时序路径或时序图很容易列出时间余量计算公式。

建立时间余量：

数据到达时间 ＝ 启动沿 ＋ $\max(T_{clk1})$ ＋ $\max(T_{reg2io})$ ＋ $\max(T_{data\_pcb})$

数据需求时间 ＝ 锁存沿 ＋ $\min(T_{clk2\_out})$ ＋ $\min(T_{clk2\_pcb})$ － T_{su} － $T_{uncertain}$

建立时间余量 ＝ 数据需求时间 － 数据到达时间

保持时间余量：

数据到达时间 ＝ 启动沿 ＋ $\min(T_{clk1})$ ＋ $\min(T_{reg2io})$ ＋ $\min(T_{data\_pcb})$

数据需求时间 ＝ 锁存沿 ＋ $\max(T_{clk2\_out})$ ＋ $\max(T_{clk2\_pcb})$ ＋ T_h ＋ $T_{uncertain}$

保持时间余量 ＝ 数据到达时间 － 数据需求时间

为了计算最糟糕的建立时间余量,应该使数据到达时间尽量靠后,最大化 $\max(T_{clk1})$ ＋ $\max(T_{reg2io})$ ＋ $\max(T_{data\_pcb})$,数据需求时间尽可能靠前,最小化 $\min(T_{clk2\_out})$ ＋ $\min(T_{clk2\_pcb})$ － $T_{uncertain}$；为了计算最糟糕的保持时间余量,应该使数据到达时间尽量靠前,最小化 $\min(T_{clk1})$ ＋ $\min(T_{reg2io})$ ＋ $\min(T_{data\_pcb})$,数据需求时间尽可能靠后,最大化 $\max(T_{clk2\_out})$ ＋ $\max(T_{clk2\_pcb})$ ＋ $T_{uncertain}$。

源同步接口寄存器到输出引脚时序路径转化示意如图 2-25 所示,时序路径原始延时如图 2-25（a）所示,其中只有 FPGA 内部的 T_{clk1}、T_{reg2io} 和 T_{clk2_out} 可以进行时序约束,其他的延时信息可以计算或者查询手册获得,寄存器到输出引脚时序路径相当于寄存器到寄存器时序路径的前半部分。为了简化时序路径,考虑抵消数据需求路径中的延时 T_{clk2_pcb},数据到达路径中 T_{data_pcb} 和数据需求路径中 T_{clk2_pcb} 同时减去 T_{clk2_pcb},抵消时钟 clk2 的 pcb 延时如图 2-25（b）所示；抵消 T_{clk2_pcb} 后,相当于 FPGA 时钟输出引脚到芯片时钟输入引脚无延时,等效延时如图 2-25（c）所示。

建立时间分析时,数据到达芯片输入引脚需要早于芯片 clk 上升沿 T_{su}；保持时间分析时,数据到达芯片输入引脚要晚于芯片 clk 上升沿 T_h,该时间要补偿到数据到达时间中。这个抵消过程不会影响时间余量的计算,也不代表真实的数据传递,只是一个推导过程。

时序路径转化后的时间余量计算如下。

建立时间余量：

数据到达时间 ＝ 启动沿 ＋ $\max(T_{clk1})$ ＋ $\max(T_{reg2io})$ ＋ $\max(T_{data\_pcb})$ － $\min(T_{clk2\_pcb})$ ＋ T_{su}

数据需求时间 ＝ 锁存沿 ＋ $\min(T_{clk2\_out})$ － $T_{uncertain}$

建立时间余量 ＝ 数据需求时间 － 数据到达时间

保持时间余量：

数据到达时间 ＝ 启动沿 ＋ $\min(T_{clk1})$ ＋ $\min(T_{reg2io})$ ＋ $\min(T_{data\_pcb})$ － $\max(T_{clk2\_pcb})$ － T_h

数据需求时间 ＝ 锁存沿 ＋ $\max(T_{clk2\_out})$ ＋ $T_{uncertain}$

保持时间余量 ＝ 数据到达时间 － 数据需求时间

(a) 原始延时

(b) 抵消时钟clk2的pcb延时

(c) 等效延时

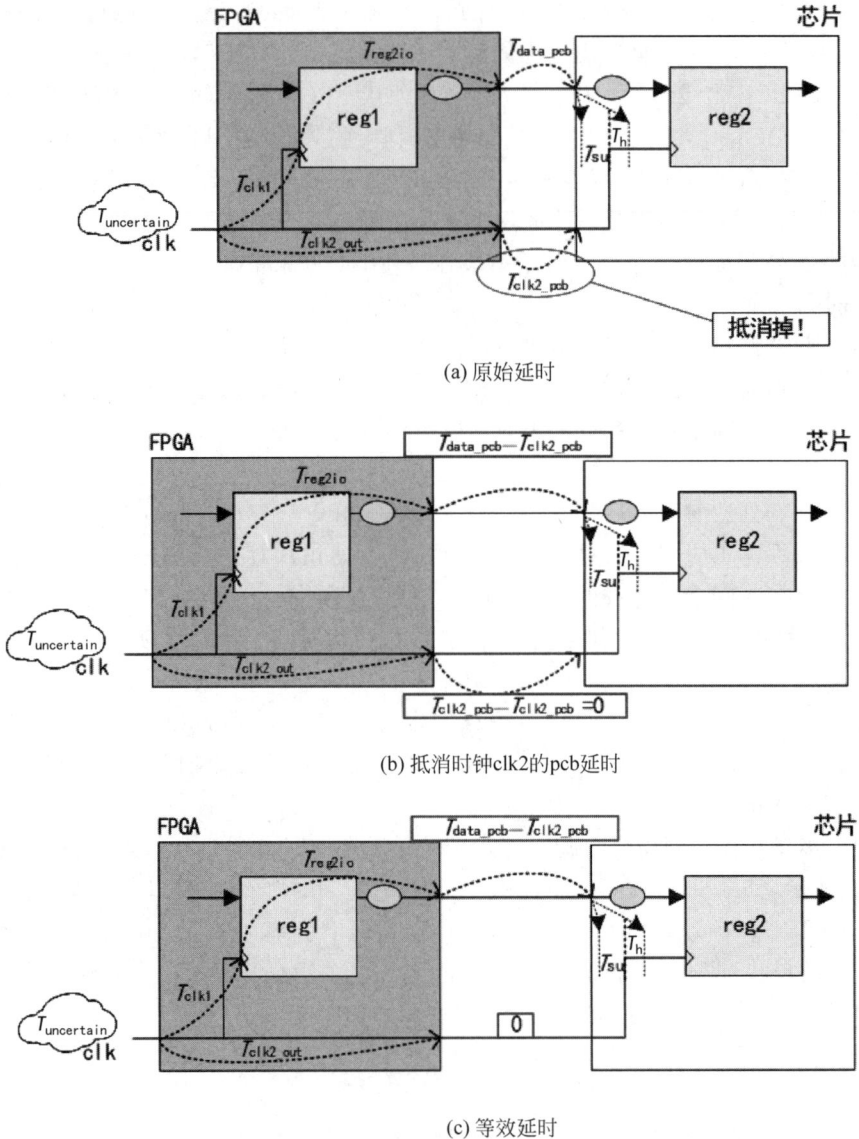

图 2-25　源同步接口寄存器到输出引脚时序路径转化示意图

时序路径转化之后,时间余量计算结果不变,输出延时示意如图 2-26 所示。FPGA 时钟输出引脚直连芯片时钟输入引脚,将 FPGA 外部所有延时打包到一起。也就是说,不再考虑 FPGA 时钟输出到芯片时钟输入的 PCB 延时,FPGA 输出的数据还需要"打包"延时才能到外部芯片的数据输入引脚。值得注意的是,与输入引脚到寄存器不同,外部芯片的建立时间 T_{su} 和保持时间 T_h 与 FPGA 内部时序约束无关,需要与外部延时一起打包。

FPGA 输出的数据到芯片数据输入端的"打包"延时作为输出数据延时,使用指令 set_output_delay 约束输出数据延时,编辑工具就可以约束 FPGA 内部的 T_{clk1}、T_{reg2io} 和 T_{clk2_out};计算最糟糕的建立时间余量时,使数据到达时间更晚,需要设置最大输入延时;计算最糟糕的保持时间余量时,使数据到达时间更早,需要设置最小输入延时。

$$\text{set\_output\_delay(max)} = -\min(T_{clk2\_pcb}) + \max(T_{data\_pcb}) + T_{su}$$

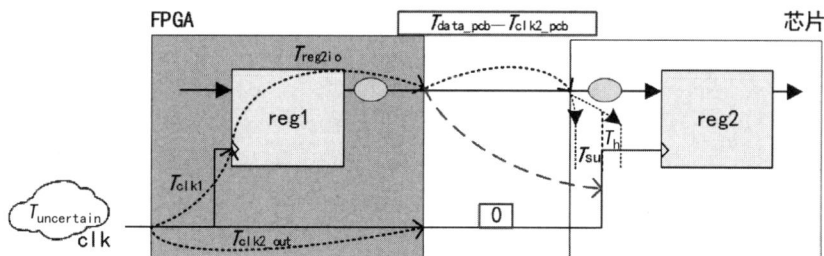

图 2-26　输出延时示意图

$$\text{set\_output\_delay(min)} = -\max(T_{\text{clk2\_pcb}}) + \min(T_{\text{data\_pcb}}) - T_{\text{h}}$$

值得注意的是,源同步接口寄存器到输出引脚时序路径中,时钟到达 FPGA 寄存器和时钟输出有一段共同路径,源同步接口寄存器到输出引脚时序路径 CPR 如图 2-27 所示,在时序分析时,Vivado 会在数据需求时间中加入该 CPR。为了简化,本节时序分析并未列出 CPR,具体请参考 2.5 节图 2-11。

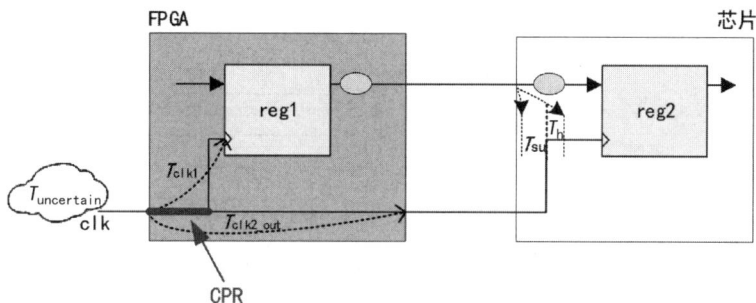

图 2-27　源同步接口寄存器到输出引脚时序路径 CPR

综上,寄存器到输出引脚的时序路径分析,就是将 FPGA 外部所有的路径延时归了包堆儿"打包"到一起,抵消时钟延时,FPGA 输出的数据还需要"打包"延时才能到外部芯片的数据输入引脚。以打包延时设计 set_output_delay 约束告诉编译工具,FPGA 数据输出后延时一共是多少(数据从 FPGA 走后到芯片延时),FPGA 内部布局布线时把数据输出后打包的延时节省出来。最终,数据到达时间需要满足外部芯片的建立时间和保持时间要求。例如,某月 1 日发工资 100 元,预计月末买基金 20 元,set_output_delay 20,当月就剩下 80 元的预算。

2.8　输入引脚到输出引脚的时序路径分析

数据从 FPGA 输入引脚传递到输出引脚,在 FPGA 内部实现直连或者简单的组合逻辑运算,不包含任何寄存器(时序逻辑);输入引脚到输出引脚的时序路径主要是走线延时,不需要考虑寄存器锁存、时钟、建立时间和保持时间等约束。如果输入引脚到输出引脚走线延时有要求,可以使用 set_max_delay 和 set_min_delay 约束。

FPGA 编译工具会自动将寄存器之间的数据传递关系、时钟频率、各类延时、建立时间和保持时间等代入本章的公式,计算建立时间余量>0 和保持时间余量>0(延时跳变位于两条虚线之间)是否满足,通过不断调整布局布线使时序满足约束。FPGA 编译工具无论如何布局布线都无法满足时序余量时,会出现时序违例。

第3章

时钟约束

时钟约束如图 3-1 所示。

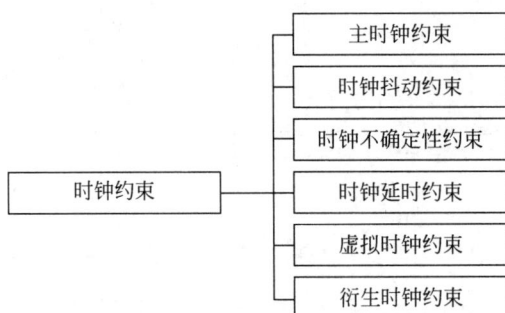

图 3-1 时钟约束

FPGA 的主时钟一般是由板载晶振、同步数据时钟和高速收发器时钟驱动的,在约束文件中需要主时钟约束;时钟在 FPGA 内部传递时,受到各 BUFG、MMCM、PLL、走线延时影响,时钟传递会产生抖动、偏差和延时,需要进行时钟抖动约束、时钟不确定性约束和时钟延时约束。

外部芯片输入 FPGA 或 FPGA 输出至外部芯片时,外部芯片时钟并未出现在 FPGA 内部。时钟分析时需要定义外部时钟用于描述外部时钟信号,这些时钟被称为虚拟时钟,需要进行虚拟时钟约束。

FPGA 内不同模块需要不同频率的时钟,主时钟分频、倍频或相位移动产生的时钟为衍生时钟,时钟管理单元 MMCM 产生的时钟就是衍生时钟,一般情况下编译工具可以自动约束衍生时钟。如有必要,设计者可以重新约束衍生时钟。

3.1 主时钟约束

通俗来讲,主时钟就是 FPGA 时钟输入引脚引入的时钟,可以是晶振时钟、同步串口或 LVDS 等接口输入的同步时钟,也可以是高速信号输入高速收发器的时钟/差分时钟。约束主时钟时,必须关联 FPGA 网表中确定存在的时钟源物理节点,且主时钟约束需要优先于其他约束。

3.1.1 主时钟约束语法

以 Vivado 为例,使用 create_clock 指令定义主时钟约束。create_clock 指令的语法结构如下:

```
create_clock - name < clock_name > - period < clk_period > [ - waveform {< rise_time > < fall_
time >}] [get_ports < input_port >]
```

在 Vivado 中,create_clock 指令的参数定义如表 3-1 所示。

表 3-1　create_clock 指令的参数定义

参　　　数	说　　　明
-name	由设计者定义主时钟名称,可被后续的约束引用;主时钟约束如不指定,则默认与< input_port >一致;虚拟时钟无< input_port >则必须指定-name
-period	主时钟周期,单位为 ns,值大于 0
-waveform	用于表示时钟的波形,< rise_time > < fall_time >分别表示时钟上升沿和下降沿的位置,默认为 0ns 和 1/2 周期,指定相位关系或占空比时需要设定该参数
get_ports	用于关联主时钟输入 FPGA 时钟的引脚,当主时钟为高速收发器输出的内部时钟时,需要使用 get_pins 代替

定义主时钟约束是为了告诉时序分析工具,与该主时钟相关时序路径的时钟上升沿和周期,时序路径上的不确定性、抖动、延时都会加载到该时钟上进行时序分析计算。这里的时钟上升沿和周期,就是第 2 章时序路径分析中的启动沿和锁存沿。也就是说,主时钟是其他时序路径分析的基础,主时钟约束需要优先于其他约束。

3.1.2 主时钟与主时钟约束

以 Vivado 为例,可以使用 report_clock_networks 和 check_timing 指令查看时钟网络报告和时序确认报告,此处不再赘述。作为设计者,应该对设计的工程结构和时钟结构心中有数。主时钟分为输入引脚主时钟、输入引脚差分时钟和高速收发器输出主时钟。

1. 输入引脚主时钟约束

输入引脚主时钟如图 3-2 所示。

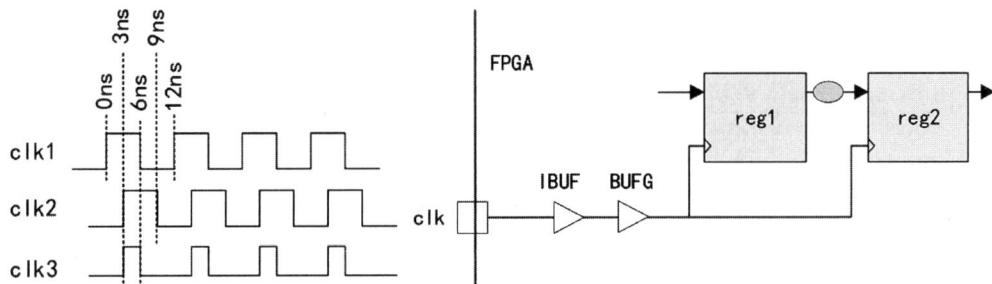

图 3-2　输入引脚主时钟

(1)引脚 clk 输入时钟 clk1,时钟周期为 12ns,占空比为 50%,相移为 0,则主时钟约束如下,其中 waveform 为默认。

```
create_clock - name clk1 - period 12 [get_ports clk]
```

(2) 引脚 clk 输入时钟 clk2,时钟周期为 12ns,占空比为 50%,相移为 90,则主时钟约束如下所示:

```
create_clock - name clk2 - period 12 - waveform {3 9} [get_ports clk]
```

(3) 引脚 clk 输入时钟 clk3,时钟周期为 12ns,占空比为 25%,相移为 90,则主时钟约束如下所示:

```
create_clock - name clk3 - period 12 - waveform {3 6} [get_ports clk]
```

2. 输入引脚差分时钟约束

FPGA 输入的差分时钟是一组主要由时钟引脚 p 端和 n 端输入的时钟信号,差分信号可以消除共模噪声,提高时钟质量;主要应用于高频信号,例如高速收发器的时钟输入。时钟约束仅可以约束差分时钟的 p 端,n 端可以被编译器识别,禁止同时约束差分时钟 p 端和 n 端。

FPGA 输入差分时钟 sys_clk_p 和 sys_clk_n,时钟周期为 6.667ns,差分时钟输入如图 3-3 所示。

差分时钟约束如下,其中 waveform 为默认。

```
create_clock - name sys_clk - period 6.667 [get_ports sys_clk_p]
```

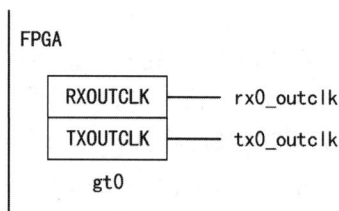

3. 高速收发器输出主时钟约束

FPGA 高速收发器进行高速信号收发时,高速数据与输出时钟同步,高速收发器输出时钟如图 3-4 所示。

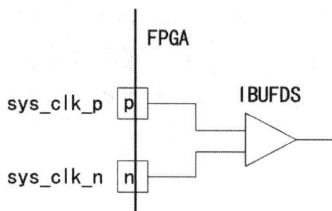

图 3-3 差分时钟输入   图 3-4 高速收发器输出时钟

当时钟源由高速收发器 gt0 提供,则时序约束如下,其中 waveform 为默认。

```
create_clock - name rx0_outclk - period 3.333 [get_pins gt0/RXOUTCLK]
create_clock - name tx0_outclk - period 3.333 [get_pins gt0/TXOUTCLK]
```

设计者可以将上述时序约束指令复制到该工程的 .xdc 约束文件中,也可以使用 GUI 工具设计主时钟约束,详见 1.3 节。GUI 工具设计主时钟约束如图 3-5 所示,GUI 配置项与 create_clock 语法参数一致,Command 文本框显示的约束指令与上述设计的时序约束指令一致。两种时钟约束手段最终的约束效果一致。

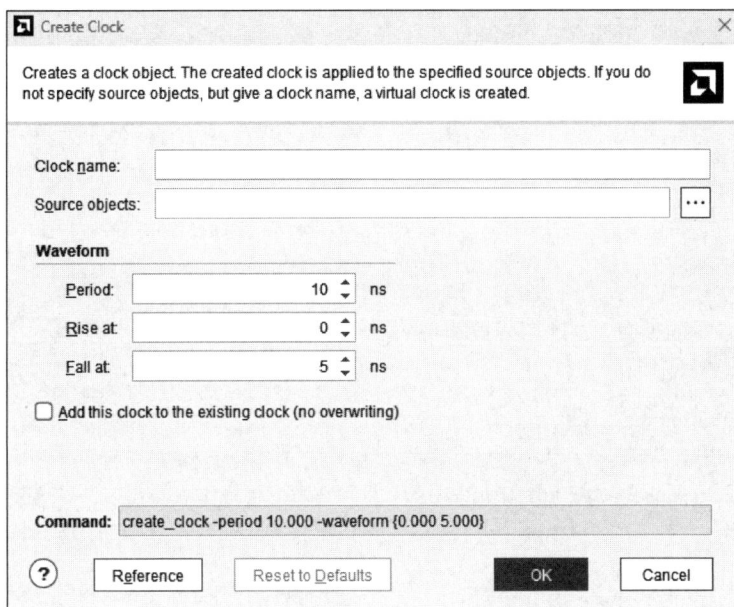

图 3-5　GUI 工具设计主时钟约束

3.1.3　主时钟时序分析报告

为了展开讨论主时钟的时序路径分析报告，先构建一个时序逻辑工程 project1，其工程代码如 project1.v 所示。

```
project1.v

    module project1
    (
      input      I_clk_25m,
      input      I_A,
      input      I_B,
      input      I_C,
      output     O_D
     );

wire S_clk_25m_in;
wire S_clk_25m_g;

IBUFG clk_25m_bufg
   (
    .O (S_clk_25m_in),
    .I (I_clk_25m)
    );

BUFG inst_25m_uart
   (
    .O(S_clk_25m_g),
    .I(S_clk_25m_in)
    );

reg R_A;
```

```
always@(posedge S_clk_25m_g) begin
    R_A <= I_A;
end

reg R_B;
always@(posedge S_clk_25m_g) begin
    R_B <= I_B;
end

reg R_C;
always@(posedge S_clk_25m_g) begin
    R_C <= I_C;
end

/ *
reg R_D;
always@(posedge S_clk_25m_g) begin      //与下逻辑实现一致
    if(R_C)
        R_D <= R_A;
    else
        R_D <= R_B;
end
 * /

reg R_D;
wire R_D_c = R_C ? R_A : R_B;

always@(posedge S_clk_25m_g) begin      //与上注释内容一致
    R_D <= R_D_c;
end

assign O_D = R_D;
endmodule
```

工程 project1 的逻辑结构如图 3-6 所示,工程代码与逻辑结构图表达的内容一致。

为 project1 工程中 25MHz 时钟进行物理引脚约束和主时钟约束,约束指令如下:

```
set_property PACKAGE_PIN G13 [get_ports I_clk_25m]
create_clock - period 40.000 - name I_clk_25m - waveform {0.000 20.000} [get_ports I_clk_
25m]
```

对工程编译、实现、生成. bit 文件,单击 IMPLEMENTATION-Open implemented Design 选项,再单击 Report Timing Summary 选项,工程中约束的主时钟 I_clk_25m 的时序分析报告就出现在 Intra-Clock Paths 中,其中包含 Setup、Hold 和 Pulse Width 报告,工程 project1 主时钟时序的分析报告如图 3-7 所示。

Setup 时序路径和 Hold 时序路径中记录了时序余量最糟糕的路径,由于逻辑简单,该案例 Setup 时序路径和 Hold 时序路径各只有 1 条。Pulse Width 报告对信号波形进行一些规则检查,检查每个时序单元时钟的最小周期、最大周期、高脉冲时间和低脉冲时间要求;脉冲宽度检查不会影响综合和实现阶段,bitstream 生成之前会执行该分析检查。当发生脉冲宽度违例时,说明有不合理的时钟定义或不合理的时钟结构包括太多的偏斜,此处不再详细描述。接下来分别分析 Setup 时序路径和 Hold 时序路径。

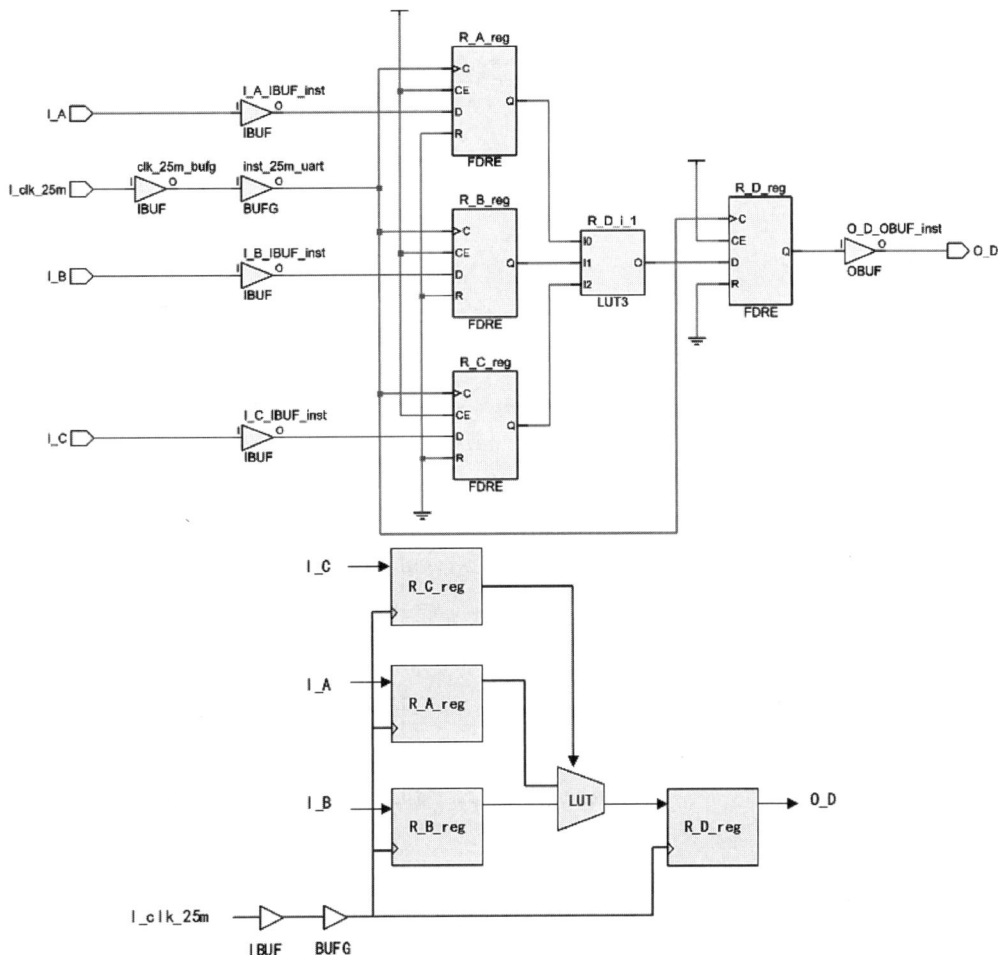

图 3-6 工程 project1 的逻辑结构

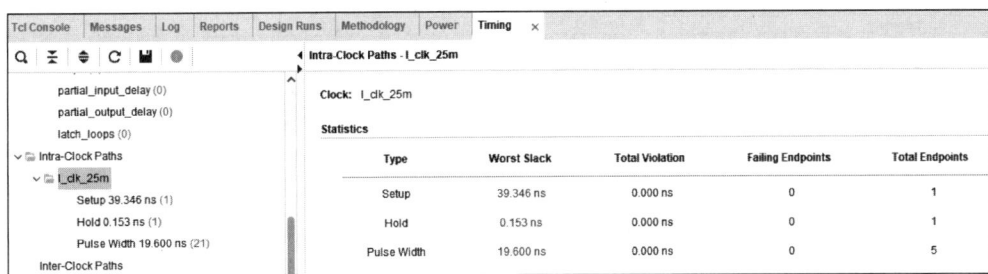

图 3-7 工程 project1 主时钟时序的分析报告

1. Setup 时序路径分析

工程 project1 的 Setup 时序路径如图 3-8 所示,该路径从 R_A_reg 寄存器的时钟输入引脚到 R_D_reg 寄存器的数据输入引脚。

选中上述 Setup 时序路径,右击,在弹出的快捷菜单中选择 Schematic,弹出工程 project1 的 Setup 时序路径原理图,如图 3-9 所示。

编译工具生成的原理图与绘制的原理图一致,都是从 R_A_reg 寄存器的时钟输入引脚

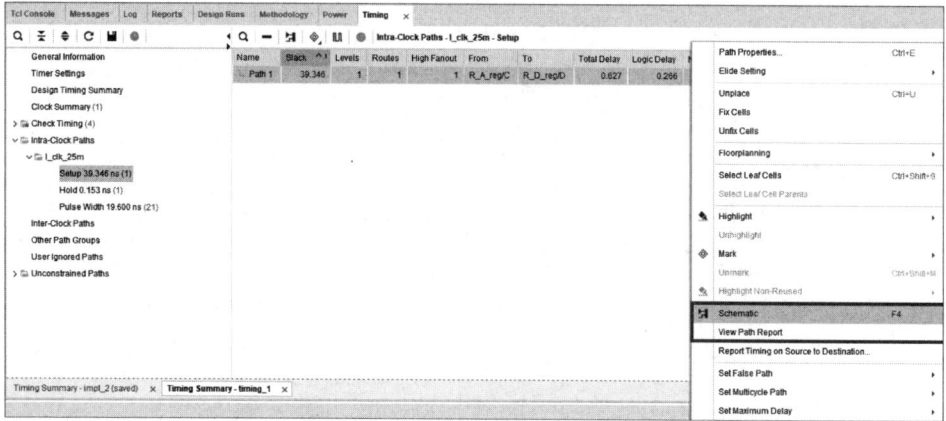

图 3-8　工程 project1 的 Setup 时序路径

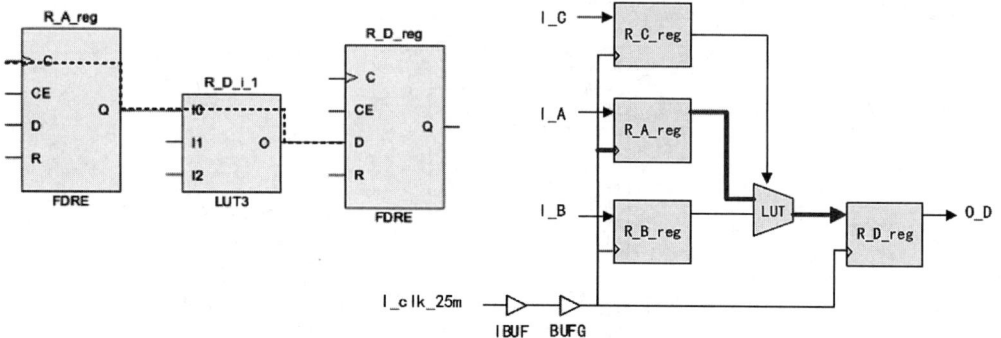

图 3-9　工程 project1 的 Setup 时序路径原理图

到 R_D_reg 寄存器的数据输入引脚。时序分析报告就是对该路径上时序的具体描述。

　　选中上述 Setup 时序路径,右击,在弹出的快捷菜单中选择 View Path Report,弹出工程 project1 的 Setup 时序路径时序分析报告,如图 3-10 所示。

图 3-10　工程 project1 的 Setup 时序路径时序分析报告

时序分析报告包含 Summary(时序概括)、Source Clock Path(源时钟路径)、Data Path(数据路径)和 Destination Clock Path(目标时钟路径)等内容。为了更直观地理解该时序报告,将 Summary 中的内容绘制为时序图,工程 project1 的 Setup 时序路径的时序如图 3-11 所示。

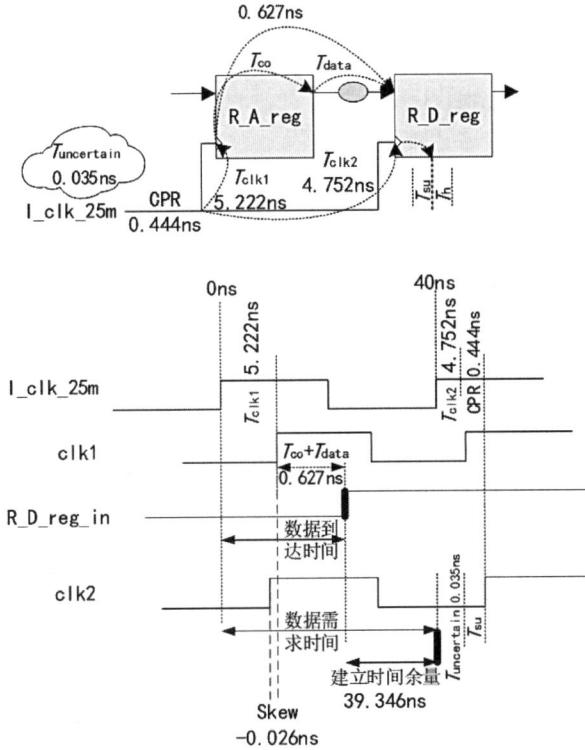

图 3-11 工程 project1 的 Setup 时序路径的时序图

梳理一下 Summary 窗口中的信息:

(1) Slack 为建立时间余量,Slack=数据需求时间-数据到达时间,Slack>0 表示该路径的建立时间满足要求;Slack<0 时,说明该路径时序不满足要求,需要重新优化设计,调整约束方案。在图 3-11 中,数据到达时间早于数据需求时间。

(2) 源寄存器为 R_A_reg,目标寄存器为 R_D_reg。

(3) Requirement 为 40ns,在建立时间分析中,启动沿为 0ns,锁存沿为一个时钟周期(40ns);Requirement=锁存沿-启动沿=40ns。

(4) Data Path Delay 为数据路径延时,即上级寄存器上升沿触发,数据从上级寄存器到下级寄存器输入端的延时,在图 3-11 中,数据路径延时=$T_{co}+T_{data}$=0.627ns。

(5) Logic Levels 指组合逻辑的级数,一个组合逻辑的级数的延时对应一个查找表 LUT 和一个网络 net 的延时;当两个寄存器之间的组合逻辑非常复杂,组合逻辑的级数过大时,会导致 T_{data} 延时很大。在图 3-11 中,T_{data} 延时增大会导致数据到达时间延时,数据到达时间不断后移,甚至造成时序违例。当两个寄存器之间的组合逻辑非常复杂,时序违例时,应该拆分组合逻辑增加寄存器,进行打拍流水线操作。

(6) Clock Path Skew 为时钟路径偏斜,时钟源传递到两个寄存器的延时不同,两个寄存器时钟的偏差就是时钟路径偏斜。结合图 3-10 和图 3-11，$Skew = DCD - SCD + CPR = T_{clk2} - T_{clk1} + CPR = -0.026ns$，即 clk1 和 clk2 对应上升沿的偏差，clk2 上升沿早于 clk1 上升沿 0.026ns。

（7）Clock Uncertainty 为时钟的不确定性，为了计算最槽糕的建立时间余量，计算最槽糕的数据需求时间（更靠左），在数据需求时间计算时减去时钟的不确定性。

展开 Source Clock Path、Data Path 和 Destination Clock Path 窗口，比 Summary 窗口更详细地给出了路径中的路径延时。

Setup 时序路径的源时钟路径如图 3-12 所示。

Source Clock Path						
Delay Type	Incr (ns)	Path ...	Location	Cell Pin	Cell	Netlist Resources
(clock I_clk... rise edge)	(r) 0.000	0.000				
	(r) 0.000	0.000	Site: G13	▷ I_clk_25m		▷ I_clk_25m
net (fo=0)	0.000	0.000				↗ I_clk_25m
IBUF (Prop ibuf I_O)	(r) 1.515	1.515	Site: G13	◁ O	clk_25m_bufg (IBUF)	clk_25m_bufg/O
net (fo=1, routed)	2.108	3.623				↗ S_clk_25m_in
BUFG (Prop bufg I_O)	(r) 0.093	3.716	Site: BUF...TRL_X0Y16	◁ O	inst_25m_uart (BUFG)	inst_25m_uart/O
net (fo=4, routed)	1.506	5.222				↗ S_clk_25m_g
FDRE			Site: SLICE_X0Y295	▷ C	R_A_reg (FDRE)	▷ R_A_reg/C

图 3-12　Setup 时序路径的源时钟路径

Setup 时序路径的数据路径如图 3-13 所示。

Data Path						
Delay Type	Incr (ns)	Path ...	Location	Cell...	Cell	Netlist Resour...
FDRE (Prop fdre C_Q)	(r) 0.223	5.445	Site: SLICE_X0Y295	◁ Q	R_A_reg (FDRE)	◁ R_A_reg/Q
net (fo=1, routed)	0.361	5.806				↗ R_A
LUT3 (Prop lut3 I0_O)	(r) 0.043	5.849	Site: SLICE_X0Y293	◁ O	R_D_i_1 (LUT3)	◁ R_D_i_1/O
net (fo=1, routed)	0.000	5.849				↗ R_D_c
FDRE		5.849	Site: SLICE_X0Y293	▷ D	R_D_reg (FDRE)	▷ R_D_reg/D
Arrival Time		5.849				

图 3-13　Setup 时序路径的数据路径

Setup 时序路径的目标时钟路径如图 3-14 所示。

Destination Clock Path						
Delay Type	Incr (ns)	Path (...	Location	Cell Pin	Cell	Netlist Resources
(clock I_clk... rise edge)	(r) 40.000	40.000				
	(r) 0.000	40.000	Site: G13	▷ I_clk_25m		▷ I_clk_25m
net (fo=0)	0.000	40.000				↗ I_clk_25m
IBUF (Prop ibuf I_O)	(r) 1.383	41.383	Site: G13	◁ O	clk_25m_bufg (IBUF)	clk_25m_bufg/O
net (fo=1, routed)	1.953	43.336				↗ S_clk_25m_in
BUFG (Prop bufg I_O)	(r) 0.083	43.419	Site: BUF...TRL_X0Y16	◁ O	inst_25m_uart (BUFG)	inst_25m_uart/O
net (fo=4, routed)	1.333	44.752				↗ S_clk_25m_g
FDRE			Site: SLICE_X0Y293	▷ C	R_D_reg (FDRE)	▷ R_D_reg/C
clock pessimism	0.444	45.196				
clock uncertainty	-0.035	45.161				
FDRE (Setup fdre C_D)	0.034	45.195	Site: SLICE_X0Y293		R_D_reg (FDRE)	R_D_reg
Required Time		45.195				

图 3-14　Setup 时序路径的目标时钟路径

依据前文的描述，建立时间 Setup 应该早于目标寄存器时钟沿，计算数据需求时间/目标时钟路径时作为"减"项。但在图 3-14 中，建立时间 Setup 晚于目标寄存器时钟沿，计算数据需求时间/目标时钟路径时作为"加"项，数据需求时间进一步延时。这里先接受该"加"项 Setup，在后文中再单独解释。

为了更直观地展示时序分析报告中的数据,将 Setup 路径时序报告中的各延时数据绘制为时序图,Setup 时序路径的时序如图 3-15 所示,其中建立时间 Setup 作为数据需求时间"加"项。

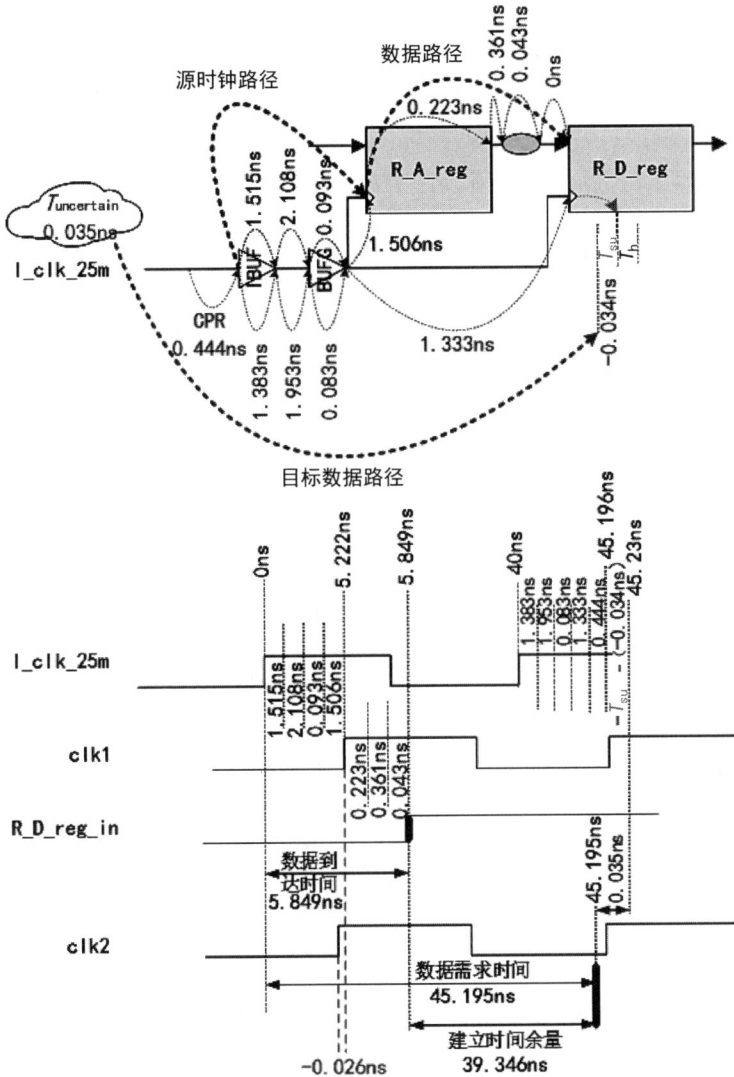

图 3-15 Setup 时序路径的时序图

首先绘制源时钟路径,建立时间关系中启动沿为 0ns,将源寄存器时钟经过 IBUF(1.515ns)、net(2.108ns)、BUFG(0.093ns)和 net(1.506ns)的时序延时绘制到路径图和时序图中;启动沿由 0ns 开始,经过共计 1.515ns+2.108ns+0.093ns+1.506ns=5.222ns 到达源寄存器 R_A_reg 的时钟输入端口。

其次绘制数据路径,启动沿经过 5.222ns 到达寄存器 R_A_reg 时,数据经过 0.223ns 从寄存器 R_A_reg 的输出端输出(C2Q),输出数据经过 0.361ns 布线延时到达组合逻辑(查找表 LUT),该查找表的延时为 0.043ns,时序报告显示查找表到 R_B_reg 数据输入端无延时,即数据路径延时为 0.223ns+0.361ns+0.043ns=0.627ns,这与 Summary 窗口中的结果一致。数据到达时间为 5.222ns＋0.627ns＝5.849ns,图 3-13 与图 3-15 中的结果一致。数据到达路径绘制完毕。

最后绘制目标时钟路径,建立时间关系中锁存沿为 40ns,目标寄存器经过 IBUF(1.383ns)、net(1.953ns)、BUFG(0.083ns)和 net(1.333ns)的时序延时,再加上时序补偿 CPR(0.444ns),减去时钟不确定性(0.035ns),"加"上建立时间延时(0.034ns),数据需求时间延时为 40ns＋1.383ns＋1.953ns＋0.083ns＋1.333ns＋0.444ns－0.035ns＋0.034ns＝45.195ns,图 3-14 与图 3-15 中的结果一致;在图 3-15 中,为了计算最槽糕的建立时间余量,数据需求时间尽量提前(靠左),所以减去时钟不确定性(0.035ns);数据需求路径绘制完毕。建立时间余量＝数据需求时间－数据到达时间＝45.195ns－5.849ns＝39.346ns。

CPR(0.444ns)怎么理解呢?

由于 Xilinx 芯片之间存在差异,编译工具并不能精确地给出不同路径的延时,只能给出最大/最小延时范围。计算建立时间余量的时候,为了计算最槽糕的建立时间余量,Xilinx 的做法是最大化数据到达时间,最小化数据需求时间。

最大化数据到达时间和最小化数据需求时间如图 3-16(a)所示,相同的时钟路径,源寄存器时钟延时＞目标寄存器时钟延时,而相同时钟路径上的时钟延时应该相等,也就是说,目标寄存器时钟延时算少了;Xilinx 引入 CPR 来补偿目标寄存器时钟亏掉的延时,数据需求时间中增加了补偿的 CPR(0.444ns)。在图 3-16(a)中,1.515ns＋2.108ns＋0.093ns－1.383ns－1.953ns－0.083ns＝0.297ns,并不等于 0.444ns? 这是因为时钟从 BUFG 到源寄存器和目标寄存器仍然有一段共同路径。建立时间分析时,CPR 是补偿目标寄存器时钟亏掉的延时,那么 CPR 一般为正值;当时序路径中有 MMCM 时,源寄存器时钟延时(X)＞目标寄存器时钟延时(Y)可能不成立,时序路径包含 MMCM,如图 3-16(b)所示,当 $X<Y$ 时 CPR 为负值。

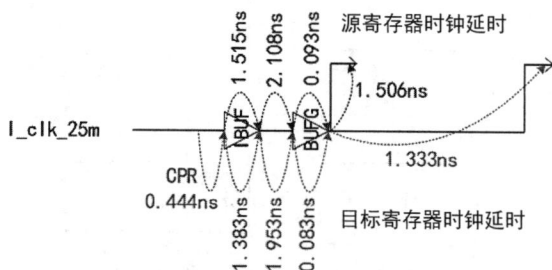

(a) 最大化数据到达时间和最小化数据需求时间

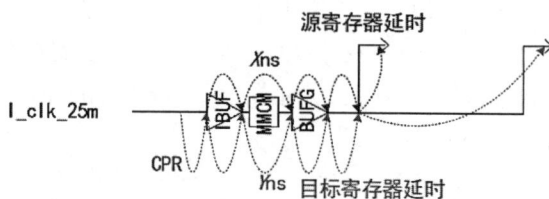

(b) 时序路径包含MMCM

图 3-16　关于 CPR 的计算及 CPR 值的正负问题的讨论

还有一个问题未说明,关于 Setup 时间值的正负问题的讨论如图 3-17 所示,建立时间

Setup 应作为数据需求时间"加"项?

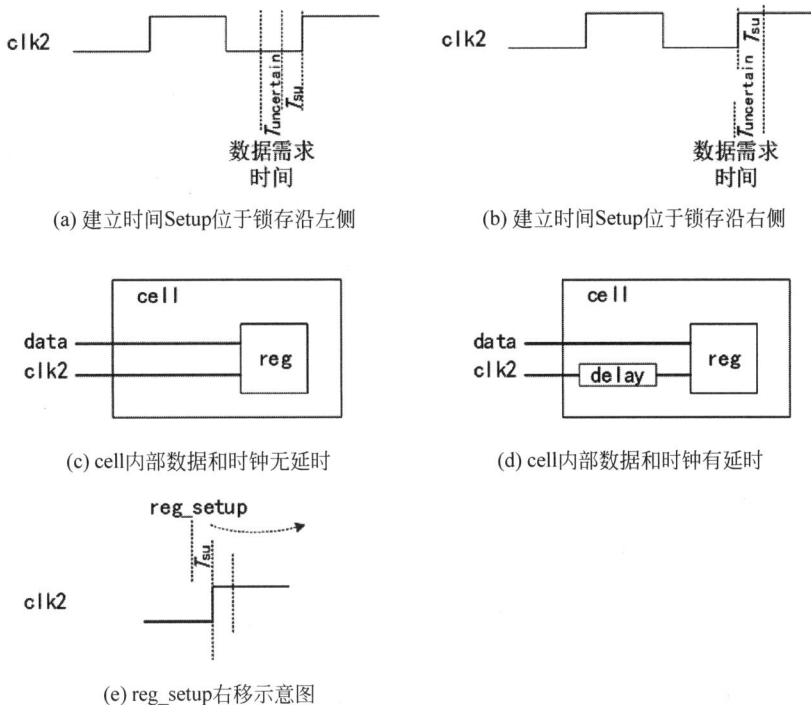

(a) 建立时间Setup位于锁存沿左侧

(b) 建立时间Setup位于锁存沿右侧

(c) cell内部数据和时钟无延时

(d) cell内部数据和时钟有延时

(e) reg_setup右移示意图

图 3-17 关于 Setup 时间值的正负问题的讨论

（1）一般情况下，建立时间 Setup 位于锁存沿左侧，如图 3-17(a)所示；该案例中，建立时间 Setup 位于锁存沿右侧，如图 3-17(b)所示。

（2）引入芯片设计 cell 的概念，cell 内部数据和时钟无延时如图 3-17(c)所示，cell 建立时间 cell_setup 与 reg 建立时间 reg_setup 一致，位于 clk2 锁存沿左侧。

（3）实际上，cell 内部数据和时钟有延时，如图 3-17(d)所示，cell 内部时钟存在延时 delay，且大于数据延时，cell_setup＋delay＝reg_setup。

（4）时序分析报告中，当 delay＝0 时，reg_setup＝cell_setup 位于锁存沿左侧；当 delay 逐渐变大，reg_setup＝cell_setup＋delay，reg_setup 就会逐渐右移，reg_setup 右移示意如图 3-17(e)所示；当 delay 足够大，reg_setup 就位于锁存沿右侧。

综上，当时序报告中出现数据正/负与时序逻辑模型不一致时，相信时序报告中给出的数据，建立时间 Setup 一般位于锁存沿左侧也是正确的，这种冲突可能是 Xilinx 不为人知的小技巧造成的。

2. Hold 时序路径分析

工程 project1 的 Hold 时序路径如图 3-18 所示，该路径从 R_B_reg 寄存器的时钟输入引脚到 R_D_reg 寄存器的数据输入引脚。

选中 Hold 时序路径，右击，在弹出的快捷菜单中选择 Schematic，弹出工程 project1 的 Hold 时序路径原理图，如图 3-19 所示。编译工具生成的原理图与绘制的原理图一致，都是从 R_B_reg 寄存器的时钟输入引脚到 R_D_reg 寄存器的数据输入引脚。时序分析报告就是对该路径上时序的具体描述。

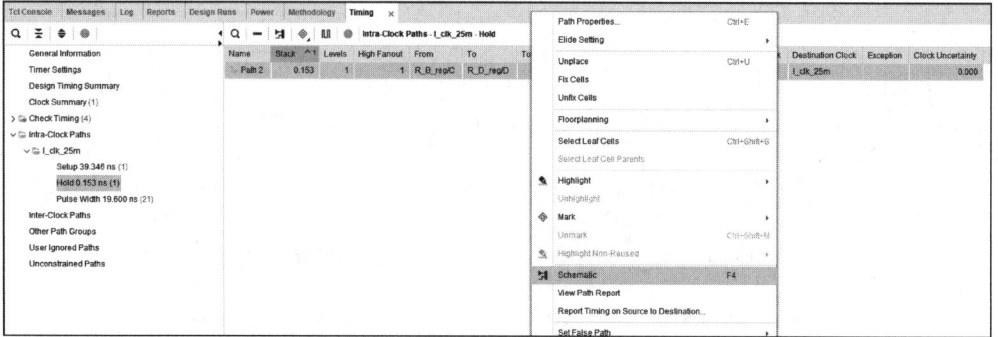

图 3-18　工程 project1 的 Hold 时序路径

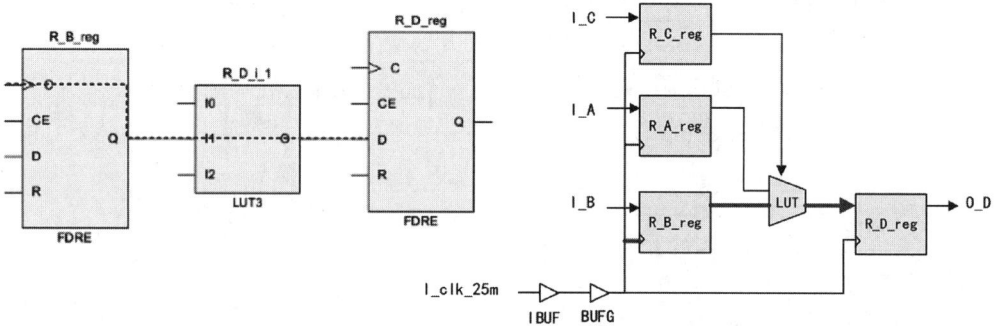

图 3-19　工程 project1 的 Hold 时序路径原理图

选中 Hold 时序路径，右击，在弹出的快捷菜单中选择 View Path Report，弹出工程 project1 的 Hold 时序路径时序分析报告，如图 3-20 所示。

图 3-20　工程 project1 的 Hold 时序路径时序分析报告

时序分析报告包含 Summary、Source Clock Path、Data Path 和 Destination Clock Path。为了更直观地理解该时序报告，将 Summary 中的内容绘制为时序图，工程 project1 的 Hold 时序路径的时序如图 3-21 所示。

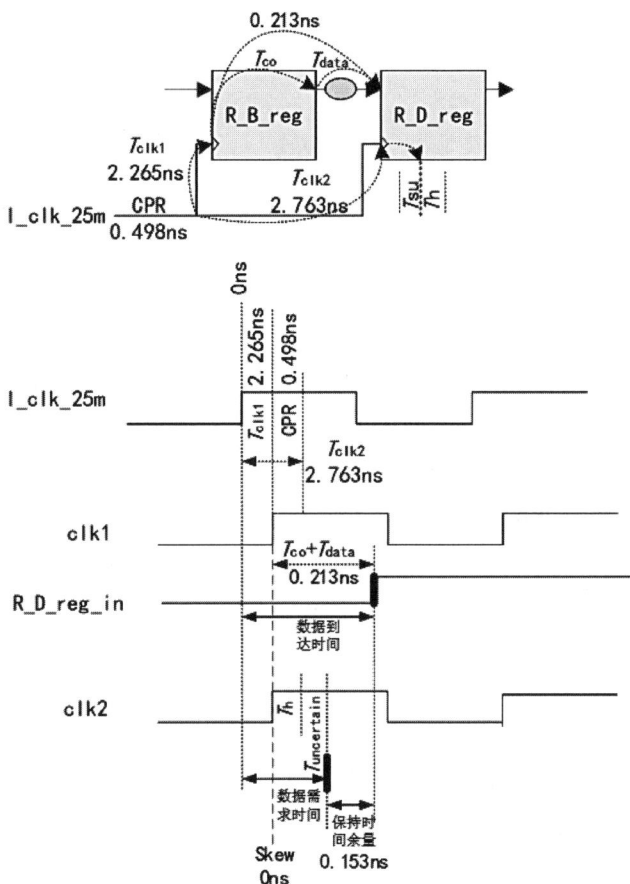

图 3-21　工程 project1 的 Hold 时序路径的时序图

梳理一下 Summary 窗口中的信息：

(1) Slack 为保持时间余量，Slack＝数据到达时间－数据需求时间，Slack＞0 表示该路径的保持时间满足要求；Slack＜0 时，说明该路径时序不满足要求，需要重新优化设计，调整约束方案。在图 3-21 中，数据到达时间晚于数据需求时间。

(2) 源寄存器为 R_B_reg，目标寄存器为 R_D_reg。

(3) Requirement 为 0ns，在保持时间分析中，启动沿为 0ns，锁存沿为 0ns；Requirement＝锁存沿－启动沿。

(4) Data Path Delay 为数据路径延时，即上级寄存器上升沿触发，数据从上级寄存器到下级寄存器输入端的延时，在图 3-21 中，数据路径延时＝$T_{co}＋T_{data}$＝0.213ns。

(5) Logic Levels 指组合逻辑的级数。当两个寄存器之间的组合逻辑非常复杂，组合逻辑的级数过大时，会导致 T_{data} 延时很大。在图 3-21 中，T_{data} 延时增大会导致数据到达时间延时；对于保持时间分析，数据到达时间越晚越好，只是建立时间分析不这么认为。建立时间余量和保持时间余量容易顾此失彼。

(6) Clock Path Skew 为时钟路径偏斜，时钟源传递到两个寄存器的延时不同，两个寄存器时钟的偏差就是时钟路径偏斜；结合图 3-20 和图 3-21，Skew＝DCD－SCD－CPR＝$T_{clk2}－T_{clk1}$－CPR＝0ns，实际上就是 clk1 和 clk2 对应上升沿的偏差，这里 clk1 和 clk2 上升沿无偏差。

展开 Source Clock Path、Data Path 和 Destination Clock Path 窗口，比 Summary 窗口更详细地给出了路径中的路径延时。

Hold 时序路径的源时钟路径如图 3-22 所示。

Source Clock Path						
Delay Type	Incr (ns)	Path (ns)	Location	Cell Pin	Cell	Netlist Resources
(clock I_clk... rise edge)	(r) 0.000	0.000				
	(r) 0.000	0.000	Site: G13	I_clk_25m		I_clk_25m
net (fo=0)	0.000	0.000				I_clk_25m
IBUF (Prop_ibuf_I_O)	(r) 0.440	0.440	Site: G13	O	clk_25m_bufg (IBUF)	clk_25m_bufg/O
net (fo=1, routed)	1.111	1.551				S_clk_25m_in
BUFG (Prop_bufg_I_O)	(r) 0.026	1.577	Site: BUF...TRL_X0Y16	O	inst_25m_uart (BUFG)	inst_25m_uart/O
net (fo=4, routed)	0.688	2.265				S_clk_25m_g
FDRE			Site: SLICE_X0Y293	C	R_B_reg (FDRE)	R_B_reg/C

图 3-22　Hold 时序路径的源时钟路径

Hold 时序路径的数据路径如图 3-23 所示。

Data Path						
Delay Type	Incr (ns)	Path (ns)	Location	Cell Pin	Cell	Netlist Resources
FDRE (Prop_fdre_C_Q)	(r) 0.091	2.356	Site: SLICE_X0Y293	Q	R_B_reg (FDRE)	R_B_reg/Q
net (fo=1, routed)	0.056	2.412				R_B
LUT3 (Prop_lut3_I1_O)	(r) 0.066	2.478	Site: SLICE_X0Y293	O	R_D_i_1 (LUT3)	R_D_i_1/O
net (fo=1, routed)	0.000	2.478				R_D_c
FDRE			Site: SLICE_X0Y293	D	R_D_reg (FDRE)	R_D_reg/D
Arrival Time		2.478				

图 3-23　Hold 时序路径的数据路径

Hold 时序路径的目标时钟路径如图 3-24 所示。

Destination Clock Path						
Delay Type	Incr (ns)	Path ...	Location	Cell Pin	Cell	Netlist Resources
(clock I_clk... rise edge)	(r) 0.000	0.000				
	(r) 0.000	0.000	Site: G13	I_clk_25m		I_clk_25m
net (fo=0)	0.000	0.000				I_clk_25m
IBUF (Prop_ibuf_I_O)	(r) 0.636	0.636	Site: G13	O	clk_25m_bufg (IBUF)	clk_25m_bufg/O
net (fo=1, routed)	1.184	1.820				S_clk_25m_in
BUFG (Prop_bufg_I_O)	(r) 0.030	1.850	Site: BUF...TRL_X0Y16	O	inst_25m_uart (BUFG)	inst_25m_uart/O
net (fo=4, routed)	0.913	2.763				S_clk_25m_g
FDRE			Site: SLICE_X0Y293	C	R_D_reg (FDRE)	R_D_reg/C
clock pessimism	-0.498	2.265				
FDRE (Hold_fdre_C_D)	0.060	2.325	Site: SLICE_X0Y293		R_D_reg (FDRE)	R_D_reg
Required Time		2.325				

图 3-24　Hold 时序路径的目标时钟路径

为了更直观地展示时序分析报告中的数据，将时序报告中的各延时数据绘制为时序图，Hold 时序路径的时序如图 3-25 所示。

首先绘制源时钟路径，保持时间关系中启动沿为 0ns，将源寄存器时钟经过 IBUF（0.440ns）、net（1.111ns）、BUFG（0.026ns）和 net（0.688ns）的时序延时绘制到路径图和时序图中；启动沿由 0ns 开始，经过共计 0.440ns＋1.111ns＋0.026ns＋0.688ns＝2.265ns 到达源寄存器 R_B_reg 的时钟输入端口。

其次绘制数据路径，当启动沿经过 2.265ns 到达寄存器 R_B_reg 时，数据经过 0.091ns 从寄存器 R_B_reg 的输出端输出（C2Q），输出数据经过 0.056ns 布线延时到达组合逻辑

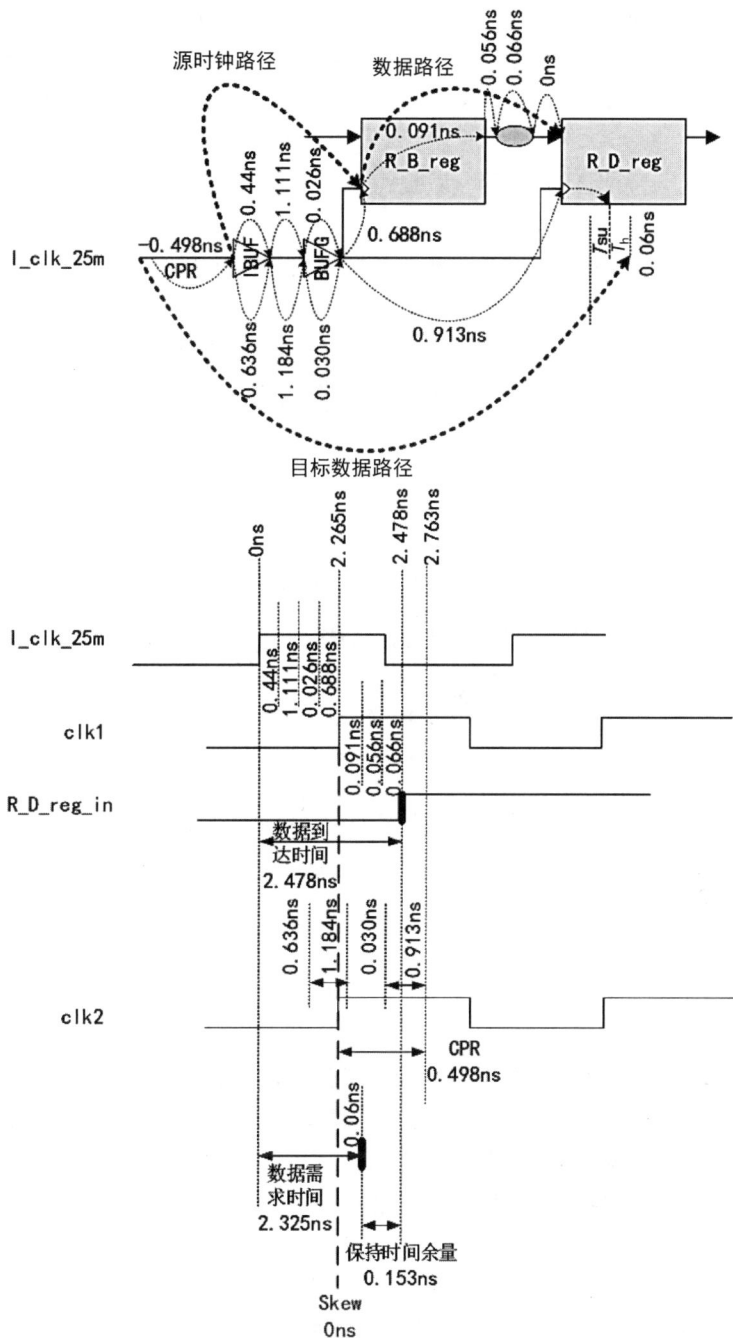

图 3-25 Hold 时序路径的时序图

（查找表 LUT），该查找表的延时为 0.066ns，时序报告显示查找表到 R_B_reg 数据输入端无延时，即数据路径延时为 0.091ns＋0.056ns＋0.066ns＝0.213ns，这与 Summary 窗口中的结果一致。数据到达时间为 2.265ns＋0.213ns＝2.478ns，图 3-23 与图 3-25 中的结果一致。数据到达路径绘制完毕。

最后绘制目标时钟路径，保持时间关系中锁存沿为 0ns，目标寄存器经过 IBUF

(0.636ns)、net(1.184ns)、BUFG(0.030ns)和 net(0.913ns)的时序延时,再减去时序多余 CPR(0.498ns),加上保持时间延时(0.060ns),数据需求时间延时为 0＋0.636ns＋1.184ns＋0.030ns＋0.913ns－0.498ns＋0.060ns＝2.325ns。图 3-24 与图 3-25 中的结果一致,数据需求路径绘制完毕。

保持时间余量＝数据到达时间－数据需求时间＝2.478ns－2.325ns＝0.153ns。

CPR(－0.498ns)怎么理解呢?

计算保持时间余量的时候,为了计算最糟糕的保持时间余量,Xilinx 的做法是最小化数据到达时间,最大化数据需求时间。

最小化数据到达时间和最大化数据需求时间如图 3-26 所示,相同的时钟路径,源寄存器时钟延时<目标寄存器时钟延时,而相同时钟路径上的时钟延时应该相等,也就是说,目标寄存器时钟延时算多了;Xilinx 引入 CPR 来补偿目标寄存器时钟多余的延时,数据需求时间中减去了多余的 CPR(0.498ns)。

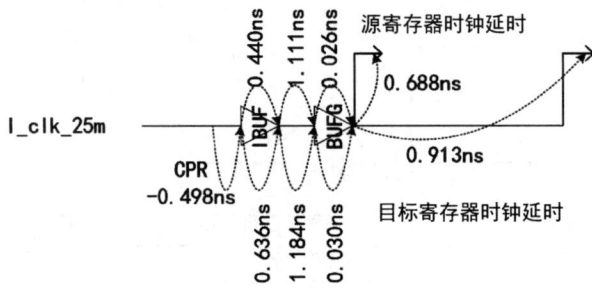

图 3-26　最小化数据到达时间和最大化数据需求时间

在图 3-26 中,0.636ns＋1.184ns＋0.030ns－0.440ns－1.111ns－0.026ns＝0.273ns,并不等于 0.498ns,这是因为时钟从 BUFG 到源寄存器和目标寄存器仍然有一段共同路径。

3.2　时钟抖动约束

在时序分析报告中,时钟不确定性并未展开分析,沿用第 2 章的内容,将其作为时钟的属性参与时序分析。时钟不确定性主要由系统抖动、主时钟抖动、离散时钟抖动、相位误差和用户时钟不确定性组成,结构如图 3-27 所示。

时序分析报告中,时钟不确定性的计算公式如下:

$$时钟不确定性＝((TSJ^2＋TIJ^2)^{1/2}＋DJ)/2＋PE＋UU$$

式中,TSJ 为系统抖动时间,由 set_system_jitter 设定的值计算;TIJ 为主时钟抖动时间,由 set_input_jitter 设定的值;DJ 为离散时钟抖动,主要是 MMCM 或 PLL 产生;PE 为 MMCM 或 PLL 产生的相位差,为固定值;UU 为用户时钟不确定性,由 set_clock_uncertainty 设定用户时钟不确定时间。值得注意的是,set_clock_uncertainty 设定的值为 UU,UU 是时序分析报告中的时钟不确定性的组成部分;set_clock_uncertainty 设定的值并不是时序分析报告中的时钟不确定性。

本节以时钟不确定性为始,扩展时钟抖动约束。

Summary	
Name	Path 1
Slack	39.346ns
Source	R_A_reg/C
Destination	R_D_reg/D
Path Group	l_clk_25m
Path Type	Setup (Max at S
Requirement	40.000ns (l_clk
Data Path Delay	0.627ns (logic (
Logic Levels	1 (LUT3=1)
Clock Path Skew	-0.026ns
Clock Uncertainty	0.035ns

系统抖动TSJ	set_system_jitter	
主时钟抖动TIJ	set_input_jitter	可传递到衍生时钟
离散时钟抖动DJ	MMCM or PLL产生离散抖动	
相位误差PE	MMCM or PLL产生相位差	
用户时钟不确定性UU	set_clock_uncertainty	只针对设定时钟

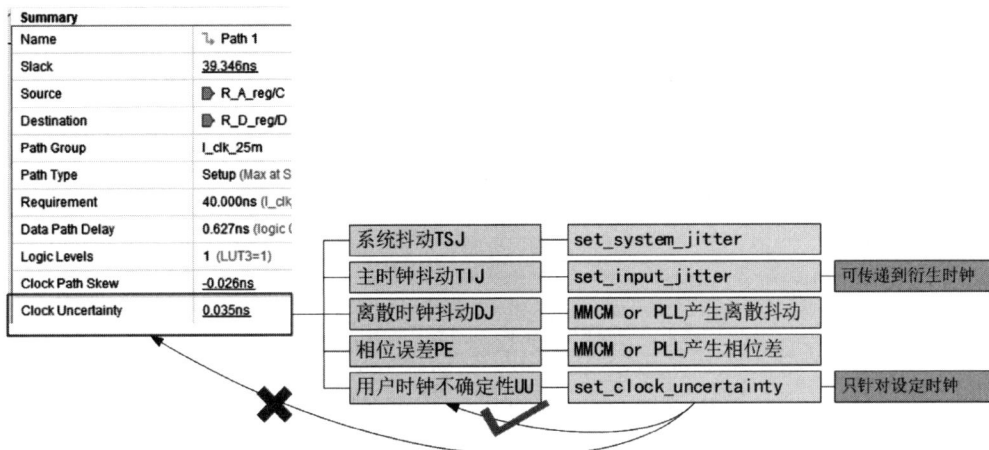

图 3-27　时钟不确定性结构示意图

3.2.1　时钟抖动约束语法

受串扰、温度、噪声和干扰等因素影响,会导致 FPGA 系统全局时钟抖动,可以使用 set_system_jitter 设定系统抖动。以 Vivado 为例,时序工具默认使用 set_system_jitter 将系统抖动值设定为 0.050ns。若非必要,设计者慎用 set_system_jitter 设置新的系统抖动值。

设计者可以使用 set_input_jitter 设置某主时钟抖动,值得注意的是,set_input_jitter 仅可以约束主时钟抖动值,不能约束衍生时钟的抖动值,主时钟约束的抖动值会传递到其衍生时钟;一条 set_input_jitter 指令仅可约束一个主时钟,有 N 个主时钟需要约束抖动,就需要 N 条指令分别约束。

系统抖动 TSJ 的计算公式如下:

$$TSJ = (SourceClock\_sysJitter^2 + DestinationClock\_sysJitter^2)^{1/2}$$

SourceClock_sysJitter 为源时钟系统抖动,DestinationClock_sysJitter 为目标时钟系统抖动,Vivado 时序工具默认使用 set_system_jitter 将系统抖动值设定为 0.050ns,因此 $TSJ = (0.050^2 + 0.050^2)^{1/2} = 0.0707(ns) \approx 0.071(ns)$。

以 Vivado 为例,set_system_jitter 指令的语法结构如下:

```
set_system_jitter <jitter_value>
```

jitter_value 为所有时钟的系统抖动值,≥ 0,单位为 ns。

以 Vivado 为例,set_input_jitter 指令的语法结构如下:

```
set_input_jitter [get_clocks <clock_name>] <jitter_value>
```

clock_name 为需要约束抖动的主时钟名称,该约束指令要晚于主时钟约束;

jitter_value 为指定主时钟抖动值,≥ 0,单位为 ns。

set_input_jitter 和 set_system_jitter 的 GUI 配置界面与指令语法相同,set_input_jitter 指令 GUI 配置界面如图 3-28 所示。

set_system_jitter 指令 GUI 配置界面如图 3-29 所示,设计者可以选择习惯的约束方式。

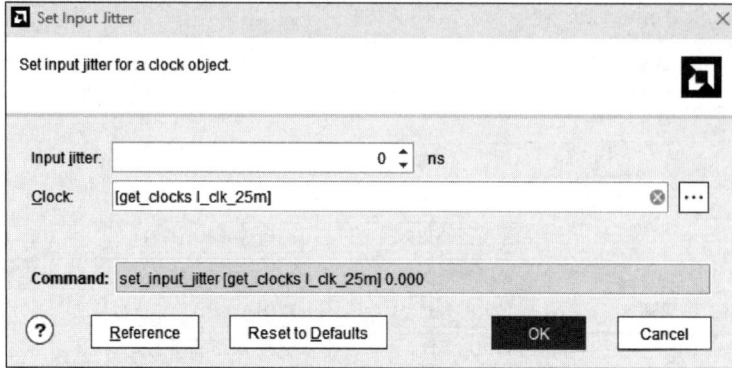

图 3-28　set_input_jitter 指令 GUI 配置界面

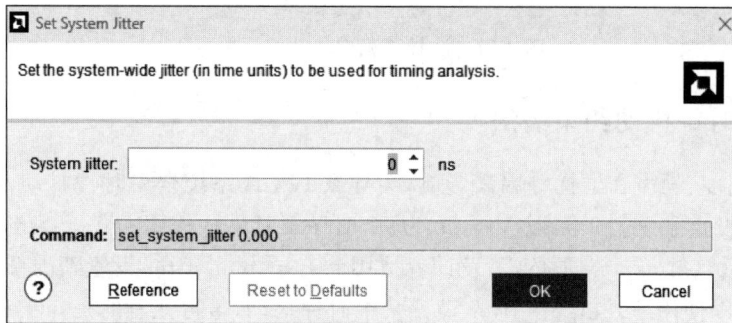

图 3-29　set_system_jitter 指令 GUI 配置界面

3.2.2　时钟抖动约束实例

假设两个主时钟分别为 clk1 和 clk2,周期为 10ns,其输入抖动值为 0.5ns,系统抖动值为 0.1ns,则约束指令为

```
create_clock – name clk1 – period 10 [get_ports clk1]
create_clock – name clk2 – period 10 [get_ports clk2]
set_input_jitter [get_clocks clk1]  0.5
set_input_jitter [get_clocks clk2]  0.5
set_system_jitter 0.1
```

值得注意的是,主时钟约束需要早于 set_input_jitter;不同主时钟抖动约束需要分别设置抖动约束;set_system_jitter 不设定时钟名称。

1. 时钟抖动约束实例 A

打开 project1,其主时钟为 25MHz,主时钟建立时间分析报告的时钟不确定性如图 3-30所示。

时序分析报告给出了时钟不确定性的计算公式;工程中仅设置了主时钟约束,时钟不确定性的计算公式并未给出 UU,TIJ、DJ 和 PE 均为 0;Vivado 时序工具默认系统抖动值设定为 0.050ns,$TSJ = (SourceClock\_sysJitter^2 + DestinationClock\_sysJitter^2)^{1/2} = (0.050^2 + 0.050^2)^{1/2} = 0.0707(ns) \approx 0.071(ns)$;进一步,时钟不确定性$=((0.0707^2 + 0^2)^{1/2} + 0)/2 + 0 + 0 = 0.03535(ns) \approx 0.035(ns)$。

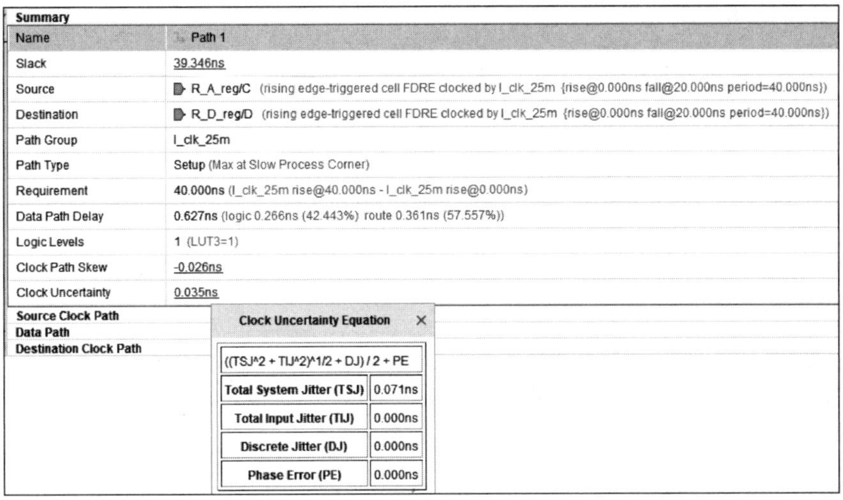

Summary	
Name	Path 1
Slack	39.346ns
Source	R_A_reg/C (rising edge-triggered cell FDRE clocked by I_clk_25m {rise@0.000ns fall@20.000ns period=40.000ns})
Destination	R_D_reg/D (rising edge-triggered cell FDRE clocked by I_clk_25m {rise@0.000ns fall@20.000ns period=40.000ns})
Path Group	I_clk_25m
Path Type	Setup (Max at Slow Process Corner)
Requirement	40.000ns (I_clk_25m rise@40.000ns - I_clk_25m rise@0.000ns)
Data Path Delay	0.627ns (logic 0.266ns (42.443%) route 0.361ns (57.557%))
Logic Levels	1 (LUT3=1)
Clock Path Skew	-0.026ns
Clock Uncertainty	0.035ns

| Source Clock Path |
| Data Path |
| Destination Clock Path |

Clock Uncertainty Equation ✕	
((TSJ^2 + TIJ^2)^1/2 + DJ) / 2 + PE	
Total System Jitter (TSJ)	0.071ns
Total Input Jitter (TIJ)	0.000ns
Discrete Jitter (DJ)	0.000ns
Phase Error (PE)	0.000ns

图 3-30　主时钟建立时间分析报告的时钟不确定性

2. 时钟抖动约束实例 B

复制 project1，命名为 project2，在 project2 中设置 25MHz 时钟抖动值为 0.5ns，系统抖动值为 0.1ns，指令如下：

```
set_input_jitter [get_clocks I_clk_25m] 0.5
set_system_jitter 0.1
```

打开 project2，其主时钟为 25MHz，主时钟添加时钟抖动约束的建立时间分析报告如图 3-31 所示。

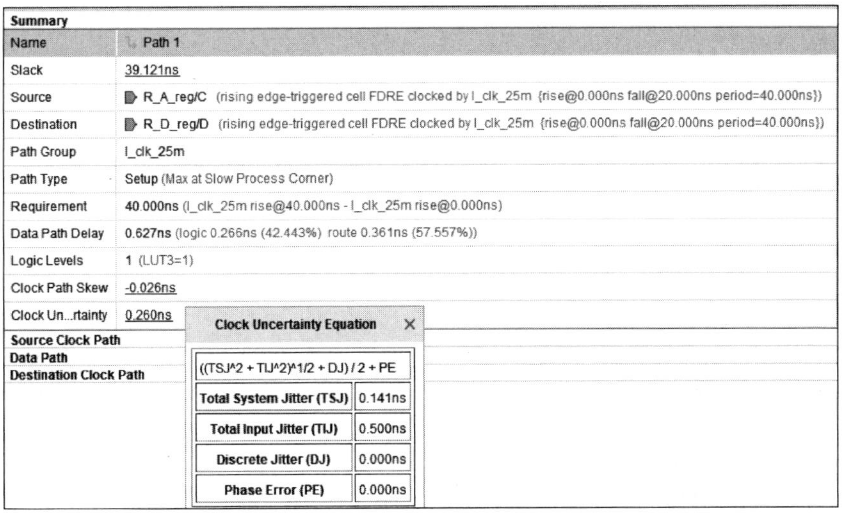

Summary	
Name	Path 1
Slack	39.121ns
Source	R_A_reg/C (rising edge-triggered cell FDRE clocked by I_clk_25m {rise@0.000ns fall@20.000ns period=40.000ns})
Destination	R_D_reg/D (rising edge-triggered cell FDRE clocked by I_clk_25m {rise@0.000ns fall@20.000ns period=40.000ns})
Path Group	I_clk_25m
Path Type	Setup (Max at Slow Process Corner)
Requirement	40.000ns (I_clk_25m rise@40.000ns - I_clk_25m rise@0.000ns)
Data Path Delay	0.627ns (logic 0.266ns (42.443%) route 0.361ns (57.557%))
Logic Levels	1 (LUT3=1)
Clock Path Skew	-0.026ns
Clock Un...rtainty	0.260ns

| Source Clock Path |
| Data Path |
| Destination Clock Path |

Clock Uncertainty Equation ✕	
((TSJ^2 + TIJ^2)^1/2 + DJ) / 2 + PE	
Total System Jitter (TSJ)	0.141ns
Total Input Jitter (TIJ)	0.500ns
Discrete Jitter (DJ)	0.000ns
Phase Error (PE)	0.000ns

图 3-31　主时钟添加时钟抖动约束的建立时间分析报告

系统抖动值为 0.1ns，则 $TSJ = (SourceClock\_sysJitter^2 + DestinationClock\_sysJitter^2)^{1/2} = (0.1^2 + 0.1^2)^{1/2} = 0.1414(ns) \approx 0.141(ns)$；主时钟抖动值为 0.5ns，$TIJ = 0.5ns$；进一步，时钟不确定性 $= [(0.1414^2 + 0.5^2)^{1/2} + 0]/2 + 0 + 0 = 0.2598(ns) \approx 0.260(ns)$。由此可得，当设置 set_system_jitter 0.1 时，覆盖了系统抖动默认值 0.050ns。

3. 时钟抖动约束实例 C

复制 project1,命名为 project3,在 project3 中设置 25MHz 时钟抖动值为 0.5ns,指令如下:

```
set_input_jitter [get_clocks I_clk_25m] 0.5
```

引入 Clocking Wizard IP,用该 IP 对 25MHz 主时钟进行分配、倍频和移相等操作,设定输入时钟频率为 25MHz,设置抖动为 0.2ns=200ps,Clocking Wizard IP 输入时钟配置如图 3-32 所示。

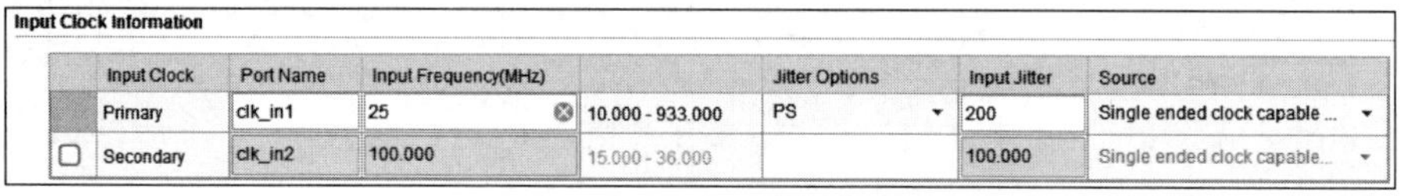

Input Clock Information							
	Input Clock	Port Name	Input Frequency(MHz)		Jitter Options	Input Jitter	Source
	Primary	clk_in1	25 ⊗	10.000 - 933.000	PS ▾	200	Single ended clock capable ... ▾
☐	Secondary	clk_in2	100.000	15.000 - 36.000		100.000	Single ended clock capable... ▾

图 3-32　Clocking Wizard IP 输入时钟配置

配置 Clocking Wizard IP 生成 25MHz 和 50MHz 时钟,Clocking Wizard IP 输出时钟配置如图 3-33 所示。

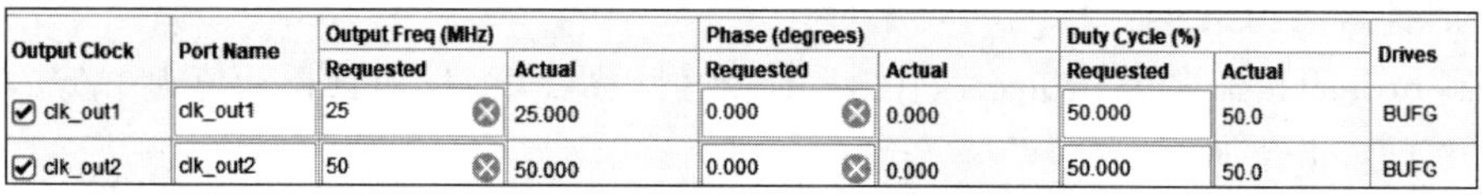

Output Clock	Port Name	Output Freq (MHz)		Phase (degrees)		Duty Cycle (%)		Drives
		Requested	Actual	Requested	Actual	Requested	Actual	
☑ clk_out1	clk_out1	25 ⊗	25.000	0.000 ⊗	0.000	50.000	50.0	BUFG
☑ clk_out2	clk_out2	50 ⊗	50.000	0.000 ⊗	0.000	50.000	50.0	BUFG

图 3-33　Clocking Wizard IP 输出时钟配置

Jitter 约束界面如图 3-34 所示,2 个约束均已被识别。

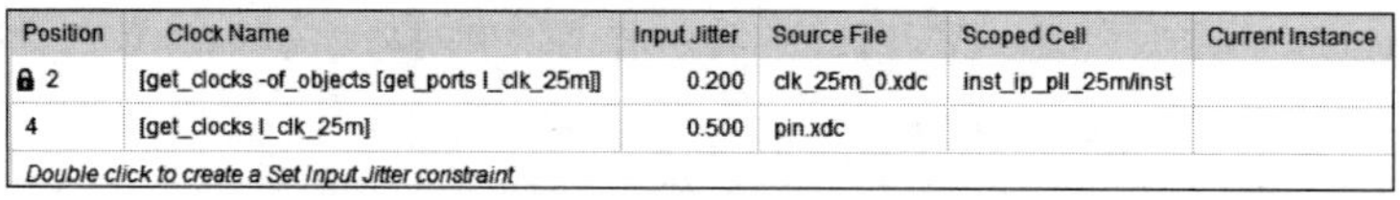

Position	Clock Name	Input Jitter	Source File	Scoped Cell	Current Instance
🔒 2	[get_clocks -of_objects [get_ports I_clk_25m]]	0.200	clk_25m_0.xdc	inst_ip_pll_25m/inst	
4	[get_clocks I_clk_25m]	0.500	pin.xdc		
Double click to create a Set Input Jitter constraint					

图 3-34　Jitter 约束界面

寄存器 R_A_reg 到寄存器 R_D_reg 数据传递使用 25MHz 衍生时钟,衍生时钟添加时钟抖动约束的建立时间分析报告如图 3-35 所示。set_input_jitter 设定主时钟抖动为 0.5ns,Clocking Wizard IP 设置输入时钟抖动为 0.2ns,离散时钟抖动 DJ=0.399ns。

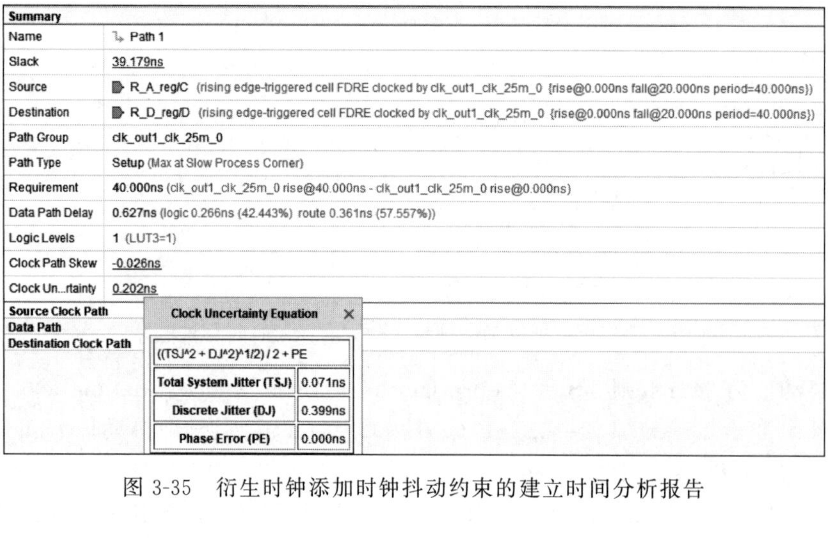

Summary	
Name	⌐↳ Path 1
Slack	39.179ns
Source	▸ R_A_reg/C (rising edge-triggered cell FDRE clocked by clk_out1_clk_25m_0 {rise@0.000ns fall@20.000ns period=40.000ns})
Destination	▸ R_D_reg/D (rising edge-triggered cell FDRE clocked by clk_out1_clk_25m_0 {rise@0.000ns fall@20.000ns period=40.000ns})
Path Group	clk_out1_clk_25m_0
Path Type	Setup (Max at Slow Process Corner)
Requirement	40.000ns (clk_out1_clk_25m_0 rise@40.000ns - clk_out1_clk_25m_0 rise@0.000ns)
Data Path Delay	0.627ns (logic 0.266ns (42.443%) route 0.361ns (57.557%))
Logic Levels	1 (LUT3=1)
Clock Path Skew	-0.026ns
Clock Un...rtainty	0.202ns
Source Clock Path	
Data Path	
Destination Clock Path	

Clock Uncertainty Equation	×
((TSJ^2 + DJ^2)^1/2) / 2 + PE	
Total System Jitter (TSJ)	0.071ns
Discrete Jitter (DJ)	0.399ns
Phase Error (PE)	0.000ns

图 3-35　衍生时钟添加时钟抖动约束的建立时间分析报告

3.3　时钟不确定性约束

时钟不确定性约束是针对用户时钟不确定性,由 set_clock_uncertainty 设定用户时钟不确定时间。值得注意的是,set_clock_uncertainty 设定的值为用户时钟不确定性,是时序分析报告中的时钟不确定性的组成部分,并不是时序分析报告中的时钟不确定性,具体内容参见 3.2 节。

3.3.1　时钟不确定性约束语法

时序报告中,时钟不确定性中的用户时钟不确定性 UU 可以用 set_clock_uncertainty 指令进行约束,其基本的语法结构如下:

```
set_clock_uncertainty – setup – from [get_clocks < clk1_name >] – to [get_clocks < clk2_name >]
< uncertainty_value >
```

在 Vivado 中,set_clock_uncertainty 指令的参数定义如表 3-2 所示。

表 3-2　set_clock_uncertainty 指令的参数定义

参　　　数	说　　　明
-setup	表示建立时间分析时约束用户时钟不确定性,可选-hold 表示保持时间分析时约束用户时钟不确定性,若不指定,则表示同时约束建立时间和保持时间的用户时钟不确定性
-from、-to	跨时钟域从源时钟到目标时钟,同步时钟之间 get_clocks 绑定时钟即可
get_clocks	指定约束用户时钟不确定性的时钟名称
< uncertainty_value >	约束的用户时钟不确定性时间,单位为 ns

set_clock_uncertainty 的 GUI 配置界面与指令语法相同,set_clock_uncertainty 的 GUI 配置界面如图 3-36 所示,设计者可以选择习惯的约束方式。

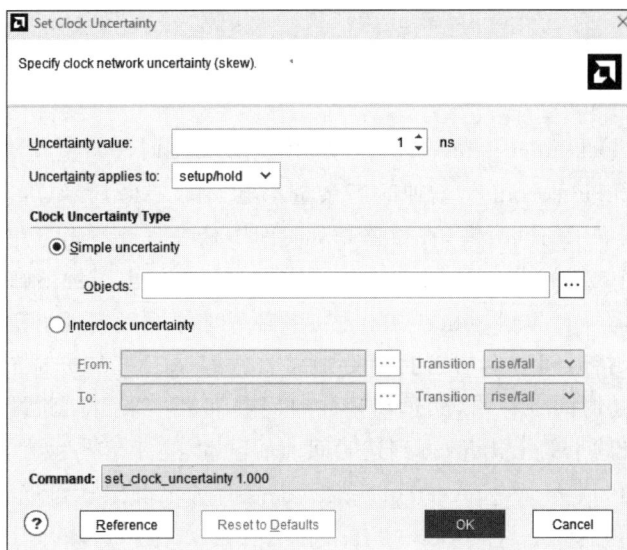

图 3-36　set_clock_uncertainty 的 GUI 配置界面

3.3.2　时钟不确定性约束实例

复制 project1,命名为 project4,在 project4 中设置 set_clock_uncertainty 用户时钟不确定性为 0.2ns,指令如下:

```
set_clock_uncertainty 0.2 [get_clocks I_clk_25m]
```

该指令中,0.2 不可置于[get_clocks I_clk_25m]之后,即指令 set_clock_uncertainty [get_clocks I_clk_25m] 0.2 无效。具体情况可参考 GUI 指令。

重新编译 project4 后,建立时间和保持时间时序分析报告如图 3-37 所示。

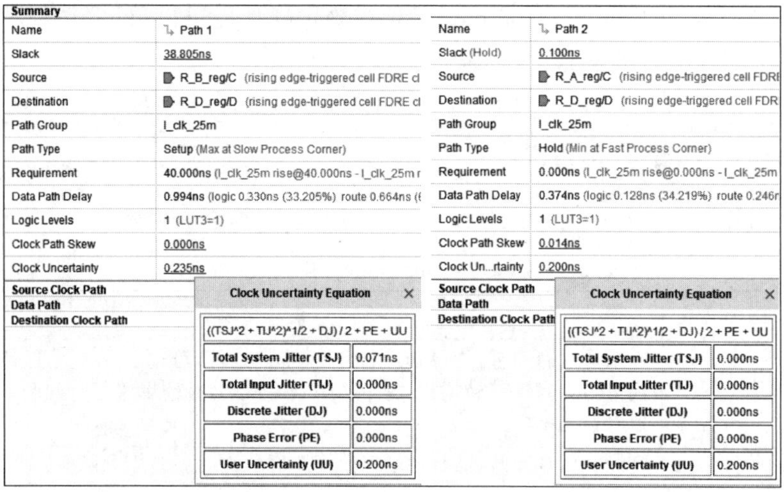

Summary				
Name	↳ Path 1		Name	↳ Path 2
Slack	38.805ns		Slack (Hold)	0.100ns
Source	R_B_reg/C (rising edge-triggered cell FDRE cl		Source	R_A_reg/C (rising edge-triggered cell FDRI
Destination	R_D_reg/D (rising edge-triggered cell FDRE cl		Destination	R_D_reg/D (rising edge-triggered cell FDR
Path Group	I_clk_25m		Path Group	I_clk_25m
Path Type	Setup (Max at Slow Process Corner)		Path Type	Hold (Min at Fast Process Corner)
Requirement	40.000ns (I_clk_25m rise@40.000ns - I_clk_25m r		Requirement	0.000ns (I_clk_25m rise@0.000ns - I_clk_25m
Data Path Delay	0.994ns (logic 0.330ns (33.205%) route 0.664ns (		Data Path Delay	0.374ns (logic 0.128ns (34.219%) route 0.246r
Logic Levels	1 (LUT3=1)		Logic Levels	1 (LUT3=1)
Clock Path Skew	0.000ns		Clock Path Skew	0.014ns
Clock Uncertainty	0.235ns		Clock Un...rtainty	0.200ns

Source Clock Path	Clock Uncertainty Equation ✕		Source Clock Path	Clock Uncertainty Equation ✕
Data Path			Data Path	
Destination Clock Path	((TSJ^2 + TIJ^2)^1/2 + DJ) / 2 + PE + UU		Destination Clock Path	((TSJ^2 + TIJ^2)^1/2 + DJ) / 2 + PE + UU
	Total System Jitter (TSJ)	0.071ns		Total System Jitter (TSJ)	0.000ns
	Total Input Jitter (TIJ)	0.000ns		Total Input Jitter (TIJ)	0.000ns
	Discrete Jitter (DJ)	0.000ns		Discrete Jitter (DJ)	0.000ns
	Phase Error (PE)	0.000ns		Phase Error (PE)	0.000ns
	User Uncertainty (UU)	0.200ns		User Uncertainty (UU)	0.200ns

图 3-37　建立时间和保持时间时序分析报告

建立时间和保持时间时序分析报告中,用户时钟不确定性为 0.200ns;建立时间时钟不确定性 $=((0.0707^2+0^2)^{1/2}+0)/2+0+0.200=0.23535(\text{ns})\approx0.235(\text{ns})$;保持时间时钟不确定性 $=((0.000^2+0^2)^{1/2}+0)/2+0+0.200=0.200(\text{ns})$。

3.3.3　时钟不确定性约束妙用

约束指令 set_clock_uncertainty 有一个妙用,可以增加时序余量,增加 FPGA 工程的时序稳定性。set_clock_uncertainty 增加时序余量示意如图 3-38 所示,为了计算最糟糕的建立时间关系,使数据需求时间靠左,在数据需求时间中减去时钟不确定性;为了计算最糟糕的保持时间关系,使数据需求时间靠右,在数据需求时间中加上时钟不确定性。

设计者可以使用 set_clock_uncertainty 故意提高时钟不确定性,使建立时间数据需求时间更加靠左,使保持时间数据需求时间更加靠右。编译工具在布局布线时,只能使数据到达时间既远离保持时间锁存沿,又远离建立时间锁存沿。采用如此设计,则 FPGA 在运行时出现未考虑/未约束的干扰,数据到达时间前后波动,也不容易触发建立时间和保持时间违例。另外,使用 set_clock_uncertainty 故意提高时钟不确定性可能会消耗更多的逻辑资源。

由于路径延时存在,保持时间很容易满足。实际上,建立时间更容易违例,工程中关注

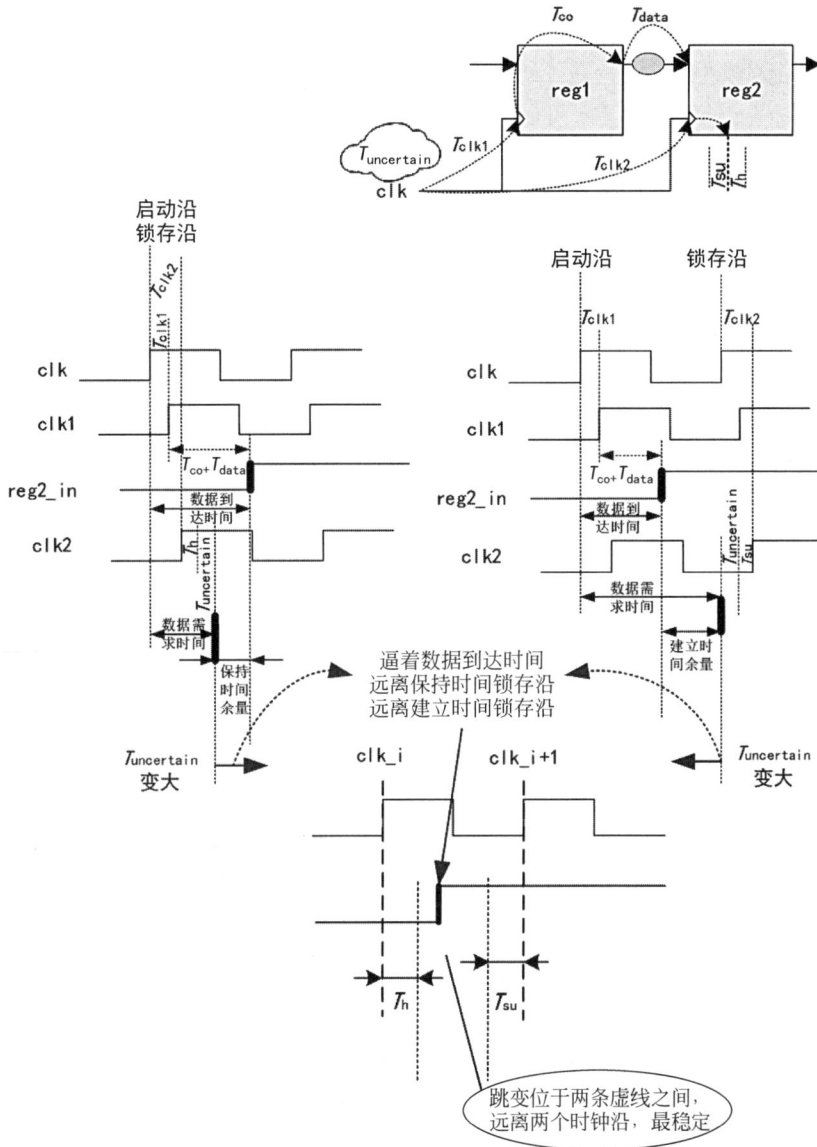

图 3-38 set_clock_uncertainty 增加时序余量示意图

建立时间时序更多一点。以上只是一种思路和想法。类比一个例子,通过一架两边都是悬崖的桥,建立时间和保持时间分别是两侧的栏杆,故意利用 set_clock_uncertainty 约束行人更加远离两侧的栏杆,行人只能走桥正中间。行人走中间是最稳定、最可靠的,偶发干扰抖动一下,也有很大余量远离栏杆,不容易触发建立时间和保持时间违例。

对比另一种做法,设计者通过故意提高时钟频率增加时序余量,如图 3-39 所示。提高时钟频率约束,布局布线时会将数据到达时间约束在很小的范围内;当实际运行时,时序余量可以增加不少。值得注意的是,保持时间余量并未明显增加,建立时间余量显著增加,在实际工程中保持时间一般很少违例。提高时钟频率增加时序余量不会体现在时序报告中,因为时序报告中的主时钟约束是高频,逻辑功能在低频中使用时稳定性提高。这种做法需要保证时钟单一,避免跨时钟时异常。

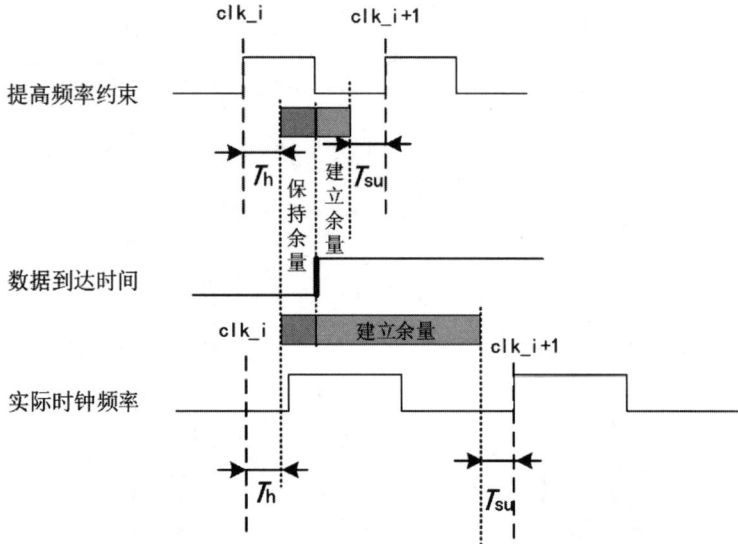

图 3-39 提高时钟频率增加时序余量示意图

3.4 时钟延时约束

第 2 章分析的输入引脚到寄存器时序路径如图 3-40(a)所示,并未单独约束目标寄存器时钟的延时,而是将时钟路径延时和数据路径延时一起打包到一起,利用 set_input_delay 约束时钟延时,如图 3-40(b)所示。时钟源到达 FPGA 时钟引脚,再到达指定节点存在延时,该延时包括源延时(source latency)和网络延时(network latency),时钟延时如图 3-40(c)所示。以Vivado 为例,可以使用 set_clock_latency 约束时钟的延时,直接约束目标寄存器时钟的延时。

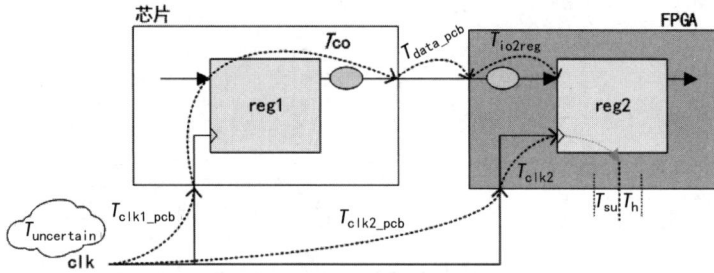

(a) 输入引脚到寄存器时序路径

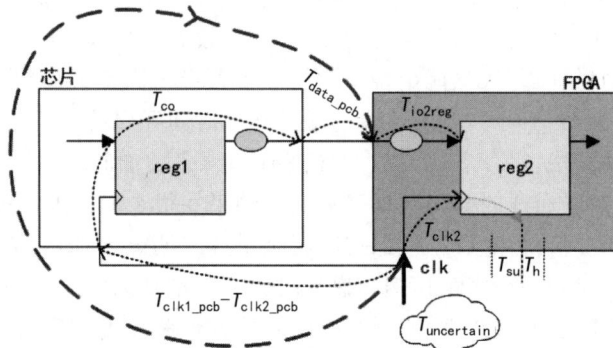

(b) set_input_delay示意图

图 3-40 时钟延时约束

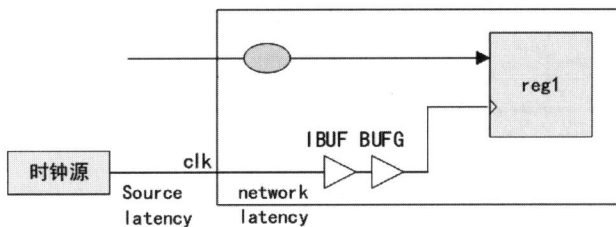

(c)时钟延时

图 3-40　（续）

3.4.1　时钟延时约束语法

set_clock_latency 的基本语法结构如下：

```
set_clock_latency [ - clock clock_list] [ - rise] [ - fall] [ - min] [ - max] [ - source] < delay >
< object >
```

在 Vivado 中，set_clock_latency 指令的参数定义如表 3-3 所示。

表 3-3　set_clock_latency 指令的参数定义

参　　数	说　　明
-clock	设置与指定对象 object 相关联的时钟时延，为可选项；如果不指定，则 object 驱动的路径都会被约束
-rise -fall	指定时钟延时的触发沿
-min、-max	指定延时的最大值和最小值，若不指定，则同时约束延时最大值和最小值
-source	-source 指源延时，-network 指网络延时，如果不指定则默认为-network
delay	时钟延时，单位为 ns
object	指定约束的时钟名称

3.4.2　时钟延时约束实例

复制 project1，命名为 project5，在 project5 中设置时钟延时约束，其中源延时 0.1ns，网络延时 0.2ns，指令如下：

```
set_clock_latency - source 0.1 [get_clocks I_clk_25m]
set_clock_latency  0.2 [get_clocks I_clk_25m]
```

建立时间时序分析报告中，时钟延时约束的源时钟路径延时如图 3-41 所示。

建立时间时序分析报告中，时钟延时约束的目标时钟路径延时如图 3-42 所示。

源时钟路径和目标时钟路径都增加了 clock source latency＝0.1ns，ideal clock network latency＝0.2ns；由于约束指令并未指定-clock 参数，所以 I_clk_25m 驱动的路径都添加了该约束。

继续在工程中添加如下指令：

```
set_clock_latency - source 0.3 [get_ports I_clk_25m]
set_clock_latency  0.4 [get_ports I_clk_25m]
```

Source Clock Path				
Delay Type	Incr (ns)	Path (ns)	Location	Netlist Resource(s)
(clock l_clk_25m rise edge)	(r) 0.000	0.000		
clock source latency	0.100	0.100		
	(r) 0.000	0.100	Site: G13	l_clk_25m
ideal clock network latency	0.200	0.300		
net (fo=0)	0.000	0.300		l_clk_25m
IBUF (Prop_ibuf_I_O)	(r) 0.000	0.300	Site: G13	clk_25m_bufg/O
net (fo=1, routed)	0.000	0.300		S_clk_25m_in
BUFG (Prop_bufg_I_O)	(r) 0.000	0.300	Site: BUF...TRL_X0Y16	inst_25m_uart/O
net (fo=4, routed)	0.000	0.300		S_clk_25m_g
FDRE			Site: SLICE_X0Y295	R_A_reg/C

图 3-41　时钟延时约束的源时钟路径延时

Destination Clock Path				
Delay Type	Incr (ns)	Path (...	Location	Netlist Resource(s)
(clock l_clk_...m rise edge)	(r) 40.000	40.000		
clock source latency	0.100	40.100		
	(r) 0.000	40.100	Site: G13	l_clk_25m
ideal clock network latency	0.200	40.300		
net (fo=0)	0.000	40.300		l_clk_25m
IBUF (Prop_ibuf_I_O)	(r) 0.000	40.300	Site: G13	clk_25m_bufg/O
net (fo=1, routed)	0.000	40.300		S_clk_25m_in
BUFG (Prop_bufg_I_O)	(r) 0.000	40.300	Site: BUF...TRL_X0Y16	inst_25m_uart/O
net (fo=4, routed)	0.000	40.300		S_clk_25m_g
FDRE			Site: SLICE_X0Y293	R_D_reg/C
clock pessimism	0.000	40.300		
clock uncertainty	-0.035	40.265		
FDRE (Setup_fdre_C_D)	0.034	40.299	Site: SLICE_X0Y293	R_D_reg
Required Time		40.299		

图 3-42　时钟延时约束的目标时钟路径延时

　　新约束将 get_clocks 替换为 get_ports,建立时间时序分析报告中,时钟延时约束的源时钟路径延时(get_ports)如图 3-43 所示。

Source Clock Path				
Delay Type	Incr (ns)	Path (ns)	Location	Netlist Resource(s)
(clock l_clk_...m rise edge)	(r) 0.000	0.000		
clock source latency	0.300	0.300		
	(r) 0.000	0.300	Site: G13	l_clk_25m
ideal clock network latency	0.400	0.700		
net (fo=0)	0.000	0.700		l_clk_25m
IBUF (Prop_ibuf_I_O)	(r) 0.000	0.700	Site: G13	clk_25m_bufg/O
net (fo=1, routed)	0.000	0.700		S_clk_25m_in
BUFG (Prop_bufg_I_O)	(r) 0.000	0.700	Site: BUF...TRL_X0Y16	inst_25m_uart/O
net (fo=4, routed)	0.000	0.700		S_clk_25m_g
FDRE			Site: SLICE_X0Y295	R_A_reg/C

图 3-43　时钟延时约束的源时钟路径延时

　　建立时间时序分析报告中,时钟延时约束的目标时钟路径延时(get_ports)如图 3-44 所示。

　　源时钟路径和目标时钟路径都增加了 clock source latency＝0.3ns,ideal clock network latency＝0.4ns;端口延时指令覆盖了时钟延时指令,或者说,时钟延时约束的优先级低于端口延时约束。

Destination Clock Path				
Delay Type	Incr (ns)	Path (...	Location	Netlist Resource(s)
(clock I_clk_...m rise edge)	(r) 40.000	40.000		
clock source latency	0.300	40.300		
	(r) 0.000	40.300	Site: G13	I_clk_25m
ideal clock network latency	0.400	40.700		
net (fo=0)	0.000	40.700		I_clk_25m
IBUF (Prop_ibuf_I_O)	(r) 0.000	40.700	Site: G13	clk_25m_bufg/O
net (fo=1, routed)	0.000	40.700		S_clk_25m_in
BUFG (Prop_bufg_I_O)	(r) 0.000	40.700	Site: BUF...TRL_X0Y16	inst_25m_uart/O
net (fo=4, routed)	0.000	40.700		S_clk_25m_g
FDRE			Site: SLICE_X0Y293	R_D_reg/C
clock pessimism	0.000	40.700		
clock uncertainty	-0.035	40.665		
FDRE (Setup_fdre_C_D)	0.034	40.699	Site: SLICE_X0Y293	R_D_reg
Required Time		40.699		

图 3-44 时钟延时约束的目标时钟路径延时

3.5 虚拟时钟约束

什么是虚拟时钟？

某 FPGA 机场，机场大屏的时钟是 FPGA 机场的主时钟，乘客随身时钟是 FPGA 机场的虚拟时钟。

虚拟时钟和主时钟的时序关系决定了乘客是否迟到。正常情况下，乘客时钟和机场大屏时钟相差很小，不会影响乘客的出行安排。当乘客时钟和机场时钟相差较大时，要么漫长等待，要么生死时速的错过。也就是说，当乘客时钟和机场时钟相差较大时，时序分析就不可靠了。

类比到 FPGA，FPGA（机场）时钟引脚是 FPGA 主时钟，A/D 芯片（乘客）向 FPGA 传递数据，AD 芯片的时钟就是 FPGA 的虚拟时钟。

回顾第 2 章输入引脚到寄存器时序路径的内容，时钟源为同一个时钟，主时钟和虚拟时钟相差很小，设计输入延时约束 set_input_delay 实现时序约束。输入引脚到寄存器时序路径中，主时钟和虚拟时钟为不同时钟或者存在相位差（例如乘客为中国时间，机场为欧洲时间），时序约束不仅要有输入延时约束 set_input_delay，还要有主时钟和虚拟时钟相对关系的约束，这就是虚拟时钟约束。

虚拟时钟约束和输入/输出延时约束的区别是什么？

虚拟时钟描述的是不同时钟域，时钟/数据传输的频率和相位关系；输入/输出延时约束是为了定义 FPGA 输入/输出接口的时序延时满足寄存器数据传递的时序要求。

在时序路径分析时，一些时钟存在于 FPGA 外部芯片中，并不存在于 FPGA 内部，这时必须定义一个时钟来表达外部时钟与 FPGA 引脚主时钟的关系，然后进行时序分析，这样的外部时钟就称为虚拟时钟。与主时钟一致，create_clock 指令也可约束虚拟时钟。由于虚拟时钟不存在于 FPGA 内部，所以无 get_ports 选项，因此虚拟时钟必须指定-name。虚拟时钟 create_clock 指令的语法结构如下：

```
create_clock – name < clock_name > – period < clk_period > [ – waveform {< rise_time > < fall_
time >}]
```

系统同步接口,AD芯片向FPGA传递数据的输入引脚到寄存器时序路径,FPGA向DA芯片传递数据的寄存器到输出引脚时序路径,外部AD芯片和DA芯片的时钟可以定义为虚拟时钟。

3.5.1 系统同步接口输入引脚到寄存器路径的虚拟时钟约束

系统同步接口输入引脚到寄存器路径的虚拟时钟约束如图3-45所示,假设时钟源到Vclk和clk的时序延时为0,定义虚拟时钟Vclk时不考虑该延时。clk驱动FPGA内部寄存器reg2,需要被约束为主时钟;Vclk驱动芯片reg1寄存器在FPGA外部,被约束为虚拟时钟。

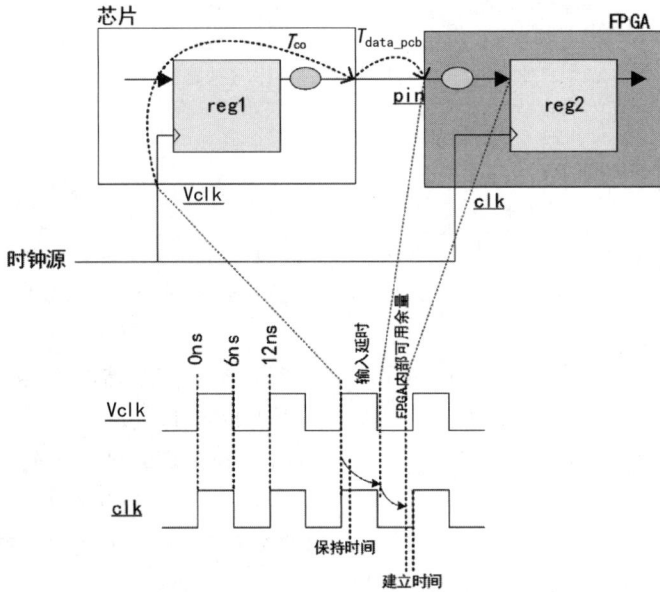

图 3-45 系统同步接口输入引脚到寄存器路径的虚拟时钟约束

上述系统同步接口输入引脚到寄存器路径的约束指令如下:

```
create_clock - name Vclk - period 12 - waveform {0.000 6.000}
create_clock - name  clk - period 12 - waveform {0.000 6.000}  [get_ports clk]
set_input_delay  - clock  Vclk  $T_{co} + T_{data\_pcb}$  [get_ports pin]
```

主时钟和虚拟时钟约束把FPGA内外时钟的频率和相位关系定义清楚,主时钟驱动reg2,set_input_delay定义芯片数据传递到FPGA数据引脚的延时,FPGA外部的时钟时序和延时都进行了约束,set_input_delay指令需要定义基于虚拟时钟Vclk的延时。reg2寄存器的clk时钟延时、建立时间、保持时间、pin到reg2的数据延时都在FPGA内部;编译工具参考外部约束,对内部时序进行布局布线,使整个输入引脚到寄存器路径的时序满足要求。

当Vclk和clk相位不同时,系统同步接口输入引脚到寄存器路径的虚拟时钟约束(同频异相)如图3-46所示。

上述系统同步接口输入引脚到寄存器路径的约束指令如下:

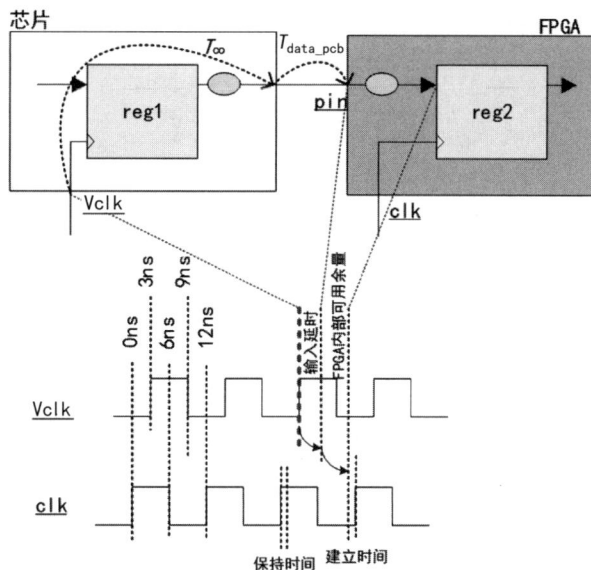

图 3-46 系统同步接口输入引脚到寄存器路径的虚拟时钟约束(同频异相)

```
create_clock – name Vclk – period 12 – waveform {3.000 9.000}
create_clock – name  clk – period 12 – waveform {0.000 6.000} [get_ports clk]
set_input_delay  – clock  Vclk  $T_{co} + T_{data\_pcb}$  [get_ports pin]
```

虚拟时钟的相位后移,实际上使这条路径的时序变紧张;该虚拟时钟约束指令使编译工具理解 FPGA 外部时序,在 FPGA 内部布局布线更紧凑,以满足时序。类比场景:家里时钟慢,上班时间不变,路上通勤会很慌张;虚拟时钟约束比单位主时钟晚了 15 分钟,路上需要把 15 分钟省出来,才能不迟到!

在系统同步接口输入引脚到寄存器路径中,如果不设置虚拟时钟,set_input_delay 设置的打包延时就没有参考的时钟基准点,不知道是相对谁的延时。

3.5.2 系统同步接口寄存器到输出引脚路径的虚拟时钟约束

系统同步接口寄存器到输出引脚路径的虚拟时钟约束如图 3-47 所示,假设时钟源到 clk 和 Vclk 的时序延时为 0,定义虚拟时钟 Vclk 时不考虑该延时。clk 驱动 FPGA 内部寄存器 reg1,需要被约束为主时钟;Vclk 驱动芯片 reg2 寄存器在 FPGA 外部,被约束为虚拟时钟。

上述系统同步接口寄存器到输出引脚路径的约束指令如下:

```
create_clock – name Vclk – period 12 – waveform {0.000 6.000}
create_clock – name  clk – period 12 – waveform {0.000 6.000} [get_ports clk]
set_output_delay  – clock  Vclk  $T_{su} + T_{data\_pcb}$  [get_ports pin]
```

主时钟和虚拟时钟约束把 FPGA 内外时钟的频率和相位关系定义清楚,主时钟驱动 reg1,set_output_delay 约束 FPGA 数据传递到芯片的外部打包延时,芯片的建立时间和保持时间手册可查,也就是说 FPGA 外部的时钟时序和延时都进行了约束。set_output_delay 设定延时作用于目标寄存器的参考时钟是 Vclk。reg1 寄存器的 clk 时钟延时 T_{clk1}、

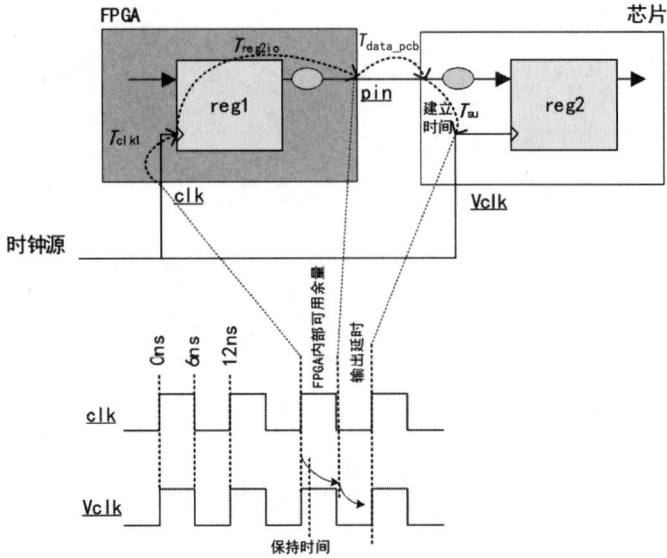

图 3-47　系统同步接口寄存器到输出引脚路径的虚拟时钟约束

reg1 到 pin 的数据延时 T_{reg2io} 都在 FPGA 内部；编译工具参考外部约束，对内部时序进行布局布线，使整个寄存器到输出引脚路径的时序满足要求。

　　当 Vclk 和 clk 相位不同时，系统同步接口寄存器到输出引脚路径的虚拟时钟约束（同频异相）如图 3-48 所示。

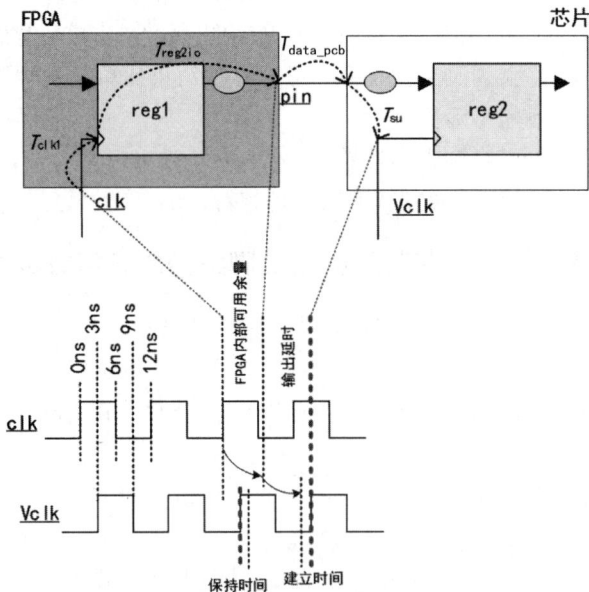

图 3-48　系统同步接口寄存器到输出引脚路径的虚拟时钟约束（同频异相）

　　上述系统同步接口寄存器到输出引脚路径的约束指令如下：

```
create_clock - name Vclk - period 12 - waveform {3.000 9.000}
create_clock - name  clk - period 12 - waveform {0.000 6.000}  [get_ports clk]
set_output_delay  - clock  Vclk  T_su + T_data_pcb  [get_ports pin]
```

虚拟时钟的相位后移,实际上使这条路径的时序变松弛;该虚拟时钟的约束指令使编译工具理解 FPGA 外部时序,在 FPGA 内部布局布线以满足时序要求。类比场景:早上准点起床出发乘坐航班,所有航班晚点 1 小时,机场的虚拟时钟约束比乘客主时钟晚了 1 小时,乘客路上可以磨蹭掉这 1 小时。磨蹭少了早到机场,容易混上上一班飞机,保持时间违例;磨蹭多了晚到机场,登不上目标航班,建立时间违例。

在系统同步接口寄存器到输出引脚路径中,虚拟时钟的意义就是告诉编译工具,Vclk 和 clk 的频率和相位关系,如果不设置虚拟时钟,set_output_delay 设置的打包延时就没有目标寄存器的时钟基准点,不知道相对于谁的打包延时。

3.6　衍生时钟约束

衍生时钟主要是指主时钟进行分频、倍频或者移相产生的时钟信号,一般有 MMCM 或者设计逻辑分频计数产生的时钟信号。衍生时钟约束可以帮助编译工具更精确地进行时序分析。

以 Vivado 为例,时序工具可以自动识别 MMCM 和 PLL 产生时钟与主时钟的相对关系,自动为 MMCM 和 PLL 输出的衍生时钟创建约束,也就是约束衍生时钟相对于源时钟的相对波形关系。设计者在配置 MMCM 和 PLL 之前应正确约束主时钟,MMCM 和 PLL 配置的分频、倍频和移相要准确无误,时序工具就能产生正确的衍生时钟。

衍生时钟约束一般不需要设计者参与,直接调用相关 IP 配置即可。若设计者认为衍生时钟约束异常,或设计逻辑分频计数产生衍生时钟,可以使用 create_generated_clock 指令进行衍生时钟约束。当时序工具检测到设计者添加的 create_generated_clock,相同网络或引脚上的衍生时钟约束将会被覆盖。

3.6.1　衍生时钟约束语法

create_generated_clock 基本的语法结构如下:

```
create_generated_clock - name < generated_clock > - source < master_clock_pin/port > -
multiply_by < mult > - divide_by < div > < pin/port >
```

在 Vivado 中,create_generated_clock 指令的参数定义如表 3-4 所示。

表 3-4　create_generated_clock 指令的参数定义

参　　数	说　　明
-name	衍生时钟的名称,若不指定,则与< pin/port >一致
-source	master_clock_pin/port 指定衍生时钟的源时钟引脚或端口,源时钟可以是主时钟、虚拟时钟或者其他衍生时钟;无时钟选项
-multiply_by	mult 为指定衍生时钟相对于源时钟的倍频系数,≥1.0
-divide_by	div 为指定衍生时钟相对于源时钟的分频系数,≥1.0
pin/port	衍生时钟的物理节点、引脚或端口

create_generated_clock 指令 GUI 配置界面如图 3-49 所示,与指令语法配置项基本一致。

具体参数配置如下:Clock name 用于输入生成衍生时钟的名称;Master pin 指定衍生

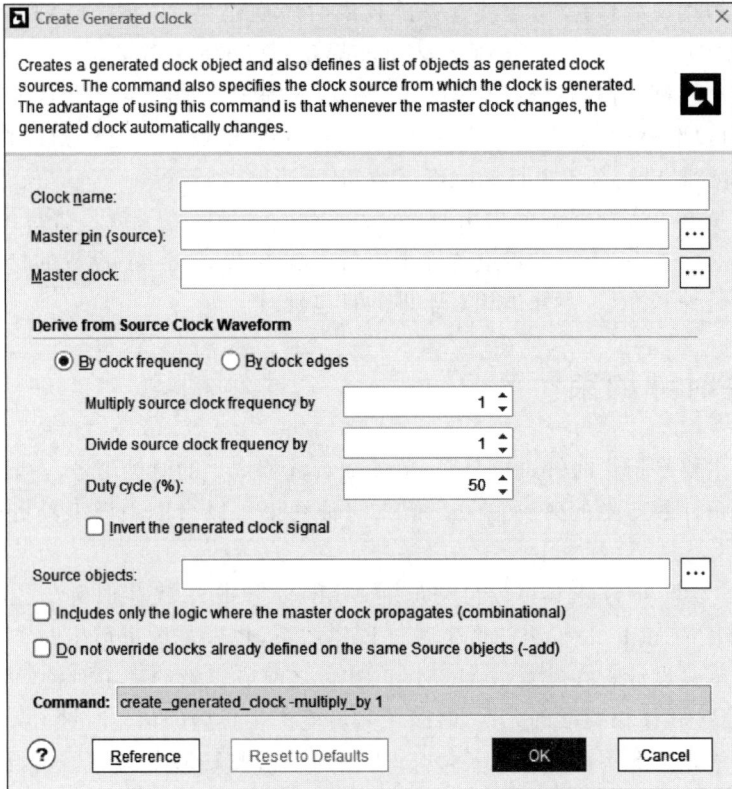

图 3-49　create_generated_clock 指令 GUI 配置界面

时钟的源时钟引脚或端口,源时钟可以是主时钟、虚拟时钟或者其他衍生时钟,这里无时钟选项;Master clock 从衍生时钟的源时钟引脚或端口扇入多个时钟里,设定主时钟;By clock frequency/edges 通过频率/边沿-分频倍频;Multiply source clock frequency by 用于指定衍生时钟相对于源时钟的倍频系数;Divide source clock frequency by 用于指定衍生时钟相对于源时钟的分频系数;Duty cycle 为占空比;Invert the generated clock signal 设置输出衍生时钟反向;Source object 设置衍生时钟的物理节点、引脚或端口。

3.6.2　衍生时钟约束实例

利用时序逻辑构建一个二分频的衍生时钟,构建时序逻辑工程 project6,其工程代码如 project6.v 所示。

```
project6.v

    module project1
    (
       input      I_clk_25m,
       output     O_D
    );

    wire S_clk_25m_in;
    wire S_clk_25m_g;
```

```
IBUFG clk_25m_bufg
    (
    .O (S_clk_25m_in),
    .I (I_clk_25m)
    );

BUFG inst_25m_uart
    (
    .O(S_clk_25m_g),
    .I(S_clk_25m_in)
    );


reg R_D = 1'b0;

always@ (posedge S_clk_25m_g) begin
    R_D <= ～R_D;
end

assign O_D = R_D;

endmodule
```

工程 project6 中，二分频时序逻辑原理如图 3-50 所示，工程代码与逻辑图表达内容一致。

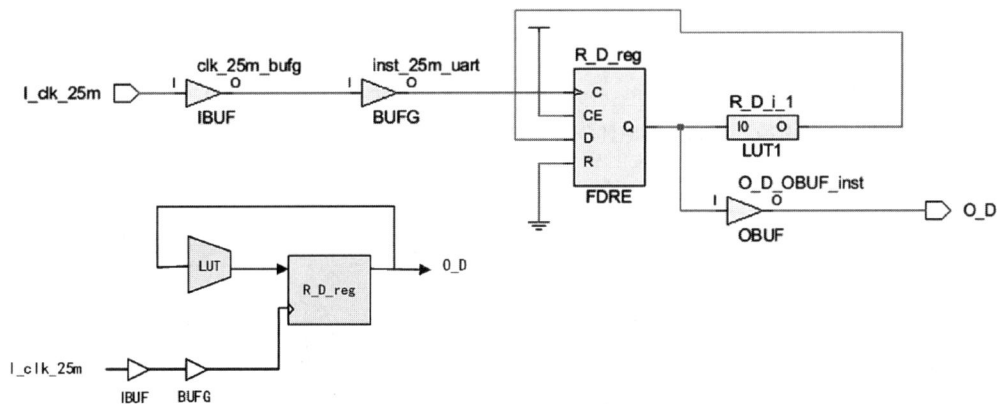

图 3-50 二分频时序逻辑原理图

为该工程中 25MHz 时钟进行物理引脚约束和主时钟约束，进一步进行衍生时钟约束，约束指令如下：

```
set_property PACKAGE_PIN G13 [get_ports I_clk_25m]
create_clock - period 40.000 - name I_clk_25m - waveform {0.000 20.000} [get_ports I_clk_
25m]
create_generated_clock - name clk_div2 - source [get_ports I_clk_25m] - divide_by 2 [get_
pins R_D_reg/Q]
```

也可以将上述衍生时钟约束替换如下：

```
create_generated_clock - name clk_div2 - source [get_pins R_D_reg/C] - divide_by 2 [get_pins
R_D_reg/Q]
```

增加衍生时钟约束前后，衍生时钟约束时序报告如图 3-51 所示。在未约束衍生时钟时，Clock Summary 中只有主时钟，分频时钟作为数据输出。进行衍生时钟约束后，Clock Summary 中展示了主时钟 I_clk_25m 和衍生时钟 clk_div2 的层级关系，分频时钟 clk_div2 作为时钟输出。

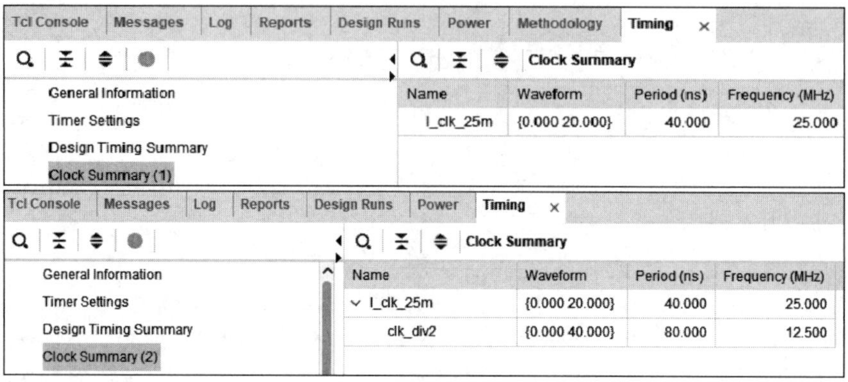

图 3-51　衍生时钟约束时序报告

3.7 关于 Max at Slow Process Corner 和 Min at Fast Process Corner

在建立时间和保持时间分析报告中，Setup 时序报告基于 Max at Slow Process Corner，Hold 时序报告基于 Min at Fast Process Corner，Max at Slow Process Corner 和 Min at Fast Process Corner 标记如图 3-52 所示。它们有什么区别呢？

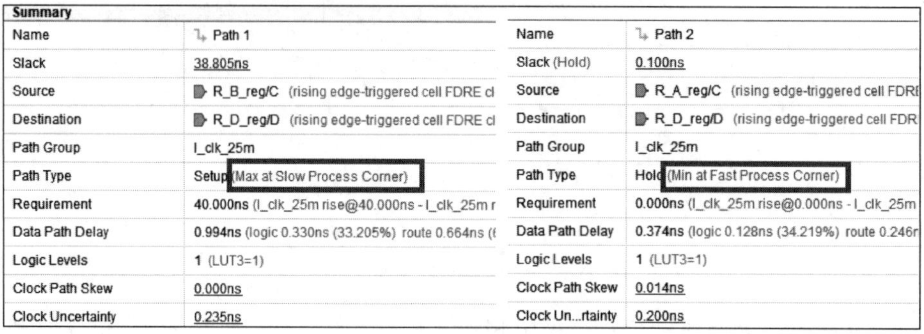

Summary

Name	Path 1	Name	Path 2
Slack	38.805ns	Slack (Hold)	0.100ns
Source	R_B_reg/C (rising edge-triggered cell FDRE cl	Source	R_A_reg/C (rising edge-triggered cell FDRE
Destination	R_D_reg/D (rising edge-triggered cell FDRE cl	Destination	R_D_reg/D (rising edge-triggered cell FDR
Path Group	I_clk_25m	Path Group	I_clk_25m
Path Type	Setup (Max at Slow Process Corner)	Path Type	Hold (Min at Fast Process Corner)
Requirement	40.000ns (I_clk_25m rise@40.000ns - I_clk_25m r	Requirement	0.000ns (I_clk_25m rise@0.000ns - I_clk_25m
Data Path Delay	0.994ns (logic 0.330ns (33.205%) route 0.664ns ((	Data Path Delay	0.374ns (logic 0.128ns (34.219%) route 0.246r
Logic Levels	1 (LUT3=1)	Logic Levels	1 (LUT3=1)
Clock Path Skew	0.000ns	Clock Path Skew	0.014ns
Clock Uncertainty	0.235ns	Clock Un...rtainty	0.200ns

图 3-52　Max at Slow Process Corner 和 Min at Fast Process Corner 标记

同一种寄存器/触发器，在同一个芯片上，不同操作条件下的延时都不尽相同。FPGA 静态时序分析时，Fast Process Corner 指芯片采用最快工艺角、最大电压和最小温度，也就是 FPGA 最优模型；Slow Process Corner 指芯片采用最慢工艺角、最小电压和最大温度，也就是 FPGA 最差模型。

模型对数据到达时间的影响如图 3-53 所示，Setup 时序分析报告基于 Max at Slow Process Corner，表明在最糟糕的 Slow Process Corner 模型延时越大，模型越糟糕则跳变点越靠右，最糟糕的模型中的 Max 路径如果能满足 Setup 建立时间要求，其他模型就都可以满足 Setup 建立时间要求。Hold 时序分析报告基于 Min at Fast Process Corner，表明在最优的 Fast Process Corner 模型延时最小,模型越优则跳变点越靠左,最优化的模型中的 Min 如果能满足 Hold 时间要求,其他模型就都可以满足 Hold 时间要求。一般地,Setup 时序报告基于 Max at Slow Process Corner,Hold 时序报告基于 Min at Fast Process Corner。

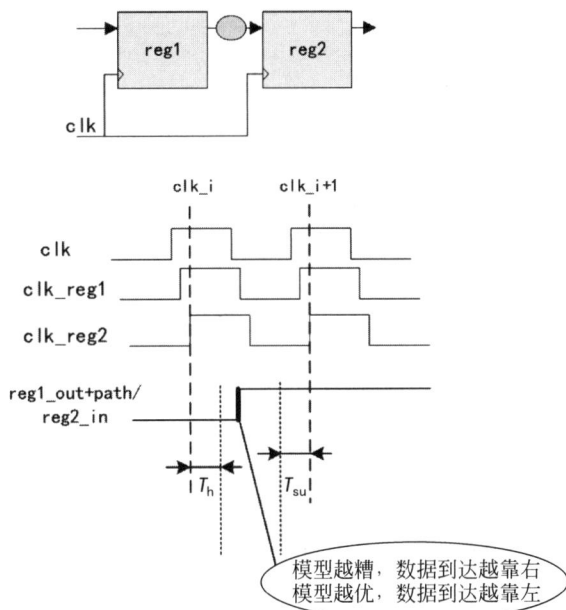

图 3-53 模型对数据到达时间的影响

值得注意的是,以上描述只是一般情况,其中只考虑了模型越糟,源时钟路径+数据路径延时越大(跳变越靠右),而目标时钟延时也会增大;跳变点右移,T_{su} 虚线也在右移,时序余量不一定是最糟糕的。举一个不恰当的例子,挣得多,花得多,不一定余量多。

存在特殊情况 1,在输入引脚到寄存器路径分析时,源时钟路径+数据路径延时(跳变)由 FPGA 外部电路决定,外部芯片 reg1 延时(跳变输出)是固定的,只有 FPGA 内部 reg2 的时序受编译工具的约束。

模型越优,目标时钟延时越小,T_{su} 虚线越靠左,建立时间余量越糟糕,因此建立时间余量分析时使用 Fast Process Corner;模型越糟,目标时钟延时越大,T_h 虚线越靠右,保持时间余量越糟糕,因此保持时间余量分析时使用 Slow Process Corner。

所以在输入引脚到寄存器路径分析时,Setup 时序报告基于 Max at Fast Process Corner,Hold 时序报告基于 Min at Slow Process Corner。

这里提前引入第 4 章输入引脚到寄存器路径的内容,set_input_delay 最差建立时间余量和最差保持时间余量如图 3-54 所示。

建立时间报告和保持时间报告针对相同的路径 I_B->R_B_reg/D。建立时间分析 Setup(Max at Fast Process Corner)时,时序余量为 27.225ns,建立时间分析 Setup(Max at Slow Process Corner)时,时序余量为 28.545ns,最糟的建立时间余量基于 Max at Fast Process Corner;保持时间分析 Hold(Min at Slow Process Corner)时,时序余量为 10.533ns,保持时间分析 Hold(Min at Fast Process Corner)时,时序余量为 11.913ns,最糟的建立时间余量基于 Min at Slow Process Corner;Vivado 时序分析工具会自动给出最小

图 3-54 set_input_delay 最差建立时间余量和最差保持时间余量

余量的时序路径。该案例为第 4 章的 project7,感兴趣的读者可以打开 project7 验证。

建立时间和保持时间分析报告可对该选项进行配置,建立时间和保持时间分析报告配置如图 3-55 所示,时序报告共有 Slow_Max、Slow_Min、Fast_Max 和 Fast_min 四种配置。当配置 Slow->min_max 和 Fast->min_max 时,Vivado 时序分析工具会计算 Slow_Max、Slow_Min、Fast_Max 和 Fast_min 全部时序路径,得到建立时间余量和保持时间余量。不做特殊约束,时序分析工具会给出所有分析报告中最糟糕的时序余量。

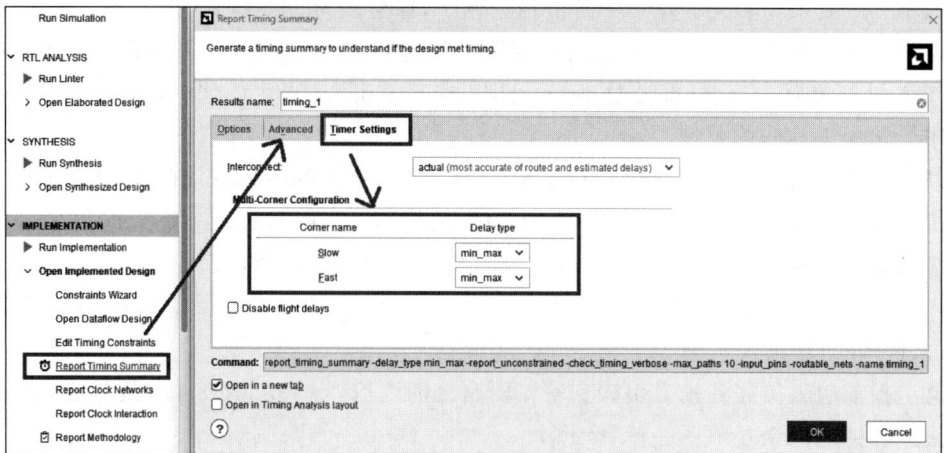

图 3-55 建立时间和保持时间分析报告配置

存在特殊情况 2,在源同步寄存器到输出引脚路径分析时,源时钟路径+数据路径延时在 FPGA 内部,部分目标时钟延时也在 FPGA 内部,FPGA 到外部芯片的延时打包设置 set_output_delay,就会出现不确定的情况。建立时间余量分析可能基于 Max at Fast/Slow Process Corner;保持时间余量分析可能基于 Min at Fast/Slow Process Corner。

第4章

输入/输出延时约束

FPGA 输入/输出接口用于和外部芯片传递数据,在逻辑设计时要对输入/输出的时序进行约束,以使输入/输出接口相关的寄存器数据传递满足时序要求。第 2 章输入引脚到寄存器和寄存器到输出引脚时序路径分析和第 3 章虚拟时钟分析中,已表明 FPGA 只能约束其内部的时序,布局布线也仅限其内部;FPGA 外部的芯片延时、时钟延时、PCB 延时等需要约束指令定义;编译工具依据外部的时序约束信息,结合 FPGA 内部时序路径,使输入/输出路径的布局布线结果满足时序要求。set_input_delay 和 set_output_delay 用于约束FPGA 外部打包的延时;set_input_delay 指时钟沿到达 FPGA 后,数据还需要多少延时到达 FPGA 引脚;set_output_delay 指数据从 FPGA 输出后,还需要多少延时到达外部芯片的寄存器。

输入/输出延时约束如图 4-1 所示。

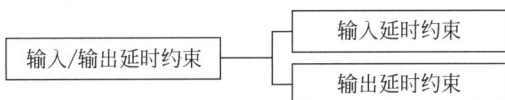

图 4-1　输入/输出延时约束

4.1　输入延时约束

FPGA 输入引脚数据传递到内部寄存器常用输入延时约束,常见的应用是将其他传感器或芯片的数据传递给 FPGA,时序约束为了使外部芯片寄存器到 FPGA 内部寄存器满足时序要求,约束指令为 set_input_delay。

4.1.1　输入延时约束语法

以 Vivado 为例,使用 set_input_delay 指令进行输入数据延时约束。set_input_delay指令的语法结构如下:

```
set_input_delay – clock < sync_clock > – reference_pin < ref_clk > – clock_fall          – rise – max –
add_delay < delay > < object >
```

在 Vivado 中，set_input_delay 约束指令的参数定义如表 4-1 所示。

表 4-1 set_input_delay 约束指令的参数定义

参 数	说 明
-clock	指定约束数据引脚的同步时钟，也就是约束数据引脚的时钟源，sync_clock 是时钟名称，这里主要是虚拟时钟或者同源的主时钟
-reference_pin	指定约束数据延时时间< delay >的参考时钟，也就是数据延时是基于谁的/基于哪个时钟的，< ref_clk >为参考时钟名称/节点；-reference_pin 是可选项，如果不指定，数据延时基于-clock 指定的同步时钟；一般地，数据延时是基于-clock 指定的同步时钟
-clock_fall	指定约束数据延时时间< delay >是基于时钟的下降沿，或数据到达时间＝下降沿＋< delay >；若不指定-clock_fall，编译工具默认-clock_rise；实际上，-clock_fall 是一个非常好用的选项，当外部芯片是下降沿更新数据，上升沿采样，使用-clock_fall 时直接将< delay >设置为路径延时即可
-rise -fall	约束信号延时相对于时钟边沿的关系是上升沿/下降沿
-max -min	最大/最小时间延时，最大延时-max 用于计算建立时间余量，最小延时-min 用于计算保持时间余量
-add_delay	当一个端口已有延时约束时，使用该选项可以使新指令约束与原约束共存；例如DDR，对同一个时钟的上升沿延时和下降沿延时约束
< delay >	约束输入数据的延时值
< object >	约束输入数据的引脚名称

set_input_delay 指令只可约束 FPGA 输入数据端口的延时，不能约束 FPGA 内部的时钟和数据信号，也不能约束 FPGA 输入的时钟引脚；当 set_input_delay 约束 FPGA 时钟输入引脚时，会被编译工具忽略。在 Ultrascale 系列的 FPGA 器件中，输入时延也可以设置到内部的数据引脚上。

set_input_delay 是指时钟沿到达 FPGA 后，数据还需要多少延时到达 FPGA 引脚，它实际上表示的是 FPGA 时钟和数据引脚的相对延时关系。延时为正值，表示数据到达晚于时钟沿；延时为负值，表示数据到达早于时钟沿。

-clock 选项和-reference_pin 选项表示延时的参考时钟，一般是数据引脚的同步时钟，在 GUI 配置界面中并未找到-reference_pin 选项，只有-clock 选项，set_input_delay 指令 GUI 配置界面如图 4-2 所示，GUI 其他参数设置与指令语法一致。

1. 实例 A

主时钟 clk 是引脚 pin 的源时钟/同步时钟，指定最大/最小延时的输入延时约束，主时钟为同步时钟且指定最大/最小延时的输入延时约束如图 4-3 所示。

输入引脚 pin 的同步时钟与 FPGA 主时钟都是 clk，采样沿是 clk 的上升沿。指定最大/最小延时值基于主时钟上升沿，分别是 4ns 和 2ns，输入延时约束指令如下：

```
create_clock – name clk – period 12 [get_ports clk]
set_input_delay – clock clk – max 4   [get_ports pin]
set_input_delay – clock clk – min 2   [get_ports pin]
```

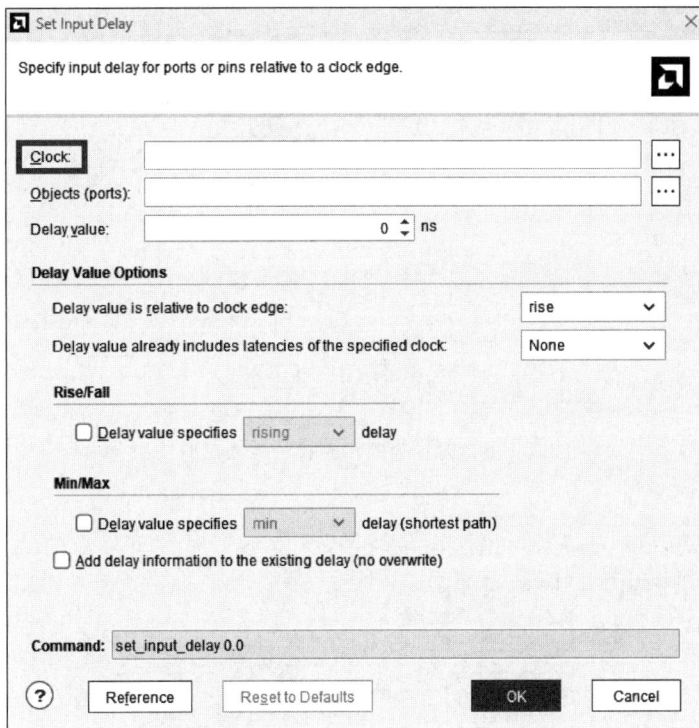

图 4-2　set_input_delay 指令 GUI 配置界面

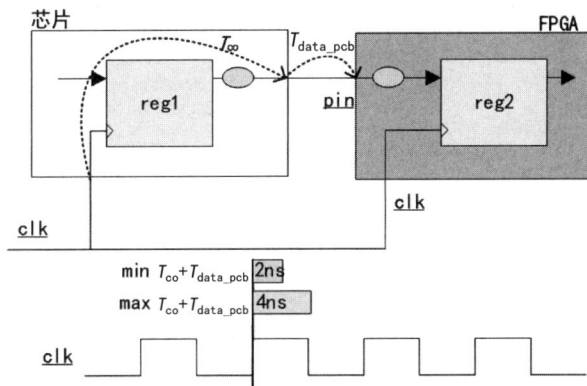

图 4-3　主时钟为同步时钟且指定最大/最小延时的输入延时约束

2. 实例 B

虚拟时钟 vclk 是引脚 pin 的源时钟/同步时钟,指定以虚拟时钟为同步时钟的输入延时约束,虚拟时钟为同步时钟的输入延时约束如图 4-4 所示。

FPGA 主时钟是 clk,采样沿是 clk 的上升沿。最大/最小延时值基于虚拟时钟上升沿,都是 4ns,输入延时约束指令如下:

```
create_clock － name vclk － period 12 － waveform {3.000 9.000}
create_clock － name  clk － period 12 － waveform {0.000 6.000} [get_ports clk]
set_input_delay － clock vclk 4 [get_ports pin]
```

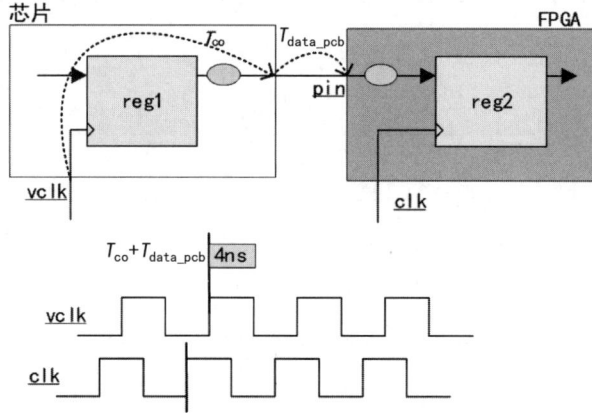

图 4-4　虚拟时钟为同步时钟的输入延时约束

3. 实例 C

主时钟 clk 是引脚 pin 的源时钟/同步时钟，指定参考时钟下降沿的输入延时约束，基于参考时钟下降沿的输入延时约束如图 4-5 所示。

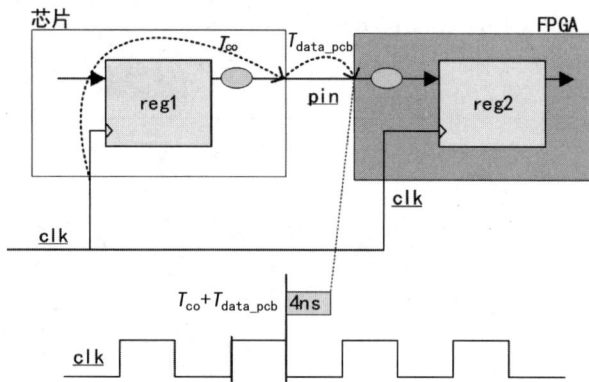

图 4-5　基于参考时钟下降沿的输入延时约束

输入引脚 pin 的同步时钟与 FPGA 主时钟都是 clk，采样沿是 clk 的上升沿。指定最大/最小延时值基于主时钟下降沿，都是 4ns，输入延时约束指令如下：

```
create_clock - name clk - period 12 [get_ports clk]
set_input_delay - clock clk - clock_fall 4 [get_ports pin]
```

4. 实例 D

主时钟 clk 是引脚 pin 的源时钟/同步时钟，指定参考时钟的输入延时约束，基于参考时钟的输入延时约束如图 4-6 所示。

输入引脚 pin 的同步时钟与 FPGA 主时钟都是 clk，采样沿是 clk 的上升沿。指定最大/最小延时值基于参考时钟 BUFG 输出的上升沿，都是 2ns，输入延时约束指令如下：

```
create_clock - name clk - period 12 [get_ports clk]
set_input_delay - clock clk - reference_pin [get_pin clk_IBUF_BUFG_inst/O] 2 [get_ports pin]
```

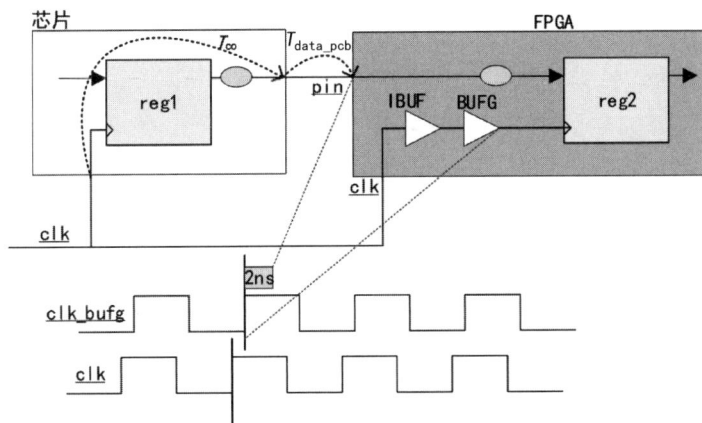

图 4-6 基于参考时钟的输入延时约束

5. 实例 E

当输入时钟 clk 为 DDR 时钟,上升沿和下降沿分别触发一次;主时钟 clk 是引脚 pin 的源时钟/同步时钟,指定 DDR 时钟的输入延时约束,基于 DDR 时钟的输入延时约束如图 4-7 所示。

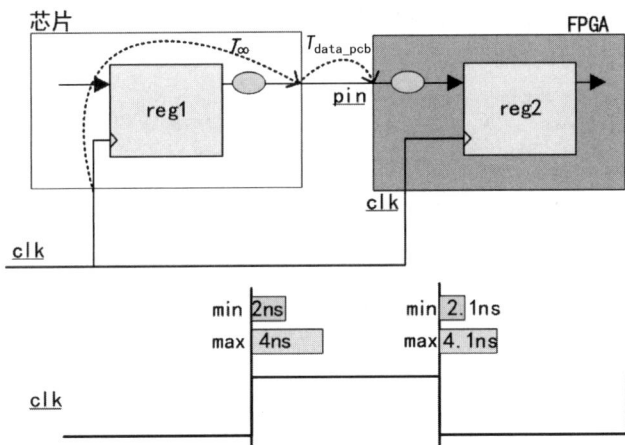

图 4-7 基于 DDR 时钟的输入延时约束

输入引脚 pin 的同步时钟与 FPGA 主时钟都是 clk,时钟周期为 6ns。分别对同步时钟上升沿和下降沿约束延时值,输入延时约束指令如下:

```
create_clock - name ddr_clk - period 6 [get_ports clk]
set_input_delay - clock ddr_clk - max 4   [get_ports pin]
set_input_delay - clock ddr_clk - min 2   [get_ports pin]
set_input_delay - clock ddr_clk - max 4.1 [get_ports pin] - clock_fall - add_delay
set_input_delay - clock ddr_clk - min 2.1 [get_ports pin] - clock_fall - add_delay
```

4.1.2 输入延时约束实例

1. 实例 A

基于 project1 工程创建 project7 工程,基于虚拟时钟的输入延时约束如图 4-8 所示。

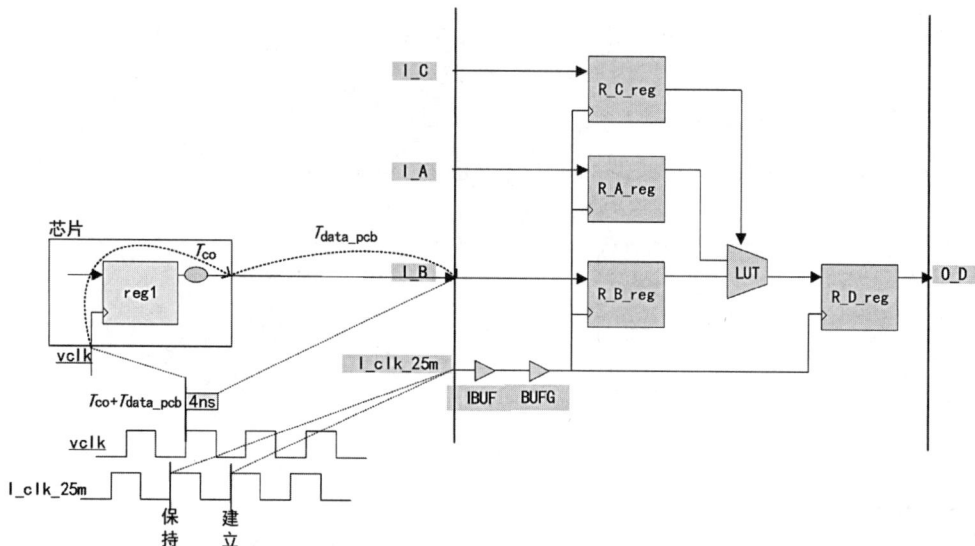

图 4-8　基于虚拟时钟的输入延时约束

FPGA 的主时钟为 25MHz(40ns)，I_B 为 FPGA 数据输入引脚，其时钟源/同步时钟为虚拟时钟，虚拟时钟为 25MHz(40ns) 相移 90°。最大/最小延时值为 4ns，基于虚拟时钟上升沿，则 project7 工程的时序约束为

```
create_clock – period 40.000 – name I_clk_25m – waveform {0.000  20.000} [get_ports I_clk_
25m]
create_clock – period 40.000 – name vclk          – waveform {10.000 30.000}
set_input_delay – clock vclk 4 [get_ports I_B]
```

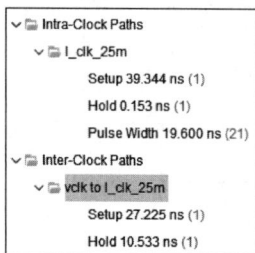

图 4-9　工程 project7 虚拟时钟到
主时钟时序分析报告

工程 project7 虚拟时钟到主时钟时序分析报告如图 4-9 所示，工程中约束的主时钟 I_clk_25m 的同步时钟时序路径分析报告在 Intra-Clock Paths 中，其中包含 Setup、Hold 和 Pulse Width 报告；虚拟时钟 vclk 到主时钟 I_clk_25m 的跨时钟域时序路径分析报告在 Inter-Clock Paths 中，其中包含 Setup 和 Hold 报告，Setup 时序路径和 Hold 时序路径中记录了时序余量最糟糕的路径。

输入延时约束的时序路径为端口 I_B 到寄存器 R_B_reg/D 端口，Setup 时序路径的时序分析报告如图 4-10 所示。

简要梳理一下时序分析报告 Summary 窗口中的信息：

（1）建立时间余量为 27.225ns＞0，满足时序要求。

（2）数据路径为 I_B 引脚到寄存器 R_B_reg/D 端口。

（3）requirement 为 30ns，虚拟时钟的上升沿为启动沿 10ns，锁存沿为 I_clk_25m 的下一个上升沿 40ns。

（4）Data Path Delay 为数据路径延时，数据从 I_B 引脚到寄存器 R_B_reg/D 的延时。

（5）Input Delay 为添加的输入延时约束，4ns。

Summary	
Name	↳ Path 3
Slack	27.225ns
Source	▷ I_B (input port clocked by vclk {rise@10.000ns fall@30.000ns period=40.000ns})
Destination	▷ R_B_reg/D (rising edge-triggered cell FDRE clocked by I_clk_25m {rise@0.000ns fall@20.000ns period=40.000ns})
Path Group	I_clk_25m
Path Type	Setup (Max at Fast Process Corner)
Requirement	30.000ns (I_clk_25m rise@40.000ns - vclk rise@10.000ns)
Data Path Delay	1.019ns (logic 0.569ns (55.836%) route 0.450ns (44.164%))
Logic Levels	1 (IBUF=1)
Input Delay	4.000ns
Clock Path Skew	2.266ns
Clock Uncertainty	0.025ns
Clock Domain Crossing	Inter clock paths are considered valid unless explicitly excluded by timing constraints such as set_clock_groups or set_false_path.
Data Path	
Destination Clock Path	

图 4-10 Setup 时序路径的时序分析报告

（6）Clock Path Skew 为时序路径偏斜，这里不考虑虚拟时钟，时钟偏斜为 25MHz 时钟由主时钟引脚传递到 R_B_reg 寄存器时钟端口的延时。

（7）Clock Uncertainty 为时钟的不确定性，为了计算最糟糕的建立时间余量，计算最糟糕的数据需求时间（更靠左），在数据需求时间计算时减去时钟不确定性。

（8）Clock Domain Crossing(CDC)说明该路径跨时钟域，从虚拟时钟 vclk 到 I_clk_25m，不使用 set_clock_groups 或 set_false_path(时序例外约束)，则该路径就会进行时序分析。

Setup 时序路径的数据路径如图 4-11 所示。

Data Path							
Delay Type	Incr (ns)	Path (...	Location	Cell P...	Cell	Netlist Resources	
(clock vclk rise edge)	(r) 10.000	10.000					
ideal clock network latency	0.000	10.000					
input delay	4.000	14.000					
	(r) 0.000	14.000	Site: J18	▷ I_B		▷ I_B	
net (fo=0)	0.000	14.000				↗ I_B	
IBUF (Prop_ibuf_I_O)	(r) 0.569	14.569	Site: J18	◁ O	▪ I_B_IBUF_inst (IBUF)	▪ I_B_IBUF_inst/O	
net (fo=1, routed)	0.450	15.019				↗ I_B_IBUF	
FDRE			Site: SLICE_X0Y297	▷ D	▪ R_B_reg (FDRE)	▪ R_B_reg/D	
Arrival Time		15.019					

图 4-11 Setup 时序路径的数据路径

Setup 时序路径的目标时钟路径如图 4-12 所示。

将时序报告中的延时数据绘制到时序图中，Setup 时序路径转化为时序图，如图 4-13 所示。源时钟路径延时值已经包含到 set_input_delay 的延时值 4ns 中，具体体现在数据路径中，因此时序报告中无源时钟路径窗口。

在图 4-13 中，①主时钟和虚拟时钟约束告诉时序编译工具时钟的相位关系；②输入延时约束告诉时序分析工具外部的数据延时，数据输入端口为 I_B，此时 FPGA 外部的时序信息已齐备，时序工具就可以对 FPGA 内部逻辑布局布线，同时分析该时序路径是否满足时序要求。值得注意的是，这里的建立时间 T_{su} 为负值，在数据需求时间中加 0.003ns。

输入延时约束的时序路径为端口 I_B 到寄存器 R_B_reg/D 端口，Hold 时序路径的时序分析报告如图 4-14 所示。

简要梳理一下 Summary 窗口中的信息：

Destination Clock Path						
Delay Type	Incr (ns)	Path (...	Location	Cell Pin	Cell	Netlist Resources
(clock I_clk... rise edge)	(r) 40.000	40.000				
	(r) 0.000	40.000	Site: G13	▷ I_clk_25m		▷ I_clk_25m
net (fo=0)	0.000	40.000				↗ I_clk_25m
IBUF (Prop_ibuf_I_O)	(r) 0.440	40.440	Site: G13	◁ O	■ clk_25m_bufg (IBUF)	◁ clk_25m_bufg/O
net (fo=1, routed)	1.111	41.551				↗ S_clk_25m_in
BUFG (Prop_bufg_I_O)	(r) 0.026	41.577	Site: BUF...TRL_X0Y16	◁ O	■ inst_25m_uart (BUFG)	◁ inst_25m_uart/O
net (fo=4, routed)	0.689	42.266				↗ S_clk_25m_g
FDRE			Site: SLICE_X0Y297	▷ C	■ R_B_reg (FDRE)	▷ R_B_reg/C
clock pessimism	0.000	42.266				
clock uncertainty	-0.025	42.241				
FDRE (Setup_fdre_C_D)	0.003	42.244	Site: SLICE_X0Y297		■ R_B_reg (FDRE)	■ R_B_reg
Required Time		**42.244**				

图 4-12　Setup 时序路径的目标时钟路径

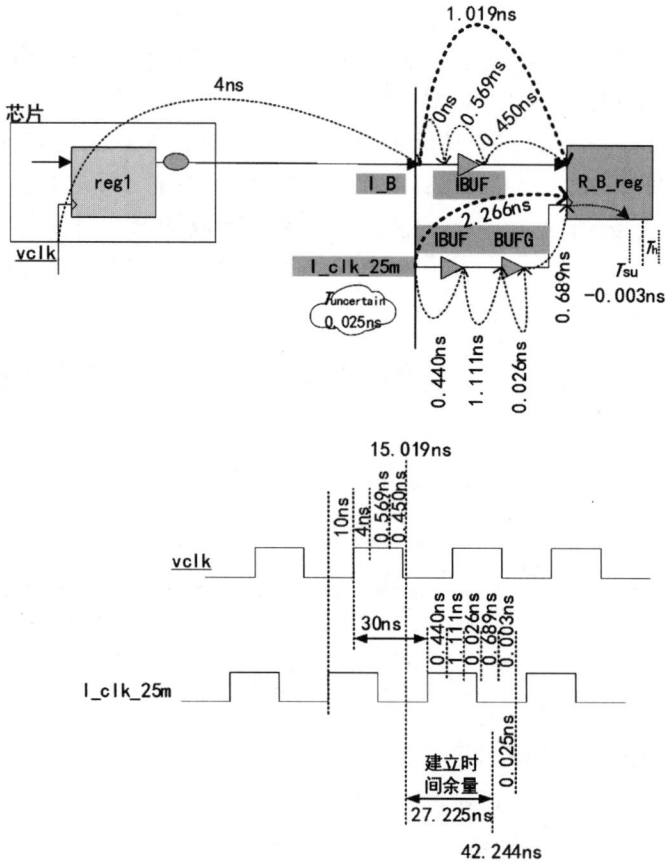

图 4-13　Setup 时序路径转化为时序图

（1）保持余量为 10.533ns＞0，满足时序要求。

（2）数据路径为 I_B 引脚到寄存器 R_B_reg/D 端口。

（3）Requirement 为－10ns，虚拟时钟的上升沿为启动沿 10ns，锁存沿为 I_clk_25m 的上升沿 0ns；Requirement＝锁存沿－启动沿。

（4）Data Path Delay 为数据路径延时，数据从 I_B 引脚到寄存器 R_B_reg/D 的延时。

（5）Input Delay 为添加的输入延时约束，4ns。

Summary	
Name	**Path 4**
Slack (Hold)	10.533ns
Source	I_B (input port clocked by vclk {rise@10.000ns fall@30.000ns period=40.000ns})
Destination	R_B_reg/D (rising edge-triggered cell FDRE clocked by I_clk_25m {rise@0.000ns fall@20.000ns period=40.000ns})
Path Group	I_clk_25m
Path Type	Hold (Min at Slow Process Corner)
Requirement	-10.000ns (I_clk_25m rise@0.000ns - vclk rise@10.000ns)
Data Path Delay	1.881ns (logic 1.316ns (69.971%) route 0.565ns (30.029%))
Logic Levels	1 (IBUF=1)
Input Delay	4.000ns
Clock Path Skew	5.222ns
Clock Uncertainty	0.025ns
Clock Dom...Crossing	Inter clock paths are considered valid unless explicitly excluded by timing constraints such as set_clock_groups or set_false_path.
Data Path	
Destination Clock Path	

图 4-14 Hold 时序路径的时序分析报告

（6）Clock Path Skew 为时序路径偏斜，这里不考虑虚拟时钟，时钟偏斜为 25MHz 时钟由主时钟引脚传递到 R_B_reg 寄存器时钟端口的延时。

（7）Clock Uncertainty 为时钟的不确定性，为了计算最糟糕的保持时间余量，计算最糟糕的数据需求时间（更靠右），在数据需求时间计算时加上时钟不确定性。

Hold 时序路径的数据路径如图 4-15 所示。

Data Path						
Delay Type	**Incr (ns)**	**Path (ns)**	**Location**	**Cell Pin**	**Cell**	**Netlist Resources**
(clock vclk rise edge)	(r) 10.000	10.000				
ideal clock network latency	0.000	10.000				
input delay	4.000	14.000				
	(r) 0.000	14.000	Site: J18	I_B		I_B
net (fo=0)	0.000	14.000				I_B
IBUF (Prop_ibuf_I_O)	(r) 1.316	15.316	Site: J18	O	I_B_IBUF_inst (IBUF)	I_B_IBUF_inst/O
net (fo=1, routed)	0.565	15.881				I_B_IBUF
FDRE			Site: SLICE_X0Y297	D	R_B_reg (FDRE)	R_B_reg/D
Arrival Time		15.881				

图 4-15 Hold 时序路径的数据路径

Hold 时序路径的目标时钟路径如图 4-16 所示。

Destination Clock Path						
Delay Type	**Incr (ns)**	**Path (ns)**	**Location**	**Cell Pin**	**Cell**	**Netlist Resources**
(clock I_clk... rise edge)	(r) 0.000	0.000				
	(r) 0.000	0.000	Site: G13	I_clk_25m		I_clk_25m
net (fo=0)	0.000	0.000				I_clk_25m
IBUF (Prop_ibuf_I_O)	(r) 1.515	1.515	Site: G13	O	clk_25m_bufg (IBUF)	clk_25m_bufg/O
net (fo=1, routed)	2.108	3.623				S_clk_25m_in
BUFG (Prop_bufg_I_O)	(r) 0.093	3.716	Site: BUF...TRL_X0Y16	O	inst_25m_uart (BUFG)	inst_25m_uart/O
net (fo=4, routed)	1.506	5.222				S_clk_25m_g
FDRE			Site: SLICE_X0Y297	C	R_B_reg (FDRE)	R_B_reg/C
clock pessimism	0.000	5.222				
clock uncertainty	0.025	5.247				
FDRE (Hold_fdre_C_D)	0.101	5.348	Site: SLICE_X0Y297		R_B_reg (FDRE)	R_B_reg
Required Time		5.348				

图 4-16 Hold 时序路径的目标时钟路径

将时序报告中的延时数据绘制到时序图中，Hold 时序路径转化为时序图，如图 4-17 所示。

在图 4-17 中，保持时间关系的启动沿为虚拟时钟 vclk 的上升沿，计为 10ns，保持关系锁存沿为 0ns；虚拟时钟滞后 90°，使该保持时间关系很容易满足，保持时间余量 10.533ns，

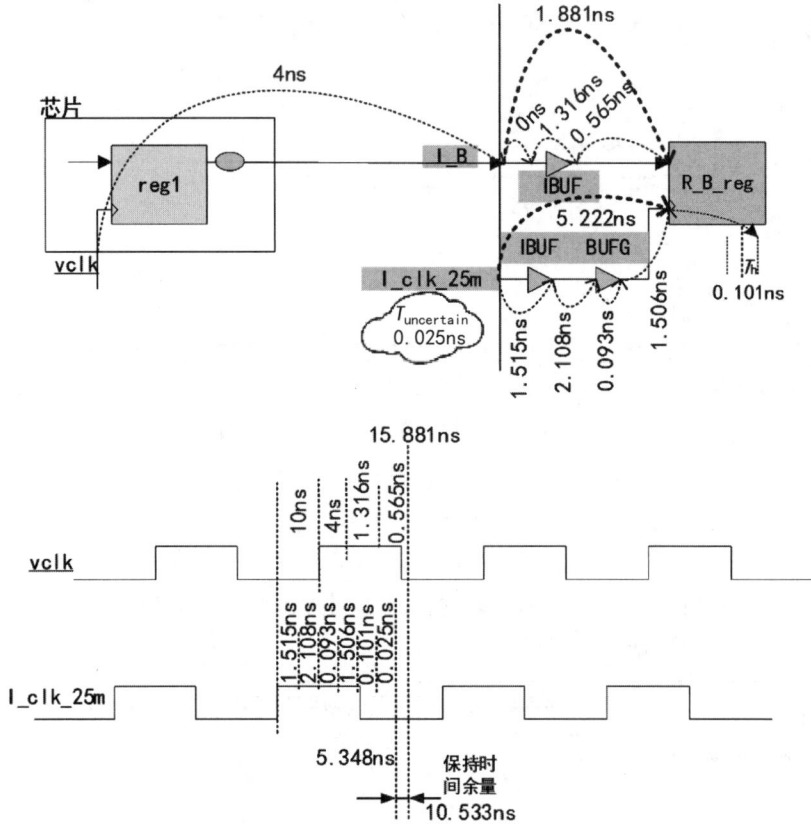

图 4-17 Hold 时序路径转化为时序图

远大于 0。

在 project7 的建立时间和保持时间分析报告中，Setup 时序报告基于 Max at Fast Process Corner，Hold 时序报告基于 Min at Slow Process Corner，如图 4-10 和图 4-14 所示；Setup 时序报告中的 Data Path Delay 和 Clock Path Skew(目标时钟延时)均小于 Hold 时序报告。

一般地，Setup 时序报告基于 Max at Slow Process Corner，Hold 时序报告基于 Min at Fast Process Corner；3.7 节的输入引脚到寄存器时序路径中，Setup 时序报告基于 Max at Fast Process Corner，Hold 时序报告基于 Min at Slow Process Corner。我们可以约束时序报告使 Setup 时序报告基于 Max at Slow Process Corner，使 Hold 时序报告基于 Min at Fast Process Corner，最差建立时间余量和最差保持时间余量如图 4-18 所示。

图 4-18 中，建立时间报告和保持时间报告针对相同的路径 I_B->R_B_reg/D；建立时间分析 Setup(Max at Fast Process Corner)时，时序余量为 27.225ns，建立时间分析 Setup (Max at Slow Process Corner)时，时序余量为 28.545ns，最糟的建立时间余量基于 Max at Fast Process Corner；保持时间分析 Hold(Min at Slow Process Corner)时，时序余量为 10.533ns，保持时间分析 Hold(Min at Fast Process Corner)时，时序余量为 11.913ns，最糟的建立时间余量基于 Min at Slow Process Corner。不做特殊约束，时序分析工具会给出所有分析报告中最糟糕的时序余量。

图 4-18　最差建立时间余量和最差保持时间余量

2. 实例 B

本实例以 MAX9218 芯片与 FPGA 接口为例，对源同步输入引脚到寄存器路径进行时序分析。MAX9218 数字视频串/并转换器在数据和控制周期对总共 27 位数据解串。在数据周期 LVDS 串行输入被转换为 18 位并行视频数据，在控制周期输入被转换为 9 位并行控制数据。视频数据 RGB_OUT[17:0]、控制数据 CNTL_OUT[8:0]、DE_OUT、LOCK 作为输入信号，接入 FPGA 数据输入引脚；PCLK_OUT 是数据的同步时钟，接入 FPGA 输入时钟引脚，MAX9218 源同步输入引脚到寄存器路径如图 4-19 所示。该案例中同步时钟的时钟频率为 24MHz。该源同步输入引脚到寄存器路径需要使用 set_input_delay 命令进行时序约束。

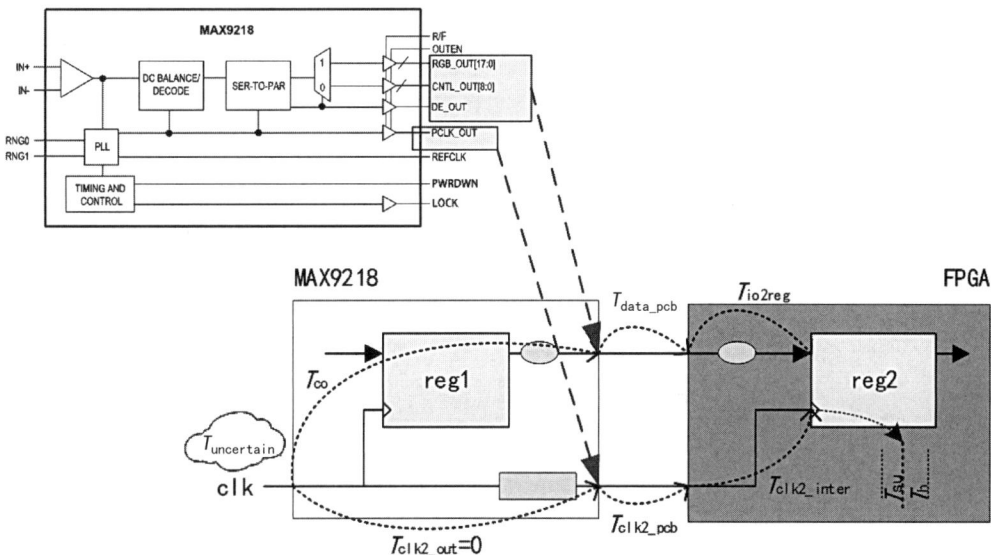

图 4-19　MAX9218 源同步输入引脚到寄存器路径

引入第 2 章中源同步输入引脚到寄存器路径 set_input_delay 计算公式如下：

$$\text{set\_input\_delay(max)} = \max(T_{\text{co}}) + \max(T_{\text{data\_pcb}}) - \min(T_{\text{clk2\_pcb}})$$

$$\text{set\_input\_delay(min)} = \min(T_{\text{co}}) + \min(T_{\text{data\_pcb}}) - \max(T_{\text{clk2\_pcb}})$$

式中，set_input_delay(max)用于建立时间分析，set_input_delay(min)用于保持时间分析。

上述公式中，$T_{\text{data\_pcb}}$、$T_{\text{clk2\_pcb}}$ 和 T_{co} 未知，按照设计经验，PCB 板上每单位英寸的延时为 0.167ns；假设 $\max(T_{\text{data\_pcb}}) = 0.5\text{ns}$，$\max(T_{\text{clk2\_pcb}}) = 0.5\text{ns}$，$\min(T_{\text{clk2\_pcb}}) = 0.0\text{ns}$，$\min(T_{\text{data\_pcb}}) = 0.0\text{ns}$。MAX9218 时序参数如表 4-2 所示。

表 4-2 MAX9218 时序参数列表

参 数 名 称	参数标记	参 数 范 围	单 位
Data Valid Before PCLK_OUT	t_{DVB}	$0.35 \times t_{\text{T}} \sim 0.40 \times t_{\text{T}}$	ns
Data Valid After PCLK_OUT	t_{DVA}	$0.35 \times t_{\text{T}} \sim 0.40 \times t_{\text{T}}$	ns

MAX9218 时序如图 4-20 所示。

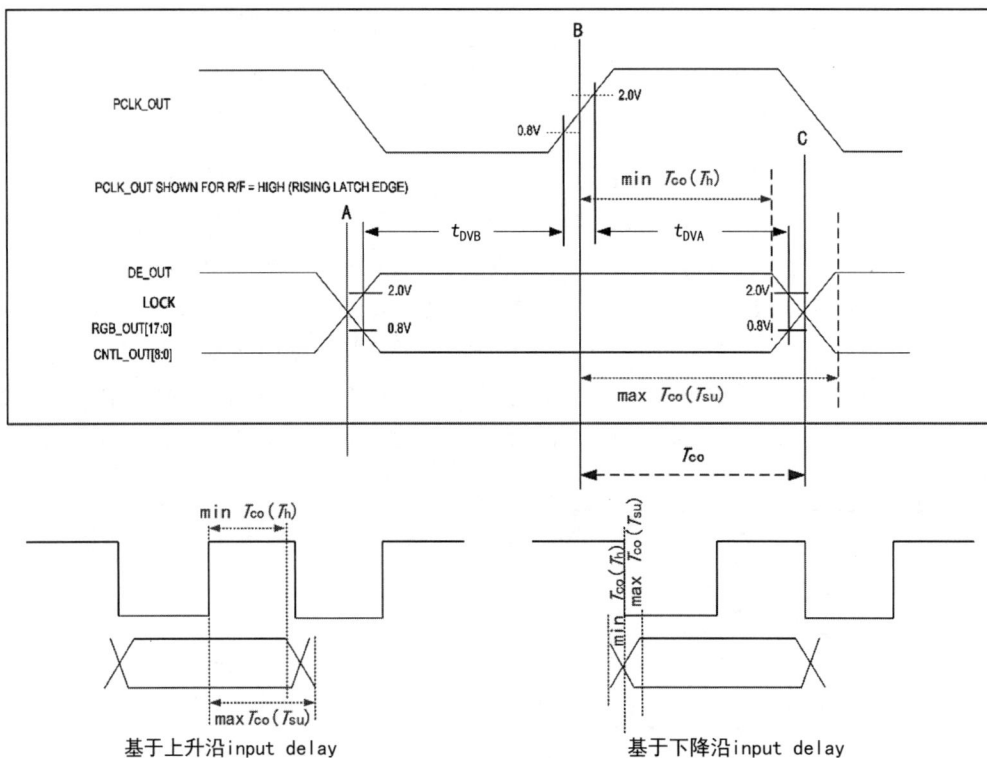

图 4-20 MAX9218 时序图

MAX9218 芯片并未直接给出 T_{co}，在图 4-20 中，输出数据相对于参考时钟上升沿的延时 T_{co} 位于 B、C 之间，AC 为一个时钟周期 41.66ns，这里估算 $\max(T_{\text{co}}) = 41.66\text{ns} - \min(AB) = 41.66\text{ns} - 41.66\text{ns} \times 0.35 = 27.08\text{ns}$，$\min(T_{\text{co}}) = \min(BC) = 41.66\text{ns} \times 0.35 = 14.58\text{ns}$，代入上述公式可得：

$$\text{set\_input\_delay(max)} = 27.08\text{ns} + 0.5\text{ns} - 0.0\text{ns} = 27.58\text{ns}$$

$$\text{set\_input\_delay(min)} = 14.58\text{ns} + 0.0\text{ns} - 0.5\text{ns} = 14.08\text{ns}$$

创建工程 project8，其工程代码如 project8.v 所示，这里并未将所有的输入数据都引入进来,也并未对 MAX9218 进行数据处理。

```
project8.v

    module project1
    (
    input    [ 8:0]      I_FPGA_CTLDATA,
    input                I_FPGA_PCLKOUT0,
    output               O_D
     );

    wire S_clk_in;
    wire S_clk_g;


    IBUFG clk_bufg
       (
       .O (S_clk_in),
       .I (I_FPGA_PCLKOUT0)
       );

    BUFG inst_uart
      (
       .O(S_clk_g),       // 1 - bit output: Clock output
       .I(S_clk_in)       // 1 - bit input: Clock input
       );

    reg      [ 8:0]             reg_CTLDATA;
    reg      [ 8:0]             reg_CTLDATA1;
    always@ (posedge S_clk_g) begin
       reg_CTLDATA     <=      I_FPGA_CTLDATA;
       reg_CTLDATA1    <=      reg_CTLDATA;
    end

    assign   O_D   = &I_FPGA_CTLDATA;

    endmodule
```

为该工程中 24MHz 的 I_FPGA_PCLKOUT0 时钟进行物理引脚约束和主时钟约束,进一步对输入数据引脚进行 set_input_delay 约束,约束指令如下:

```
set_property PACKAGE_PIN G13 [get_ports I_FPGA_PCLKOUT0]
create_clock - period 41.66 - name I_FPGA_PCLKOUT0 - waveform {0.000 20.83} [get_ports I_
FPGA_PCLKOUT0]
set_input_delay - clock [get_clocks I_FPGA_PCLKOUT0] - max   27.580 [get_ports I_FPGA_
CTLDATA[ * ]]
set_input_delay - clock [get_clocks I_FPGA_PCLKOUT0] - min  14.080 [get_ports I_FPGA_
CTLDATA[ * ]]
```

对工程进行编译,依次单击 Open Implement Design、Timing、Intra-Clock Paths、I_FPGA_PCLKOUT0,打开其中一条建立时间路径的时序分析报告,基于上升沿约束 MAX9218 的建立时间分析报告,如图 4-21 所示。

时序报告 Summary 窗口中有一些细节需要继续描述一下:

(1) Setup 时序分析基于 Max at Fast Process Corner。

Summary	
Name	Path 1
Slack	14.816ns
Source	I_FPGA_CTLDATA[7] (input port clocked by I_FPGA_PCLKOUT0 {rise@0.000ns fall@20.830ns period=41.660ns})
Destination	reg_CTLDATA_reg[7]/D (rising edge-triggered cell FDRE clocked by I_FPGA_PCLKOUT0 {rise@0.000ns fall@20.830ns period=41.660ns})
Path Group	I_FPGA_PCLKOUT0
Path Type	Setup (Max at Fast Process Corner)
Requirement	41.660ns (I_FPGA_PCLKOUT0 rise@41.660ns - I_FPGA_PCLKOUT0 rise@0.000ns)
Data Path Delay	1.408ns (logic 0.607ns (43.154%) route 0.800ns (56.846%))
Logic Levels	1 (IBUF=1)
Input Delay	27.580ns
Clock Path Skew	2.173ns
Clock Un...rtainty	0.035ns

图 4-21 基于上升沿约束 MAX9218 的建立时间分析报告

（2）由于该约束基于时钟上升沿，所以启动沿 0ns，锁存沿 41.66ns，Requirement 为 41.660ns。

（3）不考虑源时钟偏斜，所以 Clock Path Skew 只有目标时钟延时。

（4）时钟无共同路径 Clock Pessimism＝0 或 CPR＝0。

（5）Setup 建立时间为－0.006ns，在数据需求时间中为加项，详见 3.1.3 小节。

基于上升沿约束 MAX9218 的建立时间分析数据路径如图 4-22 所示。

Data Path						
Delay Type	Incr (ns)	Path (...	Location	Cell Pin	Cell	Netlist Resources
(clock I_FPGA_PC...OUT0 rise edge)	(r) 0.000	0.000				
input delay	27.580	27.580				
	(r) 0.000	27.580	Site: L20	I_FPGA_CTLDATA[7]		I_FPGA_CTLDATA[7]
net (fo=0)	0.000	27.580				I_FPGA_CTLDATA[7]
IBUF (Prop_ibuf_I_O)	(r) 0.607	28.187	Site: L20	O	I_FPGA_CTLDATA_IBUF[7]_inst (IBUF)	I_FPGA_CTLDATA_IBUF[7]_inst/O
net (fo=1, routed)	0.800	28.988				I_FPGA_CTLDATA_IBUF[7]
FDRE			Site: SLICE_X0Y223	D	reg_CTLDATA_reg[7] (FDRE)	reg_CTLDATA_reg[7]/D
Arrival Time		28.988				

图 4-22 基于上升沿约束 MAX9218 的建立时间分析数据路径

基于上升沿约束 MAX9218 的建立时间分析目标时钟路径如图 4-23 所示，Clock Path Skew＝2.173ns＝0.440ns＋1.111ns＋0.026ns＋0.596ns。

Destination Clock Path						
Delay Type	Incr (ns)	Path (...	Location	Cell Pin	Cell	Netlist Resources
(clock I_FPGA_PC...OUT0 rise edge)	(r) 41.660	41.660				
	(r) 0.000	41.660	Site: G13	I_FPGA_PCLKOUT0		I_FPGA_PCLKOUT0
net (fo=0)	0.000	41.660				I_FPGA_PCLKOUT0
IBUF (Prop_ibuf_I_O)	(r) 0.440	42.100	Site: G13	O	clk_bufg (IBUF)	clk_bufg/O
net (fo=1, routed)	1.111	43.211				S_clk_in
BUFG (Prop_bufg_I_O)	(r) 0.026	43.237	Site: BUF...TRL_X0Y16	O	inst_uart (BUFG)	inst_uart/O
net (fo=18, routed)	0.596	43.833				S_clk_g
FDRE			Site: SLICE_X0Y223	C	reg_CTLDATA_reg[7] (FDRE)	reg_CTLDATA_reg[7]/C
clock pessimism	0.000	43.833				
clock uncertainty	-0.035	43.798				
FDRE (Setup_fdre_C_D)	0.006	43.804	Site: SLICE_X0Y223		reg_CTLDATA_reg[7] (FDRE)	reg_CTLDATA_reg[7]
Required Time		43.804				

图 4-23 基于上升沿约束 MAX9218 的建立时间分析目标时钟路径

想一想这里为什么没有源时钟路径？因为它在 MAX9218 内部，不在 FPGA 中，其延时已经被融合到 input delay 中了，在图 4-22 中，而 input delay 也被添加到数据路径。事实上，源时钟路径延时＋数据路径延时＝数据到达时间。

为了直观地观察建立时间路径的时序分析报告，这里将时序报告绘制成时序图，基于上升沿约束 MAX9218 的建立时间分析时序路径和时序如图 4-24 和图 4-25 所示。

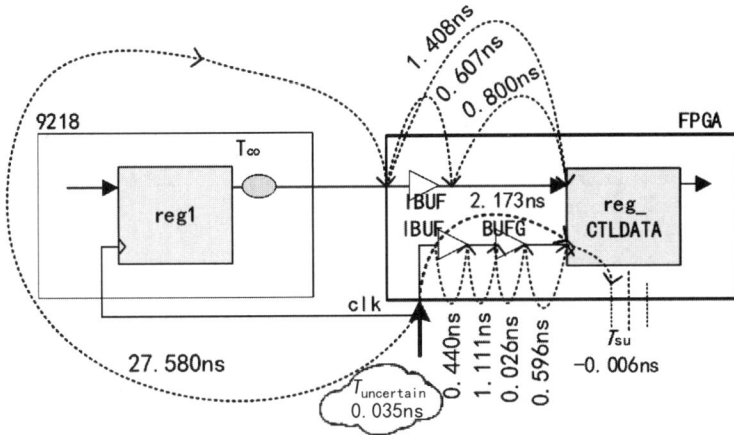

图 4-24 基于上升沿约束 MAX9218 的建立时间分析时序路径

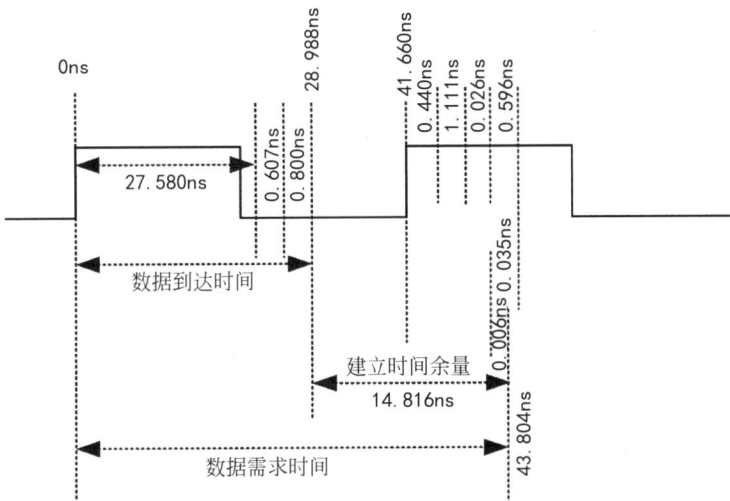

图 4-25 基于上升沿约束 MAX9218 的建立时间分析时序图

MAX9218 源寄存器的时钟路径和部分数据路径被打包成为 input delay=27.580ns, 它直接作为数据路径的一部分。图 4-24 和图 4-25 中已经将时序路径和时序图标示得很清楚,此处不再赘述延时分析及其计算,最终建立时间余量>0。

工程编译后,依次单击 Open Implement Design、Timing、Intra-Clock Paths、I_FPGA_PCLKOUT0,打开其中一条保持时间路径的时序分析报告,基于上升沿约束 MAX9218 的保持时间分析报告如图 4-26 所示。

时序报告 Summary 窗口中有一些细节需要继续描述一下:

(1) Hold 时序分析基于 Min at Slow Process Corner。

(2) 由于该约束基于时钟上升沿,所以启动沿 0ns,锁存沿 0ns,Requirement 为 0ns。

(3) 不考虑源时钟偏斜,所以 Clock Path Skew 只有目标时钟延时。

(4) 时钟无共同路径 Clock Pessimism=0 或 CPR=0。

基于上升沿约束 MAX9218 的保持时间分析数据路径如图 4-27 所示。

基于上升沿约束 MAX9218 的保持时间分析目标时钟路径如图 4-28 所示,Clock Path

Summary	
Name	Path 20
Slack (Hold)	10.528ns
Source	I_FPGA_CTLDATA[3] (input port clocked by I_FPGA_PCLKOUT0 {rise@0.000ns fall@20.830ns period=41.660ns})
Destination	reg_CTLDATA_reg[3]/D (rising edge-triggered cell FDRE clocked by I_FPGA_PCLKOUT0 {rise@0.000ns fall@20.830ns period=41.660ns})
Path Group	I_FPGA_PCLKOUT0
Path Type	Hold (Min at Slow Process Corner)
Requirement	0.000ns (I_FPGA_PCLKOUT0 rise@0.000ns - I_FPGA_PCLKOUT0 rise@0.000ns)
Data Path Delay	1.815ns (logic 1.316ns (72.512%) route 0.499ns (27.488%))
Logic Levels	1 (IBUF=1)
Input Delay	14.080ns
Clock Path Skew	5.222ns
Clock Un...rtainty	0.035ns

图 4-26　基于上升沿约束 MAX9218 的保持时间分析报告

Data Path						
Delay Type	Incr (ns)	Path (ns)	Location	Cell Pin	Cell	Netlist Resources
(clock I_FPGA_PC...OUT0 rise edge)	(r) 0.000	0.000				
input delay	14.080	14.080				
	(r) 0.000	14.080	Site: J18	I_FPGA_CTLDATA[3]		I_FPGA_CTLDATA[3]
net (fo=0)	0.000	14.080				I_FPGA_CTLDATA[3]
IBUF (Prop_ibuf_I_O)	(r) 1.316	15.396	Site: J18	O	I_FPGA_CTLDATA_IBUF[3]_inst (IBUF)	I_FPGA_CTLDATA_IBUF[3]_inst/O
net (fo=1, routed)	0.499	15.895				I_FPGA_CTLDATA_IBUF[3]
FDRE			Site: SLICE_X0Y297	D	reg_CTLDATA_reg[3] (FDRE)	reg_CTLDATA_reg[3]/D
Arrival Time		15.895				

图 4-27　基于上升沿约束 MAX9218 的保持时间分析数据路径

Skew＝5.222ns＝1.515ns＋2.108ns＋0.093ns＋1.506ns。

Destination Clock Path						
Delay Type	Incr (ns)	Path (ns)	Location	Cell Pin	Cell	Netlist Resources
(clock I_FPGA_PC...OUT0 rise edge)	(r) 0.000	0.000				
	(r) 0.000	0.000	Site: G13	I_FPGA_PCLKOUT0		I_FPGA_PCLKOUT0
net (fo=0)	0.000	0.000				I_FPGA_PCLKOUT0
IBUF (Prop_ibuf_I_O)	(r) 1.515	1.515	Site: G13	O	clk_bufg (IBUF)	clk_bufg/O
net (fo=1, routed)	2.108	3.623				S_clk_in
BUFG (Prop_bufg_I_O)	(r) 0.093	3.716	Site: BUF...TRL_X0Y16	O	inst_uart (BUFG)	inst_uart/O
net (fo=18, routed)	1.506	5.222				S_clk_g
FDRE			Site: SLICE_X0Y297	C	reg_CTLDATA_reg[3] (FDRE)	reg_CTLDATA_reg[3]/C
clock pessimism	0.000	5.222				
clock uncertainty	0.035	5.257				
FDRE (Hold_fdre_C_D)	0.110	5.367	Site: SLICE_X0Y297		reg_CTLDATA_reg[3] (FDRE)	reg_CTLDATA_reg[3]
Required Time		5.367				

图 4-28　基于上升沿约束 MAX9218 的保持时间分析目标时钟路径

　　为了直观地观察保持时间路径的时序分析报告,这里将时序报告绘制为时序图,基于上升沿约束 MAX9218 的保持时间分析时序路径和时序如图 4-29 所示。

　　同样的,MAX9218 源寄存器的时钟路径和部分数据路径被打包成为 input delay＝14.080ns,它直接作为数据路径的一部分。图 4-29 中已经将时序路径和时序图标示得很清楚,此处不再赘述延时分析及其计算,最终保持时间余量＞0。

　　以上时序分析基于同步时钟的上升沿计算输入延时,半时钟周期为 20.83ns,这里将 set_input_delay 约束修改为同步时钟的下降沿,约束延时值如下:

$$\text{set\_input\_delay}(\max)＝27.58\text{ns}－20.83\text{ns}＝6.75\text{ns}$$

$$\text{set\_input\_delay}(\min)＝14.08\text{ns}－20.83\text{ns}＝－6.75\text{ns}$$

　　基于工程 project8,创建 project9,在时序约束指令中增加-clock_fall 选项,将时序约束修改为

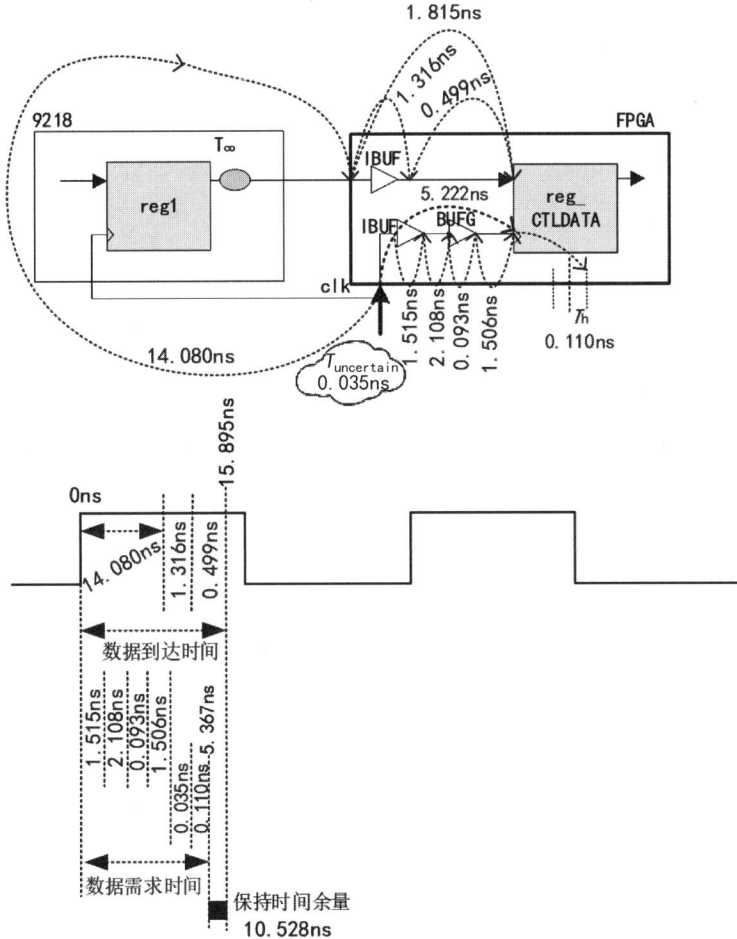

图 4-29 基于上升沿约束 MAX9218 的保持时间分析时序路径和时序图

```
set_input_delay - clock [get_clocks I_FPGA_PCLKOUT0] - clock_fall - max  6.750 [get_ports I_
FPGA_CTLDATA[ * ]]
set_input_delay - clock [get_clocks I_FPGA_PCLKOUT0] - clock_fall - min  - 6.750 [get_ports
I_FPGA_CTLDATA[ * ]]
```

对工程进行编译,依次单击 Open Implement Design、Timing、Intra-Clock Paths、I_FPGA_PCLKOUT0,打开其中一条建立时间路径的时序分析报告,基于下降沿约束 MAX9218 的建立时间分析报告如图 4-30 所示。

时序报告 Summary 窗口中有一些细节需要继续描述一下:

(1) Setup 时序分析基于 Max at Fast Process Corner。

(2) 由于该约束基于时钟下降沿,所以启动沿 20.830ns,锁存沿 41.66ns,Requirement 为 20.830ns。

(3) 不考虑源时钟偏斜,所以 Clock Path Skew 只有目标时钟延时。

(4) 时钟无共同路径 Clock Pessimism=0 或 CPR=0。

(5) Setup 建立时间为 -0.006ns,在数据需求时间中为加项。

基于下降沿约束 MAX9218 的建立时间分析数据路径如图 4-31 所示。

Summary	
Name	Path 1
Slack	14.816ns
Source	I_FPGA_CTLDATA[7] (input port clocked by I_FPGA_PCLKOUT0 {rise@0.000ns fall@20.830ns period=41.660ns})
Destination	reg_CTLDATA_reg[7]/D (rising edge-triggered cell FDRE clocked by I_FPGA_PCLKOUT0 {rise@0.000ns fall@20.830ns period=41.660ns})
Path Group	I_FPGA_PCLKOUT0
Path Type	Setup (Max at Fast Process Corner)
Requirement	20.830ns (I_FPGA_PCLKOUT0 rise@41.660ns - I_FPGA_PCLKOUT0 fall@20.830ns)
Data Path Delay	1.408ns (logic 0.607ns (43.154%) route 0.800ns (56.846%))
Logic Levels	1 (IBUF=1)
Input Delay	6.750ns
Clock Path Skew	2.173ns
Clock Un...rtainty	0.035ns

图 4-30　基于下降沿约束 MAX9218 的建立时间分析报告

Data Path						
Delay Type	Incr (ns)	Path (...	Location	Cell Pin	Cell	Netlist Resources
(clock I_FPGA_PC...OUT0 fall edge)	(f) 20.830	20.830				
input delay	6.750	27.580				
	(r) 0.000	27.580	Site: L20	I_FPGA_CTLDATA[7]		I_FPGA_CTLDATA[7]
net (fo=0)	0.000	27.580				I_FPGA_CTLDATA[7]
IBUF (Prop_ibuf_I_O)	(r) 0.607	28.187	Site: L20	O	I_FPGA_CTLDATA_IBUF[7]_inst (IBUF)	I_FPGA_CTLDATA_IBUF[7]_inst/O
net (fo=1, routed)	0.800	28.988				I_FPGA_CTLDATA_IBUF[7]
FDRE			Site: SLICE_X0Y223	D	reg_CTLDATA_reg[7] (FDRE)	reg_CTLDATA_reg[7]/D
Arrival Time		28.988				

图 4-31　基于下降沿约束 MAX9218 的建立时间分析数据路径

基于下降沿约束 MAX9218 的建立时间分析目标时钟路径如图 4-32 所示，Clock Path Skew＝2.173ns＝0.440ns＋1.111ns＋0.026ns＋0.596ns。

Destination Clock Path						
Delay Type	Incr (ns)	Path (...	Location	Cell Pin	Cell	Netlist Resources
(clock I_FPGA_PC...OUT0 rise edge)	(r) 41.660	41.660				
	(r) 0.000	41.660	Site: G13	I_FPGA_PCLKOUT0		I_FPGA_PCLKOUT0
net (fo=0)	0.000	41.660				I_FPGA_PCLKOUT0
IBUF (Prop_ibuf_I_O)	(r) 0.440	42.100	Site: G13	O	clk_bufg (IBUF)	clk_bufg/O
net (fo=1, routed)	1.111	43.211				S_clk_in
BUFG (Prop_bufg_I_O)	(r) 0.026	43.237	Site: BUF...TRL_X0Y16	O	inst_uart (BUFG)	inst_uart/O
net (fo=18, routed)	0.596	43.833				S_clk_g
FDRE			Site: SLICE_X0Y223	C	reg_CTLDATA_reg[7] (FDRE)	reg_CTLDATA_reg[7]/C
clock pessimism	0.000	43.833				
clock uncertainty	-0.035	43.798				
FDRE (Setup_fdre_C_D)	0.006	43.804	Site: SLICE_X0Y223		reg_CTLDATA_reg[7] (FDRE)	reg_CTLDATA_reg[7]
Required Time		43.804				

图 4-32　基于下降沿约束 MAX9218 的建立时间分析目标时钟路径

为了直观地观察建立时间路径的时序分析报告，这里将时序报告绘制为时序图，基于下降沿约束 MAX9218 的建立时间分析时序路径和时序如图 4-33 所示。

MAX9218 源寄存器的时钟路径和部分数据路径被打包成为 input delay＝6.750ns，它直接作为数据路径的一部分；输入延时约束基于时钟下降沿，数据路径的延时起点为半时钟周期 20.830ns。图 4-33 中已经将时序路径和时序图标示得很清楚，此处不再赘述延时分析及其计算，最终建立时间余量＞0。

工程编译后，依次单击 Open Implement Design、Timing、Intra-Clock Paths、I_FPGA_PCLKOUT0，打开其中一条保持时间路径的时序分析报告，基于下降沿约束 MAX9218 的保持时间分析报告如图 4-34 所示。

时序报告 Summary 窗口中有一些细节需要继续描述一下：

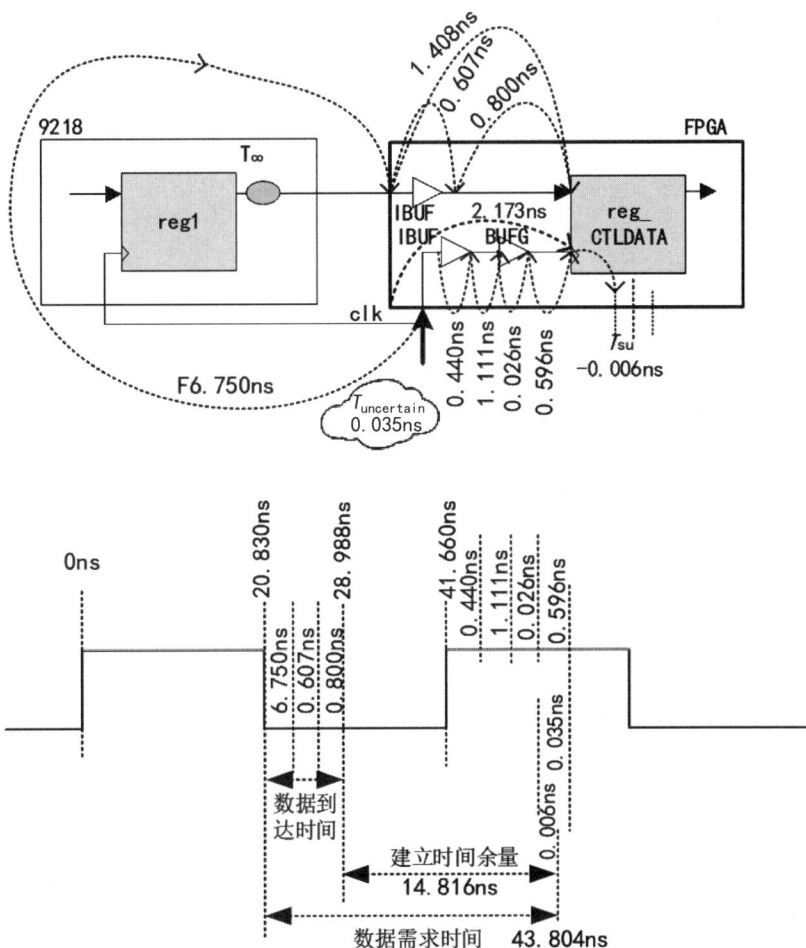

图 4-33 基于下降沿约束 MAX9218 的建立时间分析时序路径和时序图

Summary	
Name	Path 20
Slack (Hold)	10.528ns
Source	I_FPGA_CTLDATA[3] (input port clocked by I_FPGA_PCLKOUT0 {rise@0.000ns fall@20.830ns period=41.660ns})
Destination	reg_CTLDATA_reg[3]/D (rising edge-triggered cell FDRE clocked by I_FPGA_PCLKOUT0 {rise@0.000ns fall@20.830ns period=41.660ns})
Path Group	I_FPGA_PCLKOUT0
Path Type	Hold (Min at Slow Process Corner)
Requirement	-20.830ns (I_FPGA_PCLKOUT0 rise@0.000ns - I_FPGA_PCLKOUT0 fall@20.830ns)
Data Path Delay	1.815ns (logic 1.316ns (72.512%) route 0.499ns (27.488%))
Logic Levels	1 (IBUF=1)
Input Delay	-6.750ns
Clock Path Skew	5.222ns
Clock Un...rtainty	0.035ns

图 4-34 基于下降沿约束 MAX9218 的保持时间分析报告

（1）Hold 时序分析基于 Min at Slow Process Corner。

（2）由于该约束基于时钟下升沿，所以启动沿 20.830ns，锁存沿 0ns，Requirement 为 −20.830ns；Requirement＝锁存沿−启动沿。

（3）不考虑源时钟偏斜，所以 Clock Path Skew 只有目标时钟延时。

（4）时钟无共同路径 Clock Pessimism＝0 或 CPR＝0。

基于下降沿约束 MAX9218 的保持时间分析数据路径如图 4-35 所示，注意其中的 fall edge 标记。

Data Path							
Delay Type	Incr (ns)	Path (ns)	Location	Cell Pin	Cell	Netlist Resources	
(clock I_FPGA_PC...OUT0 fall edge)	(f) 20.830	20.830					
input delay	-6.750	14.080					
net (fo=0)	(r) 0.000	14.080	Site: J18	▷ I_FPGA_CTLDATA[3]		▷ I_FPGA_CTLDATA[3]	
net (fo=0)	0.000	14.080				↗ I_FPGA_CTLDATA[3]	
IBUF (Prop_ibuf_I_O)	(r) 1.316	15.396	Site: J18	◁ O	I_FPGA_CTLDATA_IBUF[3]_inst (IBUF)	◁ I_FPGA_CTLDATA_IBUF[3]_inst/O	
net (fo=1, routed)	0.499	15.895				▷ I_FPGA_CTLDATA_IBUF[3]	
FDRE			Site: SLICE_X0Y297	▷ D	▪ reg_CTLDATA_reg[3] (FDRE)	▷ reg_CTLDATA_reg[3]/D	
Arrival Time		**15.895**					

图 4-35　基于下降沿约束 MAX9218 的保持时间分析数据路径

基于下降沿约束 MAX9218 的保持时间分析目标时钟路径如图 4-36 所示，Clock Path Skew＝1.515ns＋2.108ns＋0.093ns＋1.506ns＝5.222ns。

Destination Clock Path						
Delay Type	Incr (ns)	Path (ns)	Location	Cell Pin	Cell	Netlist Resources
(clock I_FPGA_PC...OUT0 rise edge)	(r) 0.000	0.000				
	(r) 0.000	0.000	Site: G13	▷ I_FPGA_PCLKOUT0		▷ I_FPGA_PCLKOUT0
net (fo=0)	0.000	0.000				↗ I_FPGA_PCLKOUT0
IBUF (Prop_ibuf_I_O)	(r) 1.515	1.515	Site: G13	◁ O	▪ clk_bufg (IBUF)	◁ clk_bufg/O
net (fo=1, routed)	2.108	3.623				↗ S_clk_in
BUFG (Prop_bufg_I_O)	(r) 0.093	3.716	Site: BUF...TRL_X0Y16	◁ O	▪ inst_uart (BUFG)	◁ inst_uart/O
net (fo=18, routed)	1.506	5.222				↗ S_clk
FDRE			Site: SLICE_X0Y297	▷ C	▪ reg_CTLDATA_reg[3] (FDRE)	▪ reg_CTLDATA_reg[3]/C
clock pessimism	0.000	5.222				
clock uncertainty	0.035	5.257				
FDRE (Hold_fdre_C_D)	0.110	5.367	Site: SLICE_X0Y297		▪ reg_CTLDATA_reg[3] (FDRE)	▪ reg_CTLDATA_reg[3]
Required Time		**5.367**				

图 4-36　基于下降沿约束 MAX9218 的保持时间分析目标时钟路径

为了直观地观察保持时间路径的时序分析报告，这里将时序报告绘制为时序图，基于下降沿约束 MAX9218 的保持时间分析时序路径和时序如图 4-37 所示。

MAX9218 源寄存器的时钟路径和部分数据路径被打包成 input delay＝－6.750ns，它直接作为数据路径的一部分；输入延时约束基于时钟下降沿，数据路径的延时起点为半时钟周期 20.830ns。图 4-37 中，保持时间余量＞0。

这里将图 4-25、图 4-29、图 4-33、图 4-37 中的时序图绘制到一起，MAX9218 的建立/保持时间分析时序图对比如图 4-38 所示。通过对比可以发现，无论基于上升沿或下降沿约束 set_input_delay，对应的时序图是一样的，它们的区别是启动沿不同，基于上升沿约束 set_input_delay，启动沿为 0ns；基于下降沿约束 set_input_delay，启动沿为 20.830ns。当约束 set_input_delay 时，把外部打包延时计算准确，无论是基于上升沿还是基于下降沿，最终生成的布局布线结果一致。

值得注意的是，MAX9218 下降沿更新数据是为了下级寄存器在上升沿采样时采样到更稳定的数据（采样位于数据中心）。因此，该案例中建立时间余量 14.816ns 和保持时间余量 10.528ns 相对均衡，而前面章节的案例中建立时间余量往往远大于保持时间余量，很多传感器芯片都有这样的特性。

3. 实例 C

本实例以 AD7606 芯片与 FPGA 接口为例，对输入引脚到寄存器路径进行时序分析。AD7606 是 16 位/8 通道同步采样 AD 芯片，在该案例中 AD7606 的时钟由 FPGA 给出，时

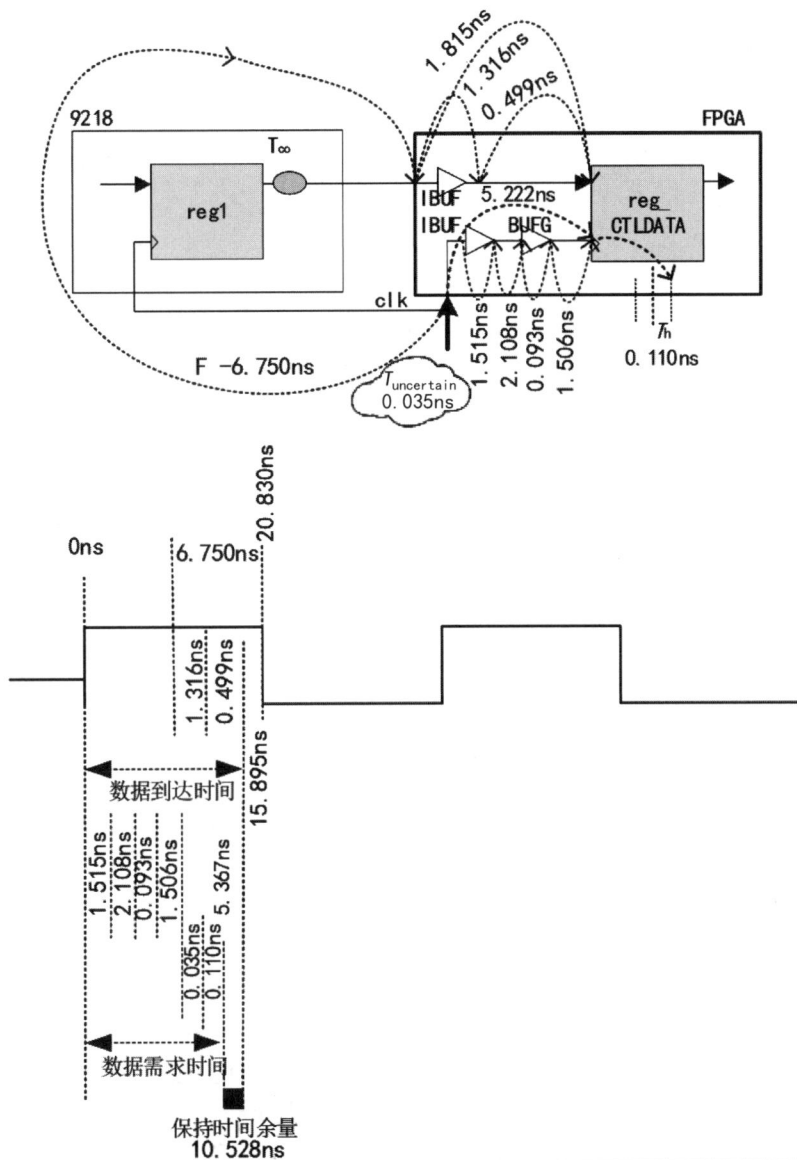

图 4-37 基于下降沿约束 MAX9218 的保持时间分析时序路径和时序图

钟频率为 2MHz；AD7606 将 douta、doutb 和 busy 数据信号传递到 FPGA 输入端口，AD7606 的输入引脚到寄存器路径如图 4-39 所示。该案例主要分析输入延时约束 set_input_delay，并不分析 FPGA 输出的 rst、cs 和 convst 信号时序，这些时序应该用输出延时约束 set_output_delay。

引入第 2 章源同步输入引脚到寄存器路径 set_input_delay 计算公式如下：

$$set\_input\_delay(max) = max(T_{co}) + max(T_{data\_pcb}) - min(T_{clk2\_pcb})$$

$$set\_input\_delay(min) = min(T_{co}) + min(T_{data\_pcb}) - max(T_{clk2\_pcb})$$

上述公式为源同步时钟，时钟由外部芯片给 PFGA，该案例中 AD7606 的时钟由 FPFA 提供，因此需要修改上述公式：

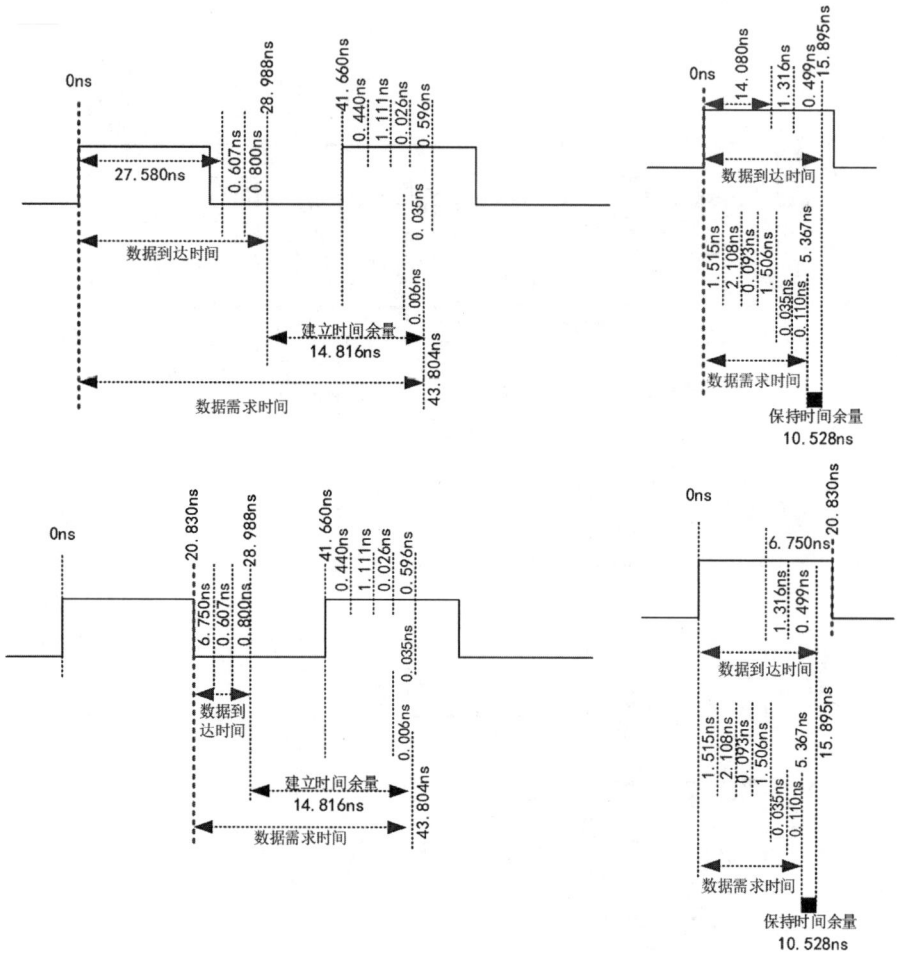

图 4-38　MAX9218 的建立/保持时间分析时序图对比

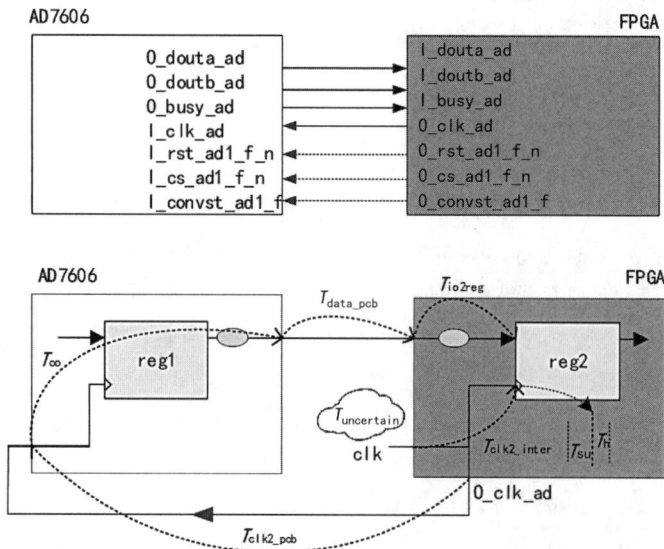

图 4-39　AD7606 的输入引脚到寄存器路径

$$\text{set\_input\_delay(max)} = \max(T_{co}) + \max(T_{data\_pcb}) + \max(T_{clk2\_pcb})$$

$$\text{set\_input\_delay(min)} = \min(T_{co}) + \min(T_{data\_pcb}) + \min(T_{clk2\_pcb})$$

式中,set_input_delay(max)用于建立时间分析,set_input_delay(min)用于保持时间分析。

上述公式中,T_{data_pcb}、T_{clk2_pcb} 和 T_{co} 未知,按照设计经验,PCB 板上每单位英寸的延时为 0.167ns;假设 $\max(T_{data\_pcb}) = 0.5\text{ns}$,$\max(T_{clk2\_pcb}) = 0.5\text{ns}$,$\min(T_{clk2\_pcb}) = 0.0\text{ns}$,$\min(T_{data\_pcb}) = 0.0\text{ns}$。AD7606 芯片手册如图 4-40 所示。

Parameter	Logic Input Levels)			Logic Input Levels)			Unit	Description
	Min	Typ	Max	Min	Typ	Max		
t_{19}[4]			30			35	ns	V_{DRIVE}: 2.3 V to 2.7 V
								Data access time after SCLK rising edge
			17			20	ns	V_{DRIVE}: above 4.75 V
			23			26	ns	V_{DRIVE}: above 3.3 V
			27			32	ns	V_{DRIVE}: above 2.7 V
			34			39	ns	V_{DRIVE}: above 2.3 V
t_{20}	0.4 t_{SCLK}			0.4 t_{SCLK}			ns	SCLK low pulse width
t_{21}	0.4 t_{SCLK}			0.4 t_{SCLK}			ns	SCLK high pulse width
t_{22}	7			7			ns	SCLK rising edge to $D_{OUT}A/D_{OUT}B$ valid hold time
t_{23}			22			22	ns	$\overline{CS}$ rising edge to $D_{OUT}A/D_{OUT}B$ three-state enabled

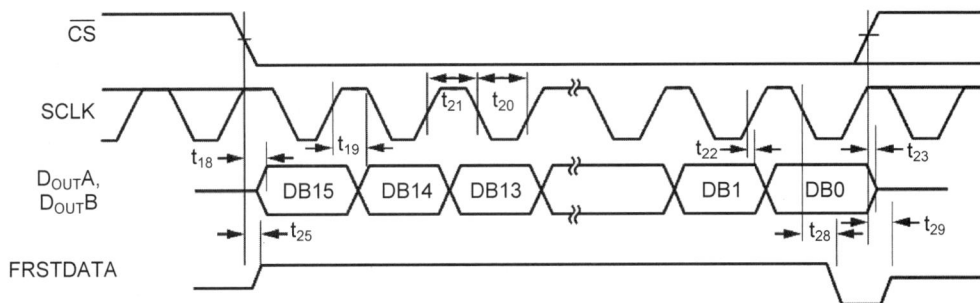

图 4-40　AD7606 芯片手册

在图 4-40 中,t_{19} 为时钟上升沿到新一帧数据达到的时间,它应该满足目标寄存器的建立时间要求,即 $\max(T_{co}) = 39\text{ns}$;$t_{22}$ 为时钟上升沿到当前帧有效结束的时间,它应该满足目标寄存器的保持时间要求,即 $\min(T_{co}) = 7\text{ns}$。

$$\text{set\_input\_delay(max)} = 39\text{ns} + 0.5\text{ns} + 0.5\text{ns} = 40\text{ns}$$

$$\text{set\_input\_delay(min)} = 7\text{ns} + 0\text{ns} + 0\text{ns} = 7\text{ns}$$

这里创建工程 project10,其工程代码如 project10.v 所示,这里并未将所有的输入数据都引入进来,也未对 AD7606 输入 FPGA 的数据进行逻辑分析。

```
project10.v

module project1
(
input              I_ad_data,
input              I_clk,
output             O_D,
output             O_clk
);

wire S_clk_in;
wire S_clk_g;
```

```
IBUFG clk_bufg
  (
   .O (S_clk_in),
   .I (I_clk)
   );

BUFG inst_uart
  (
   .O(S_clk_g),
   .I(S_clk_in)
   );

reg           reg_DATA;
reg           reg_DATA1;

always@(posedge S_clk_g) begin
   reg_CTLDATA   <=      I_ad_data;
   reg_CTLDATA1  <=      reg_CTLDATA;
end

assign  O_D  = reg_CTLDATA1;
assign  O_clk = S_clk_g;


endmodule
```

这里需要约束衍生时钟，约束指令示例如下：

```
create_clock – period 500 – name I_clk  [get_ports I_clk]
create_generated_clock – name O_clk – source [get_pins inst_uart/O] – divide_by 1 [get_ports
O_clk]
set_input_delay – clock O_clk  – max  40 [get_ports I_ad_data]
set_input_delay – clock O_clk  – min  7 [get_ports I_ad_data]
```

值得注意的是，时钟输出端口 O_clk_ad 要进行衍生时钟约束，将其约束为时钟端口。输入延时约束的参考时钟不应该设置为 clk，而是应该设置为 O_clk_ad。Clk→O_clk_ad 在 FPGA 内部的时序路径也需要编译工具处理。Setup 时序路径的时序分析报告如图 4-41 所示。

Summary	
Name	Path 3
Slack	453.542ns
Source	I_ad_data (input port clocked by O_clk {rise@0.000ns fall@250.000ns period=500.000ns})
Destination	reg_DATA_reg/D (rising edge-triggered cell FDRE clocked by I_clk {rise@0.000ns fall@250.000ns period=500.000ns})
Path Group	I_clk
Path Type	Setup (Max at Slow Process Corner)
Requirement	500.000ns (I_clk rise@500.000ns - O_clk rise@0.000ns)
Data Path Delay	2.215ns (logic 1.511ns (68.218%) route 0.704ns (31.782%))
Logic Levels	1 (IBUF=1)
Input Delay	40.000ns
Clock Path Skew	-4.176ns
Clock Un...rtainty	0.035ns

图 4-41 Setup 时序路径的时序分析报告

Setup 时序路径的源时钟路径如图 4-42 所示。

Source Clock Path						
Delay Type	Incr (ns)	Path ...	Location	Cell Pin	Cell	Netlist Resources
(clock O_clk rise edge)	(r) 0.000	0.000				
	(r) 0.000	0.000	Site: G13	I_clk		I_clk
net (fo=0)	0.000	0.000				I_clk
IBUF (Prop ibuf I O)	(r) 1.515	1.515	Site: G13	O	clk_bufg (IBUF)	clk_bufg/O
net (fo=1, routed)	2.108	3.623				S_clk_in
BUFG (Prop bufg I O)	(r) 0.093	3.716	Site: BUF...TRL_X0Y16	O	inst_uart (BUFG)	inst_uart/O
net (fo=3, routed)	2.405	6.121				O_clk_OBUF
OBUF (Prop obuf I O)	(r) 3.228	9.348	Site: K18	O	O_clk_OBUF_inst (OBUF)	O_clk_OBUF_inst/O
net (fo=0)	0.000	9.348				O_clk

图 4-42　Setup 时序路径的源时钟路径

Setup 时序路径的数据路径如图 4-43 所示。

Data Path						
Delay Type	Incr (ns)	Path (...	Location	Cell Pin	Cell	Netlist Resources
input delay	40.000	49.348				I_ad_data
	(r) 0.000	49.348	Site: J16	I_ad_data		I_ad_data
net (fo=0)	0.000	49.348				I_ad_data
IBUF (Prop ibuf I O)	(r) 1.511	50.859	Site: J16	O	I_ad_data_IBUF_inst (IBUF)	I_ad_data_IBUF_inst/O
net (fo=1, routed)	0.704	51.563				I_ad_data_IBUF
FDRE			Site: SLICE_X0Y332	D	reg_DATA_reg (FDRE)	reg_DATA_reg/D
Arrival Time		51.563				

图 4-43　Setup 时序路径的数据路径

Setup 时序路径的目标时钟路径如图 4-44 所示。

Destination Clock Path						
Delay Type	Incr (ns)	Path (ns)	Location	Cell Pin	Cell	Netlist Resources
(clock I_clk rise edge)	(r) 500.000	500.000				
	(r) 0.000	500.000	Site: G13	I_clk		I_clk
net (fo=0)	0.000	500.000				I_clk
IBUF (Prop ibuf I O)	(r) 1.383	501.383	Site: G13	O	clk_bufg (IBUF)	clk_bufg/O
net (fo=1, routed)	1.953	503.336				S_clk_in
BUFG (Prop bufg I O)	(r) 0.083	503.419	Site: BUF...TRL_X0Y16	O	inst_uart (BUFG)	inst_uart/O
net (fo=3, routed)	1.456	504.875				O_clk_OBUF
FDRE			Site: SLICE_X0Y332	C	reg_DATA_reg (FDRE)	reg_DATA_reg/C
clock pessimism	0.297	505.172				
clock uncertainty	-0.035	505.137				
FDRE (Setu...fdre C D)	-0.031	505.106	Site: SLICE_X0Y332		reg_DATA_reg (FDRE)	reg_DATA_reg
Required Time		505.106				

图 4-44　Setup 时序路径的目标时钟路径

将时序报告绘制为时序图，Setup 时序路径转化为时序图，如图 4-45 所示。

该案例的特殊之处在于，AD7606 芯片的时钟是由 FPGA 输出的，输入 clk 不仅驱动 FPGA 寄存器，同时对外输出驱动外部的 AD7606。在 clk→IBUF→BFUG→的时钟路径上，数据到达时间计算最大值，数据需求时间计算最小值。时钟偏斜＝505.172ns－500ns－9.348ns＝－4.176ns。

Hold 时序路径的时序分析报告如图 4-46 所示。

Hold 时序路径的源时钟路径如图 4-47 所示。

Hold 时序路径的数据路径如图 4-48 所示。

Hold 时序路径的目标时钟路径如图 4-49 所示。

将时序报告绘制为时序图，Hold 时序路径转化为时序图，如图 4-50 所示。

在保持时间分析中，输入 clk 不仅驱动 FPGA 寄存器，同时对外输出驱动外部的 AD7606。在 clk→IBUF→BFUG→的时钟路径上，数据到达时间计算最小值，数据需求时间计算最大值。时钟偏斜＝2.582ns－3.780ns＝－1.198ns。

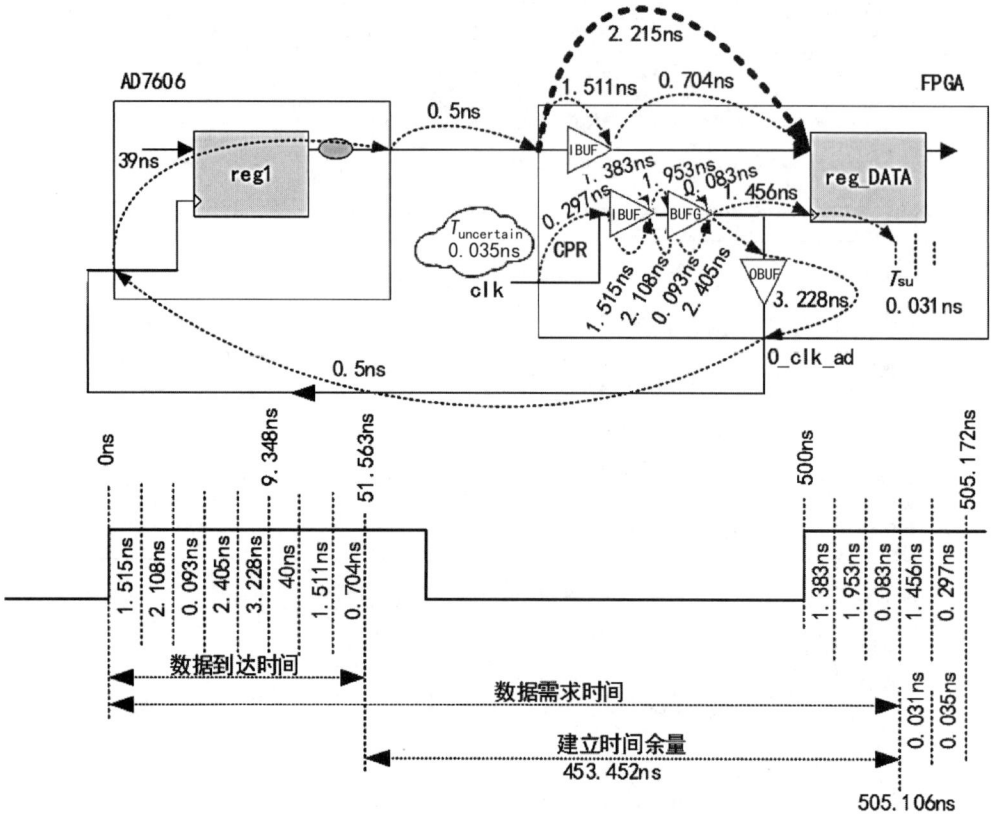

图 4-45　Setup 时序路径转化为时序图

Summary	
Name	Path 4
Slack (Hold)	8.963ns
Source	I_ad_data (input port clocked by O_clk {rise@0.000ns fall@250.000ns period=500.000ns})
Destination	reg_DATA_reg/D (rising edge-triggered cell FDRE clocked by I_clk {rise@0.000ns fall@250.000ns period=500.000ns})
Path Group	I_clk
Path Type	Hold (Min at Fast Process Corner)
Requirement	0.000ns (I_clk rise@0.000ns - O_clk rise@0.000ns)
Data P...Delay	0.803ns (logic 0.436ns (54.293%) route 0.367ns (45.707%))
Logic Levels	1 (IBUF=1)
Input Delay	7.000ns
Clock ... Skew	-1.198ns

图 4-46　Hold 时序路径的时序分析报告

Source Clock Path						
Delay Type	Incr (ns)	Path (ns)	Location	Cell Pin	Cell	Netlist Resources
(clock O_clk rise edge)	(r) 0.000	0.000				
	(r) 0.000	0.000	Site: G13	I_clk		I_clk
net (fo=0)	0.000	0.000				I_clk
IBUF (Prop_ibuf_I_O)	(r) 0.440	0.440	Site: G13	O	clk_bufg (IBUF)	clk_bufg/O
net (fo=1, routed)	1.111	1.551				S_clk_in
BUFG (Pro...bufg_I_O)	(r) 0.026	1.577	Site: BUF...TRL_X0Y16	O	inst_uart (BUFG)	inst_uart/O
net (fo=3, routed)	0.867	2.444				O_clk_OBUF
OBUF (Pro...obuf_I_O)	(r) 1.336	3.780	Site: K18	O	O_clk_OBUF_inst (OBUF)	O_clk_OBUF_inst/O
net (fo=0)	0.000	3.780				O_clk

图 4-47　Hold 时序路径的源时钟路径

Data Path						
Delay Type	Incr (ns)	Path (ns)	Location	Cell Pin	Cell	Netlist Resources
input delay	7.000	10.780				
	(r) 0.000	10.780	Site: J16	I_ad_data		I_ad_data
net (fo=0)	0.000	10.780				I_ad_data
IBUF (Prop_ibuf_I_O)	(r) 0.436	11.216	Site: J16	O	I_ad_data_IBUF_inst (IBUF)	I_ad_data_IBUF_inst/O
net (fo=1, routed)	0.367	11.583				I_ad_data_IBUF
FDRE			Site: SLICE_X0Y332	D	reg_DATA_reg (FDRE)	reg_DATA_reg/D
Arrival Time		11.583				

图 4-48 Hold 时序路径的数据路径

Destination Clock Path						
Delay Type	Incr (ns)	Path ..	Location	Cell Pin	Cell	Netlist Resources
(clock I_clk rise edge)	(r) 0.000	0.000				
	(r) 0.000	0.000	Site: G13	I_clk		I_clk
net (fo=0)	0.000	0.000				I_clk
IBUF (Prop_ibuf_I_O)	(r) 0.636	0.636	Site: G13	O	clk_bufg (IBUF)	clk_bufg/O
net (fo=1, routed)	1.184	1.820				S_clk_in
BUFG (Pro..bufg_I_O)	(r) 0.030	1.850	Site: BUF..TRL_X0Y16	O	inst_uart (BUFG)	inst_uart/O
net (fo=3, routed)	1.005	2.855				O_clk_OBUF
FDRE			Site: SLICE_X0Y332	C	reg_DATA_reg (FDRE)	reg_DATA_reg/C
clock pessimism	-0.273	2.582				
FDRE (Hol..fdre_C_D)	0.038	2.620	Site: SLICE_X0Y332		reg_DATA_reg (FDRE)	reg_DATA_reg
Required Time		2.620				

图 4-49 Hold 时序路径的目标时钟路径

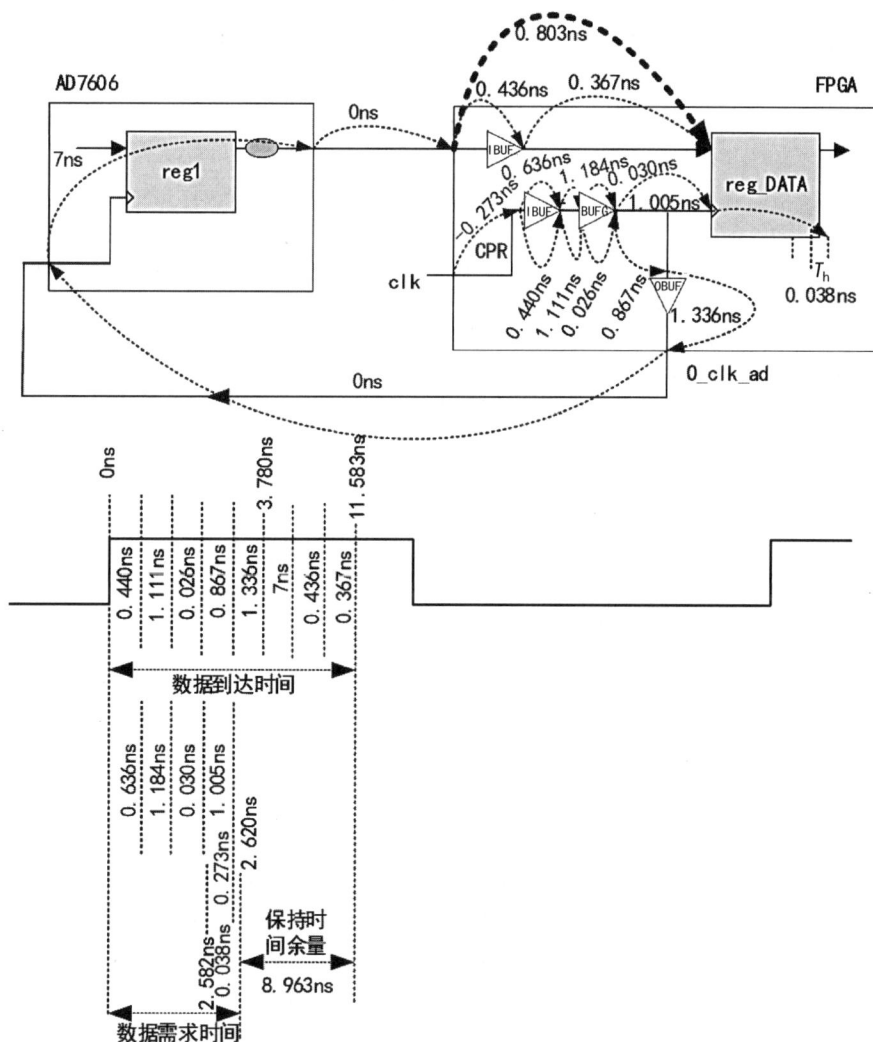

图 4-50 Hold 时序路径转化为时序图

4.2 输出延时约束

FPGA 内部寄存器数据传递到输出引脚常用输出延时约束,常见的应用是将 FPGA 数据传递给其他传感器或芯片,时序约束为了使 FPGA 内部的寄存器到外部芯片寄存器满足时序要求,约束指令为 set_output_delay。

4.2.1 输出延时约束语法

以 Vivado 为例,使用 sct_output_dclay 指令进行输出数据延时约束。set_output_delay 指令的语法结构如下:

```
set_output_delay - clock < sync_clock > - reference_pin < ref_clk > - clock_fall - rise - max - add_delay < delay > < object >
```

在 Vivado 中,set_output_delay 约束指令的参数定义如表 4-3 所示。

表 4-3 set_output_delay 约束指令的参数定义

参　　数	说　　明
-clock	指定约束数据引脚的同步时钟,也就是约束数据引脚的时钟源,sync_clock 是时钟名称,这里主要是虚拟时钟或者同源的主时钟
-reference_pin	指定约束数据延时时间< delay >的参考时钟,也就是数据延时是基于谁的/基于哪个时钟的,< ref_clk >为参考时钟名称/节点;-reference_pin 是可选项,如果不指定,数据延时基于-clock 指定的同步时钟;一般地,数据延时是基于-clock 指定的同步时钟
-clock_fall	指定约束数据延时时间< delay >是基于时钟的下降沿,或数据到达时间＝下降沿＋< delay >;若不指定-clock_fall,编译工具默认-clock_rise; 实际上,-clock_fall 是一个非常好用的选项,当 FPGA 是上升沿更新数据,外部芯片下降沿采样,使用-clock_fall 时直接将< delay >设置为路径延时即可
-rise -fall	约束信号延时相对于时钟边沿的关系是上升沿/下降沿
-max -min	最大/最小时间延时,最大延时-max 用于计算建立时间余量,最小延时-min 用于计算保持时间余量
-add_delay	当一个端口已有延时约束时,使用该选项可以使新指令约束与原约束共存;例如 DDR,对同一个时钟的上升沿延时和下降沿延时约束
< delay >	约束输出数据的延时值
< object >	约束输出数据的引脚名称

set_output_delay 指令只可约束 FPGA 输出数据端口的延时,不能约束 FPGA 内部的时钟和数据信号,也不能约束 FPGA 输出的时钟引脚;当 set_output_delay 约束 FPGA 时钟输出引脚时,会被编译工具忽略。

set_output_delay 是指数据从 FPGA 引脚输出后,还需要多久到外部芯片的目标寄存器,主要包含 PCB 板级延时＋外部芯片内部的建立时间和保持时间。

set_output_delay 指令 GUI 配置界面如图 4-51 所示,set_output_delay 指令 GUI 参数设置与指令语法基本一致。

1. CaseA

对 FPGA 输出引脚 pin 进行输出延时约束,参考时钟为 FPGA 主时钟 clk,时钟周期为

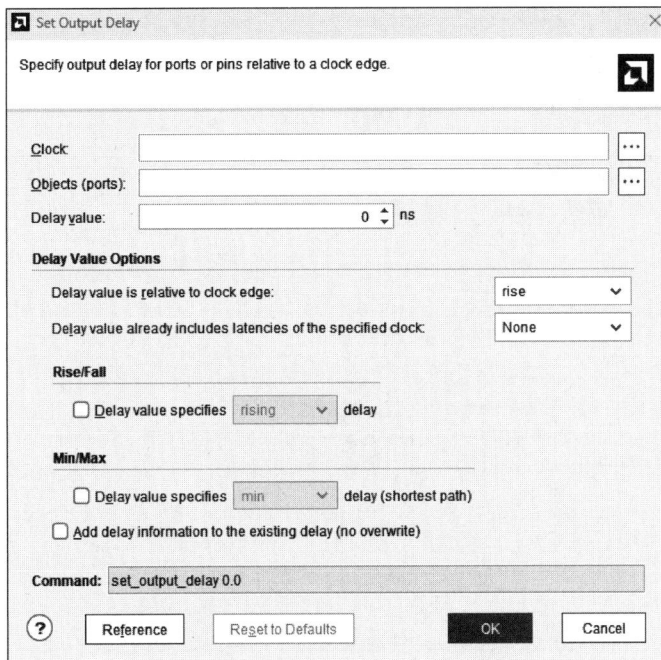

图 4-51　set_output_delay 指令 GUI 配置界面

12ns,输出延时约束为 2ns,主时钟为参考时钟的输出延时约束如图 4-52 所示。

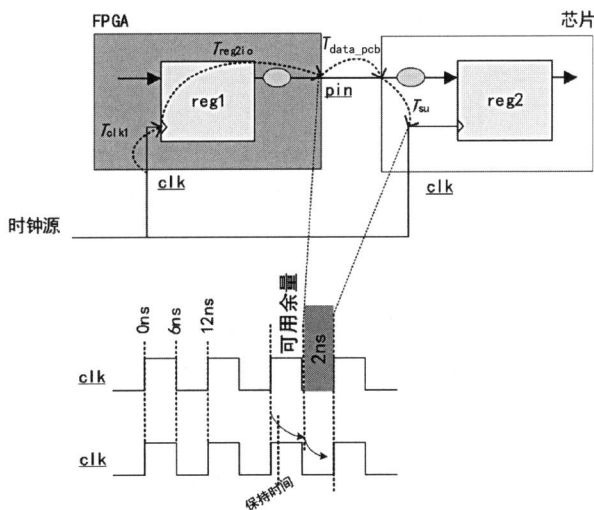

图 4-52　主时钟为参考时钟的输出延时约束

输出延时指令如下:

```
create_clock – name  clk – period 12 – waveform {0.000 6.000}  [get_ports clk]
set_output_delay  – clock  clk  2  [get_ports pin]
```

2. CaseB

FPGA 主时钟为 clk,输入时钟周期为 12ns,对 FPGA 输出引脚 pin 进行输出延时约束,参考时钟为虚拟时钟 Vclk,时钟周期为 12ns,输出延时约束为 2ns,虚拟时钟为参考时钟的输出延时约束如图 4-53 所示。

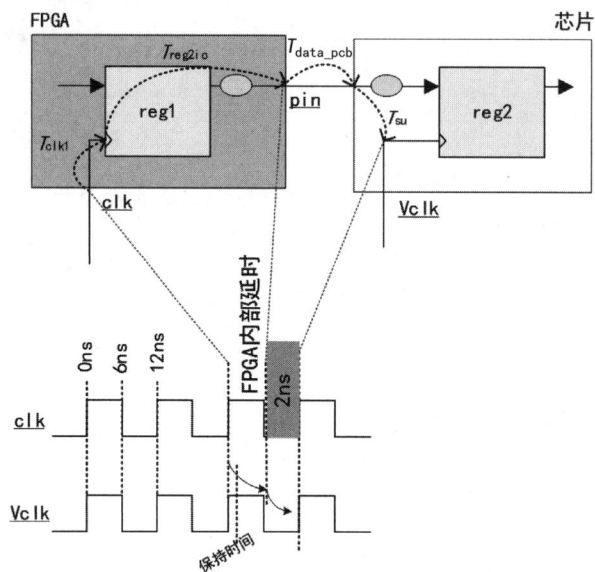

图 4-53　虚拟时钟为参考时钟的输出延时约束

输出延时指令如下：

```
create_clock – name Vclk – period 12 – waveform {0.000 6.000}
create_clock – name  clk – period 12 – waveform {0.000 6.000}  [get_ports clk]
set_output_delay  – clock  Vclk  2  [get_ports pin]
```

3．CaseC

对 DDR 数据输出端口进行输出延时约束，参考时钟为主时钟 clk，时钟周期为 6ns；DDR 数据输出端口在时钟 clk 的上升沿和下降沿都需要采样，基于 DDR 时钟的输出延时约束如图 4-54 所示。

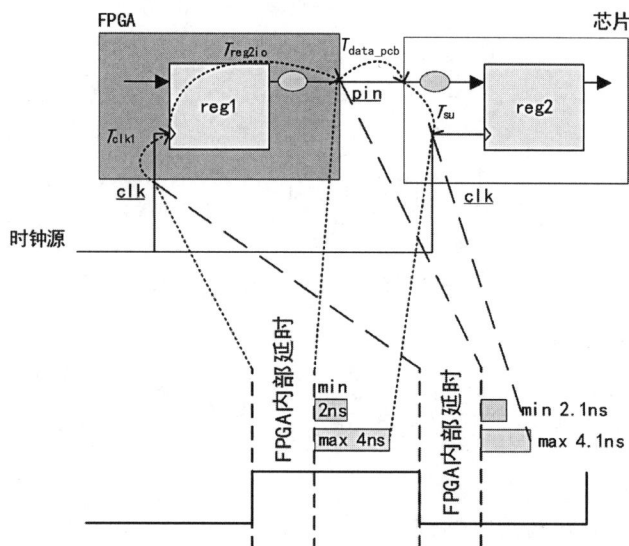

图 4-54　基于 DDR 时钟的输出延时约束

输出延时约束指令如下：

```
create_clock - name ddr_clk - period 6 [get_ports clk]
set_output_delay - clock ddr_clk - max 4  [get_ports pin]
set_output_delay - clock ddr_clk - min 2  [get_ports pin]
set_output_delay - clock ddr_clk - max 4.1 [get_ports pin] - clock_fall - add_delay
set_output_delay - clock ddr_clk - min 2.1 [get_ports pin] - clock_fall - add_delay
```

4.2.2　输出延时约束实例

第 2 章寄存器到输出引脚路径分析时得出如下结论。

建立时间分析：

数据到达时间＝启动沿＋max(xx_delay)＋set_output_delay(max)

数据需求时间＝锁存沿＋min(xx_delay)－$T_{uncertain}$

保持时间分析：

数据到达时间＝启动沿＋min(xx_delay)＋set_output_delay(min)

数据需求时间＝锁存沿＋max(xx_delay)＋$T_{uncertain}$

然而，在 Vivado 的时序报告中，set_output_delay 在数据需求时间中计算，这里转化一下公式：

建立时间分析：

数据到达时间＝启动沿＋max(xx_delay)

数据需求时间＝锁存沿＋min(xx_delay)－$T_{uncertain}$－set_output_delay(max)

保持时间分析：

数据到达时间＝启动沿＋min(xx_delay)

数据需求时间＝锁存沿＋max(xx_delay)＋$T_{uncertain}$－set_output_delay(min)

所以，在 Vivado 的目标时钟路径报告中，直接"减去"输出延时约束的延时值。

查看之前的输入延时约束是怎么处理的？其实也不必拘泥于公式，FPGA 输出的数据应该比外部芯片的时钟沿更早，因此目标时钟应该"减去"延时值。以登机为例，乘客 6 点到达机场，路上延时 1 小时，需要 5 点出门，即乘客需求时间＝机场时间－延时＝6 点－1 点＝5 点。

1. 实例 A

基于 project1 工程创建 project11 工程，基于虚拟时钟的输出延时约束如图 4-55 所示。

FPGA 的主时钟为 25MHz(40ns)，O_D 为 FPGA 数据输出引脚，其参考时钟为虚拟时钟，虚拟时钟为 25MHz(40ns)相移－90°；最大/最小输出延时值为 4ns，基于虚拟时钟上升沿，则 project11 工程的时序约束如下：

```
create_clock - period 40.000 - name I_clk_25m - waveform {10.000 30.000} [get_ports I_clk_
25m]
create_clock - period 40.000 - name vclk    - waveform {0.000 20.000}
set_output_delay - clock vclk 4 [get_ports O_D]
```

工程 project11 主时钟到虚拟时钟时序分析报告如图 4-56 所示，主时钟 I_clk_25m 到虚拟时钟 vclk 的跨时钟域时序路径分析报告在 Inter-Clock Paths 中，其中包含 Setup 和

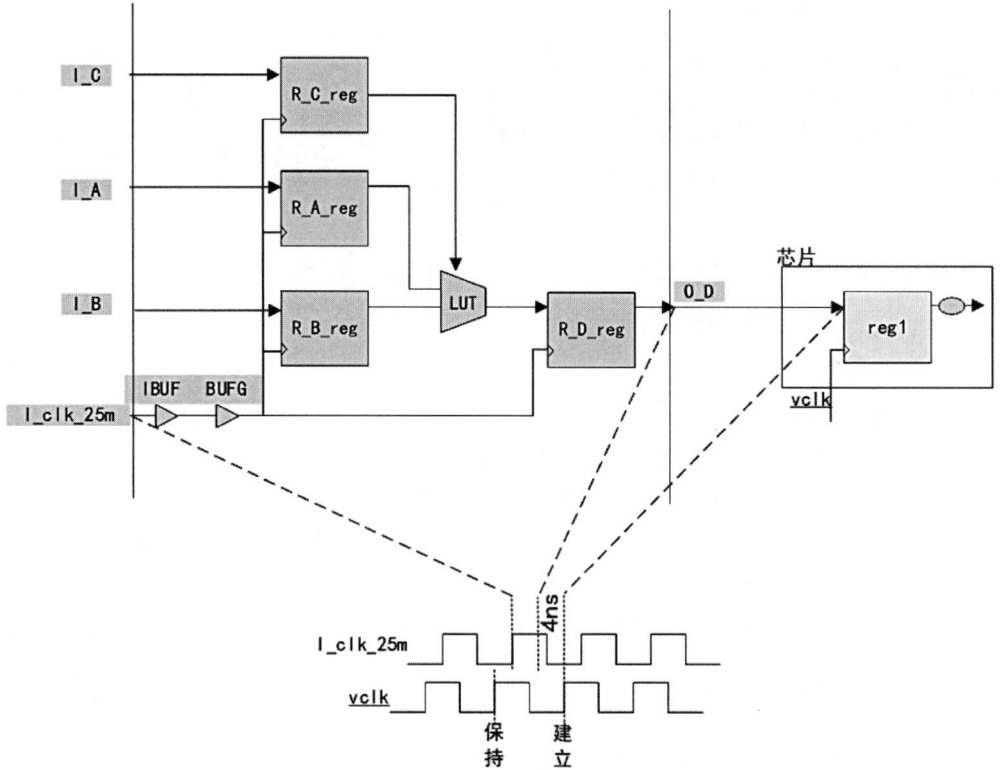

图 4-55　基于虚拟时钟的输出延时约束

Hold 报告，Setup 时序路径和 Hold 时序路径中记录了时序余量最糟糕的路径。

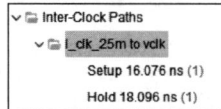

图 4-56　工程 project11 主时钟到虚拟时钟时序分析报告

输出延时约束的时序路径为寄存器 R_D_reg/C 到输出端口 O_D，Setup 时序路径的时序分析报告如图 4-57 所示。

Summary	
Name	↳ Path 3
Slack	16.076ns
Source	R_D_reg/C (rising edge-triggered cell FDRE clocked by I_clk_25m {rise@10.000ns fall@30.000ns period=40.000ns})
Destination	O_D (output port clocked by vclk {rise@0.000ns fall@20.000ns period=40.000ns})
Path Group	vclk
Path Type	Max at Slow Process Corner
Requirement	30.000ns (vclk rise@40.000ns - I_clk_25m rise@10.000ns)
Data Path Delay	4.679ns (logic 3.551ns (75.881%) route 1.129ns (24.119%))
Logic Levels	1 (OBUF=1)
Output Delay	4.000ns
Clock Path Skew	-5.220ns
Clock Uncertainty	0.025ns
Clock Domain Crossing	Inter clock paths are considered valid unless explicitly excluded by timing constraints such as set_clock_groups or set_false_path.

图 4-57　Setup 时序路径的时序分析报告

简要梳理一下 Summary 窗口中的信息：

（1）建立时间余量为 16.076ns＞0，满足外部芯片建立时间要求。

（2）时序路径为寄存器 R_D_reg/C 到输出端口 O_D。

（3）建立时间分析为 Max at Slow Process Corner，最糟糕模型延时最大值，目标寄存器不在 FPGA 内部，未标出 Setup。

（4）Requirement 为 30ns＝40ns−10ns，I_clk_25m 的上升沿为启动沿 10ns，虚拟时钟的下一个上升沿 40ns。

（5）Data Path Delay 为数据路径延时，数据从 R_D_reg/C 到输出端口 O_D 延时。

（6）Output Delay 为添加的输出延时约束，4ns。

（7）Clock Path Skew 为时序路径偏斜，这里不考虑虚拟时钟，时钟偏斜为 25MHz 时钟由主时钟引脚传递到 R_D_reg/C 寄存器时钟端口的延时。

（8）Clock Uncertainty 为时钟的不确定性，为了计算最糟糕的建立时间余量，计算最糟糕的数据需求时间（更靠左），在数据需求时间计算时减去时钟不确定性。

Setup 时序路径的源时钟路径如图 4-58 所示。

Source Clock Path						
Delay Type	Incr (ns)	Path (...	Location	Cell Pin	Cell	Netlist Resources
(clock I_clk... rise edge)	(r) 10.000	10.000				
	(r) 0.000	10.000	Site: G13	▷ I_clk_25m		▷ I_clk_25m
net (fo=0)	0.000	10.000				↗ I_clk_25m
IBUF (Prop_ibuf_I_O)	(r) 1.515	11.515	Site: G13	◁ O	▪ clk_25m_bufg (IBUF)	◁ clk_25m_bufg/O
net (fo=1, routed)	2.108	13.623				↗ S_clk_25m_in
BUFG (Prop_bufg_I_O)	(r) 0.093	13.716	Site: BUF...TRL_X0Y16	◁ O	▪ inst_25m_uart (BUFG)	◁ inst_25m_uart/O
net (fo=4, routed)	1.504	15.220				↗ S_clk_25m_g
FDRE			Site: SLICE_X0Y258	▷ C	▪ R_D_reg (FDRE)	▷ R_D_reg/C

图 4-58　Setup 时序路径的源时钟路径

Setup 时序路径的数据路径如图 4-59 所示。

Data Path						
Delay Type	Incr (ns)	Path (...	Location	Cell Pin	Cell	Netlist Resources
FDRE (Prop_fdre_C_Q)	(r) 0.223	15.443	Site: SLICE_X0Y258	◁ Q	▪ R_D_reg (FDRE)	◁ R_D_reg/Q
net (fo=1, routed)	1.129	16.572				↗ O_D_OBUF
OBUF (Prop_obuf_I_O)	(r) 3.328	19.899	Site: A21	◁ O	▪ O_D_OBUF_inst (OBUF)	◁ O_D_OBUF_inst/O
net (fo=0)	0.000	19.899				↗ O_D
			Site: A21	◁ O_D		◁ O_D
Arrival Time		19.899				

图 4-59　Setup 时序路径的数据路径

Setup 时序路径的目标时钟路径如图 4-60 所示。

Destination Clock Path						
Delay Type	Incr (ns)	Path (...	Loca...	Cell Pin	Cell	Netlist Resour...
(clock vclk rise edge)	(r) 40.000	40.000				
ideal clock network latency	0.000	40.000				
clock pessimism	0.000	40.000				
clock uncertainty	-0.025	39.975				
output delay	-4.000	35.975				
Required Time		35.975				

图 4-60　Setup 时序路径的目标时钟路径

将时序报告中的延时数据绘制为时序图，Setup 时序路径转化为时序图，如图 4-61 所示。目标时钟路径延时值已经包含到 set_output_delay 的延时值 4ns 中,具体体现在目标时钟路径中,相当于目标时钟前移,这也是输出延时约束的意义。

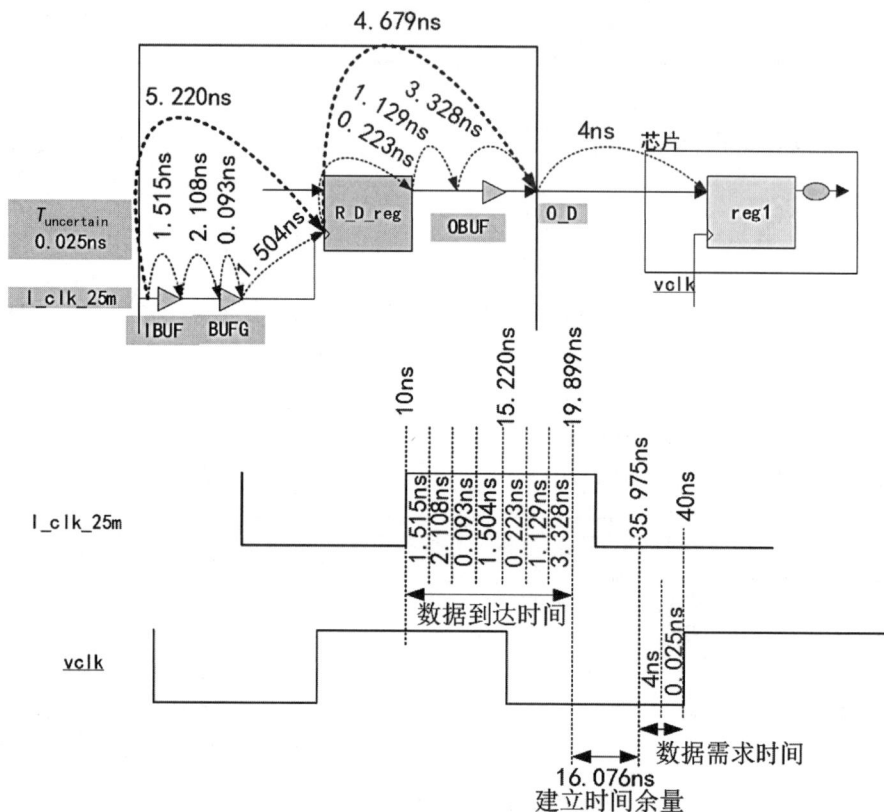

图 4-61　Setup 时序路径转化为时序图

图 4-61 中,①主时钟和虚拟时钟约束告诉时序编译工具时钟的相位关系;②外部芯片虚拟时钟上升沿采样,数据需求时间为虚拟时钟上升沿前移"输出延时",也就是说 FPGA 数据到达输出端口的时间"要早于"数据需求时间;③输出延时约束告诉时序分析工具 FPGA 外部的延时,数据从端口输出要早于数据需求时间,时序工具就可以对 FPGA 内部逻辑布局布线,同时分析该时序路径是否满足时序要求。

Hold 时序路径的时序分析报告如图 4-62 所示。

简要梳理一下 Summary 窗口中的信息:

(1) 保持余量为 18.096ns>0,满足外部芯片保持时间要求。

(2) 时序路径为寄存器 R_D_reg/C 到输出端口 O_D。

(3) 保持时间分析为 Min at Fast Process Corner,最优的模型延时最小值,目标寄存器不在 FPGA 内部,未标出 Hold。

(4) Requirement 为−10ns=0ns−10ns,I_clk_25m 的上升沿为启动沿 10ns,锁存沿为虚拟时钟 vclk 的上升沿 0ns。

(5) Data Path Delay 为数据路径延时,数据从 R_D_reg/C 到输出端口 O_D 延时。

(6) Output Delay 为添加的输出延时约束,4ns。

(7) Clock Path Skew 为时序路径偏斜,这里不考虑虚拟时钟,时钟偏斜为 25MHz 时钟

Summary	
Name	Path 4
Slack (Hold)	18.096ns
Source	R_D_reg/C (rising edge-triggered cell FDRE clocked by l_clk_25m {rise@10.000ns fall@30.000ns period=40.000ns})
Destination	O_D (output port clocked by vclk {rise@0.000ns fall@20.000ns period=40.000ns})
Path Group	vclk
Path Type	Min at Fast Process Corner
Requirement	-10.000ns (vclk rise@0.000ns - l_clk_25m rise@10.000ns)
Data Path Delay	1.857ns (logic 1.535ns (82.680%) route 0.322ns (17.320%))
Logic Levels	1 (OBUF=1)
Output Delay	4.000ns
Clock Path Skew	-2.264ns
Clock Uncertainty	0.025ns
Clock Domain Crossing	Inter clock paths are considered valid unless explicitly excluded by timing constraints such as set_clock_groups or set_false_path.

图 4-62　Hold 时序路径的时序分析报告

由主时钟引脚传递到 R_D_reg/C 寄存器时钟端口的延时。

（8）Clock Uncertainty 为时钟的不确定性，为了计算最糟糕的保持时间余量，计算最糟糕的数据需求时间（更靠右），在数据需求时间计算时加上时钟不确定性。

Hold 时序路径的源时钟路径如图 4-63 所示。

Source Clock Path						
Delay Type	Incr (ns)	Path (ns)	Location	Cell Pin	Cell	Netlist Resources
(clock l_clk... rise edge)	(r) 10.000	10.000				
	(r) 0.000	10.000	Site: G13	l_clk_25m		l_clk_25m
net (fo=0)	0.000	10.000				l_clk_25m
IBUF (Prop_ibuf_I_O)	(r) 0.440	10.440	Site: G13	O	clk_25m_bufg (IBUF)	clk_25m_bufg/O
net (fo=1, routed)	1.111	11.551				S_clk_25m_in
BUFG (Prop_bufg_I_O)	(r) 0.026	11.577	Site: BUF...TRL_X0Y16	O	inst_25m_uart (BUFG)	inst_25m_uart/O
net (fo=4, routed)	0.687	12.264				S_clk_25m_g
FDRE			Site: SLICE_X0Y258	C	R_D_reg (FDRE)	R_D_reg/C

图 4-63　Hold 时序路径的源时钟路径

Hold 时序路径的数据路径如图 4-64 所示。

Data Path						
Delay Type	Incr (ns)	Path (...	Location	Cell Pin	Cell	Netlist Resources
FDRE (Prop_fdre_C_Q)	(r) 0.100	12.364	Site: SLICE_X0Y258	Q	R_D_reg (FDRE)	R_D_reg/Q
net (fo=1, routed)	0.322	12.686		'		O_D_OBUF
OBUF (Prop_obuf_I_O)	(r) 1.435	14.121	Site: A21	O	O_D_OBUF_inst (OBUF)	O_D_OBUF_inst/O
net (fo=0)	0.000	14.121				O_D
			Site: A21	O_D		O_D
Arrival Time		14.121				

图 4-64　Hold 时序路径的数据路径

Hold 时序路径的目标时钟路径如图 4-65 所示。

Destination Clock Path						
Delay Type	Incr (ns)	Path (...	Loca...	Cell...	...	Netlist Resour...
(clock vclk rise edge)	(r) 0.000	0.000				
ideal clock network latency	0.000	0.000				
clock pessimism	0.000	0.000				
clock uncertainty	0.025	0.025				
output delay	-4.000	-3.975				
Required Time		-3.975				

图 4-65　Hold 时序路径的目标时钟路径

将时序报告中的延时数据绘制到时序图中，Hold 时序路径转化为时序图，如图 4-66 所示。

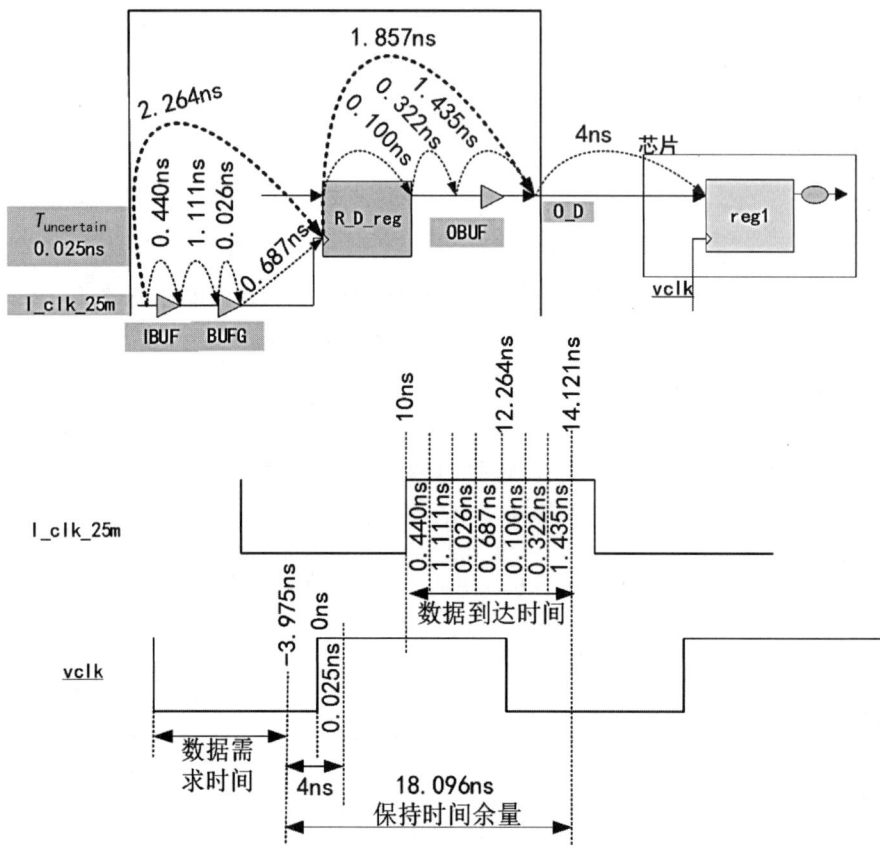

图 4-66　Hold 时序路径转化为时序图

图 4-66 中，时序报告中的具体延时不再细述；保持时间关系的启动沿为 25MHz 时钟的上升沿，计为 10ns，保持关系锁存沿为 0ns；虚拟时钟提前 90°，使该保持时间关系很容易满足，保持时间余量 18.096ns，远大于 0。

2. 实例 B

本实例以 FPGA 接口与 MAX9247 芯片为例，对源同步寄存器到输出引脚路径进行时序分析。MAX9247 数字视频并/串转化器将并行数据转化为串行数据。视频数据 RGB_IN[17:0]、控制数据 CNTL_IN[8:0]、DE_IN 作为输入信号，PCLK_IN 是输入数据的同步时钟，这些输入信号都由 FPGA 输出并传递到 MAX9247 的输入，MAX9247 芯片源同步寄存器到输出引脚路径如图 4-67 所示。该案例中同步时钟的时钟频率为 24MHz。该源同步寄存器到输出引脚路径需要使用 set_output_delay 命令进行时序约束。

引入第 2 章中源同步寄存器到输出引脚路径 set_output_delay 计算公式如下：

$$set\_output\_delay(max) = -\min(T_{clk2\_pcb}) + \max(T_{data\_pcb}) + T_{su}$$

$$set\_output\_delay(min) = -\max(T_{clk2\_pcb}) + \min(T_{data\_pcb}) - T_{h}$$

式中，set_output_delay(max)用于建立时间分析，set_output_delay(min)用于保持时间分析。

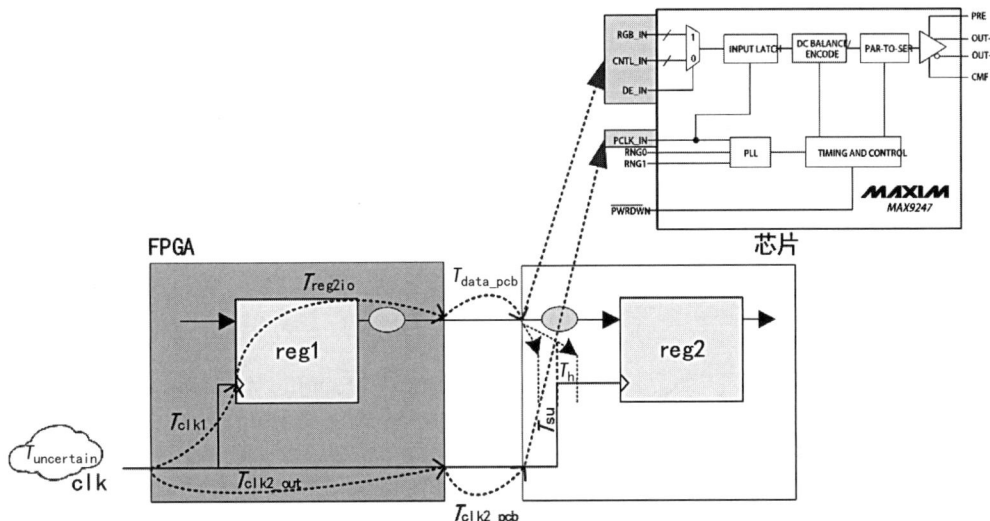

图 4-67 MAX9247 芯片源同步寄存器到输出引脚路径

上述公式中,假设 $\max(T_{data\_pcb})=0.5\text{ns}$, $\max(T_{clk2\_pcb})=0.5\text{ns}$, $\min(T_{clk2\_pcb})=0.0\text{ns}$, $\min(T_{data\_pcb})=0.0\text{ns}$。$T_{su}$ 和 T_h 可以通过查阅 MAX9247 的手册得到,MAX9218 时序如图 4-68 所示。

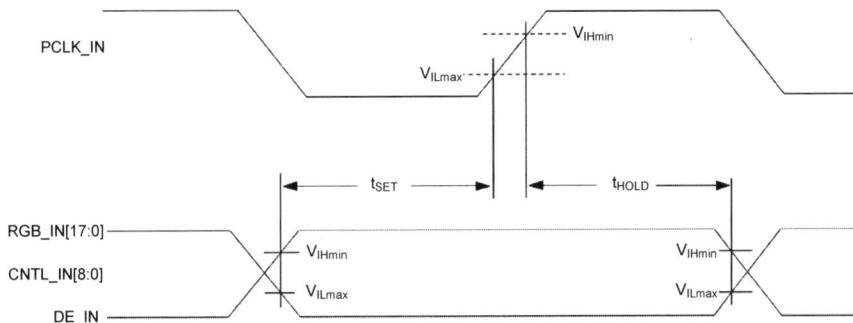

Input Setup Time	t_{SET}	Figure 4	3	ns
Input Hold Time	t_{HOLD}	Figure 4	3	ns

图 4-68 MAX9218 时序图

代入上述公式可得:

$$\text{set\_output\_delay(max)}=-0\text{ns}+0.5\text{ns}+3\text{ns}=3.5\text{ns}$$

$$\text{set\_output\_delay(min)}=-0.5\text{ns}+0\text{ns}-3\text{ns}=-3.5\text{ns}$$

创建工程 project12,其工程代码如 project12.v 所示,这里并未将所有输入数据都引入进来,仅用一个数据输出 O_D 进行分析。请注意 MAX9247 的时序图,下降沿更新数据,上升沿采样数据,而 FPGA 内部上升沿更新数据。因此,FPGA 向 MAX9247 输出同步时钟时,对时钟做了反向,O_clk=~S_clk_g。

```
project12.v

module project1
```

```
(
input            I_ad_data,
input            I_clk,
output           O_D,
output           O_clk
);

wire S_clk_in;
wire S_clk_g;

IBUFG clk_bufg
   (
    .O (S_clk_in),
    .I (I_clk)
    );

BUFG inst_uart
   (
    .O(S_clk_g),
    .I(S_clk_in)
    );

reg             reg_DATA;
reg             reg_DATA1;

always@(posedge S_clk_g) begin
    reg_DATA     <=     I_ad_data;
    reg_DATA1    <=     reg_DATA;
end

assign   O_D  = reg_DATA1;
assign   O_clk = ~S_clk_g;

endmodule
```

为该工程中 24MHz 的 I_clk 时钟进行主时钟约束,由于外部 MAX9247 使用的同步时钟为 O_clk,因此需要对 O_clk 进行衍生时钟约束;衍生时钟的意义就是为输出延时设参考基点,编译工具就可以约束图 4-67 中的 T_{clk2_out}。O_clk 源时钟为 BUFG 的输出,与 FPGA 寄存器时钟源一致,由于时钟反向,约束中需要加入-invert 选项。数据引脚 O_D 基于时钟引脚 O_clk 的最大/最小输出延时分别为 3.5ns/-3.5ns。约束指令如下:

```
create_clock - period 41.66 - name I_clk  [get_ports I_clk]
create_generated_clock - name O_clk - source [get_pins inst_uart/O] - divide_by 1 - invert
[get_ports O_clk]
set_output_delay - clock O_clk   - max    3.5  [get_ports O_D]
set_output_delay - clock O_clk   - min   - 3.5  [get_ports O_D]
```

对工程进行编译,依次单击 Open Implement Design、Timing、Inter-Clock Paths,就可以看到 I_clk 到 O_clk 的时序路径,I_clk 到 O_clk 的时序路径如图 4-69 所示。

单击 Clock Summary 可以看到 I_clk 和 O_clk 的波形、周期和频率,I_clk 和 O_clk 的波形为反向。O_clk 是 I_clk 的衍生时钟,Clock Summary 窗口如图 4-70 所示。

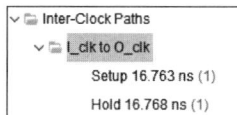

图 4-69　I_clk 到 O_clk 的时序路径

图 4-70　Clock Summary 窗口

打开 I_clk 到 O_clk 的时序路径中建立时间的时序分析报告,MAX9247 的建立时间分析报告如图 4-71 所示。

Summary	
Name	↳ Path 3
Slack	16.763ns
Source	▶ reg_DATA1_reg/C　(rising edge-triggered cell FDRE clocked by I_clk {rise@0.000ns fall@20.830ns period=41.660ns})
Destination	◀ O_D　(output port clocked by O_clk {rise@20.830ns fall@41.660ns period=41.660ns})
Path Group	O_clk
Path Type	Max at Fast Process Corner
Requirement	20.830ns (O_clk rise@20.830ns - I_clk rise@0.000ns)
Data Path Delay	2.303ns (logic 1.855ns (80.530%) route 0.448ns (19.470%))
Logic Levels	1 (OBUF=1)
Output Delay	3.500ns
Clock Path Skew	1.771ns
Clock Un...rtainty	0.035ns

图 4-71　MAX9247 的建立时间分析报告

时序报告 Summary 窗口中有一些细节需要继续描述一下:

(1) 时序路径为 reg_Data1 寄存器的时钟端到数据输出端口 O_D。

(2) Setup 时序分析基于 Max at Fast Process Corner,这属于特殊情况;目标寄存器不在 FPGA 内部,未标出 Setup。

(3) FPGA 内部上升沿触发,启动沿 0ns,外部 MAX9247 时钟反向-上升沿采样,锁存沿 20.830ns,Requirement 为 20.830ns。

(4) 数据路径延时主要是数据路径中的延时 2.303ns。

(5) 路径中有一级 OBUF,Logic Levels=1。

(6) FPGA 外部的打包延时为 3.5ns,包含数据路径 PCB 延时、时钟路径的 PCB 延时和 MAX9247 的 T_{su}。

MAX9247 的建立时间分析源时钟路径如图 4-72 所示。

Source Clock Path						
Delay Type	Incr (ns)	Path (ns)	Location	Cell Pin	Cell	Netlist Resources
(clock I_clk rise edge)	(r) 0.000	0.000				
	(r) 0.000	0.000	Site: G13	▶ I_clk		▶ I_clk
net (fo=0)		0.000	0.000			↗ I_clk
IBUF (Prop_ibuf_I_O)	(r) 0.636	0.636	Site: G13	◀ O	▦ clk_bufg (IBUF)	◀ clk_bufg/O
net (fo=1, routed)	1.184	1.820				↗ S_clk_in
BUFG (Pro...bufg_I_O)	(r) 0.030	1.850	Site: BUF...TRL_X0Y16	◀ O	▦ inst_uart (BUFG)	◀ inst_uart/O
net (fo=3, routed)	0.912	2.762				↗ S_clk_g
FDRE			Site: SLICE_X0Y257	▶ C	▦ reg_DATA1_reg (FDRE)	▶ reg_DATA1_reg/C

图 4-72　MAX9247 的建立时间分析源时钟路径

MAX9247 的建立时间数据路径如图 4-73 所示,数据路径中的延时为 0.124ns+0.448ns+1.731ns=2.303ns。

Data Path						
Delay Type	Incr (ns)	Path (ns)	Location	Cell Pin	Cell	Netlist Resources
FDRE (Pro...fdre_C_Q)	(r) 0.124	2.886	Site: SLICE_X0Y257	Q	reg_DATA1_reg (FDRE)	reg_DATA1_reg/Q
net (fo=1, routed)	0.448	3.335				O_D_OBUF
OBUF (Pro...obuf_I_O)	(r) 1.731	5.065	Site: A21	O	O_D_OBUF_inst (OBUF)	O_D_OBUF_inst/O
net (fo=0)	0.000	5.065				O_D
			Site: A21	O_D		O_D
Arrival Time		5.065				

图 4-73　MAX9247 的建立时间数据路径

MAX9247 的建立时间目标时钟路径如图 4-74 所示。

Destination Clock Path						
Delay Type	Incr (ns)	Path (...	Location	Cell Pin	Cell	Netlist Resources
(clock O_clk rise edge)	(f) 20.830	20.830				
	(f) 0.000	20.830	Site: G13	I_clk		I_clk
net (fo=0)	0.000	20.830				I_clk
IBUF (Prop_ibuf_I_O)	(f) 0.440	21.270	Site: G13	O	clk_bufg (IBUF)	clk_bufg/O
net (fo=1, routed)	1.111	22.381				S_clk_in
BUFG (Pro...bufg_I_O)	(f) 0.026	22.407	Site: BUF...TRL_X0Y16	O	inst_uart (BUFG)	inst_uart/O
net (fo=3, routed)	0.808	23.215				S_clk_g
LUT1 (Prop...ut1_I0_O)	(r) 0.028	23.243	Site: SLICE_X0Y297	O	O_clk_OBUF_inst_i_1 (LUT1)	O_clk_OBUF_inst_i_1/O
net (fo=1, routed)	0.318	23.561				O_clk_OBUF
OBUF (Pro...obuf_I_O)	(r) 1.336	24.897	Site: K18	O	O_clk_OBUF_inst (OBUF)	O_clk_OBUF_inst/O
net (fo=0)	0.000	24.897				O_clk
			Site: K18	O_clk		O_clk
clock pessimism	0.466	25.363				
clock uncertainty	-0.035	25.328				
output delay	-3.500	21.828				
Required Time		21.828				

图 4-74　MAX9247 的建立时间目标时钟路径

目标时钟延时 = 0.440ns + 1.111ns + 0.026ns + 0.808ns + 0.028ns + 0.318ns + 1.336ns + 0.466ns = 4.533ns

源时钟延时 = 0.636ns + 1.184ns + 0.030ns + 0.912ns = 2.762ns

时钟偏斜 = 4.533ns - 2.762ns = 1.771ns

为了直观地观察建立时间路径的时序分析报告,这里将时序报告绘制成时序图,MAX9247 的建立时间分析时序路径和时序如图 4-75 所示。

FPGA 输出的时钟和数据到达 MAX9247 的 PCB 延时和 MAX9247 的建立时间 T_{su} 打包到一起为 3.5ns,这部分打包的延时作为目标时钟延时的一部分。Vivado 编译工具只关心外部的打包延时,就是一个数值而已。图 4-75 中,为了计算最糟糕的建立时间余量,源时钟路径延时为 Max,目标时钟路径延时为 Min,源时钟在 IBUF 和 BUFG 上路径延时大于目标时钟路径,目标时钟路径中 CPR 也补偿了这部分。MAX9247 芯片下降沿更新数据,上升沿采样数据,FPGA 内部上升沿更新数据,FPGA 向 MAX9247 输出同步时钟做了反向,因此,时序图中源时钟和目标时钟反向。建立时间余量>0,建立时间满足时序要求。

工程编译后,依次单击 Open Implement Design、Timing、Inter-Clock Paths,就可以看到 I_clk 到 O_clk 的时序路径。打开 I_clk 到 O_clk 的时序路径中保持时间的时序分析报告,MAX9247 的保持时间分析报告如图 4-76 所示。

时序报告 Summary 窗口中有一些细节需要继续描述一下:

(1) 时序路径为 reg_Data1 寄存器的时钟端到数据输出端口 O_D。

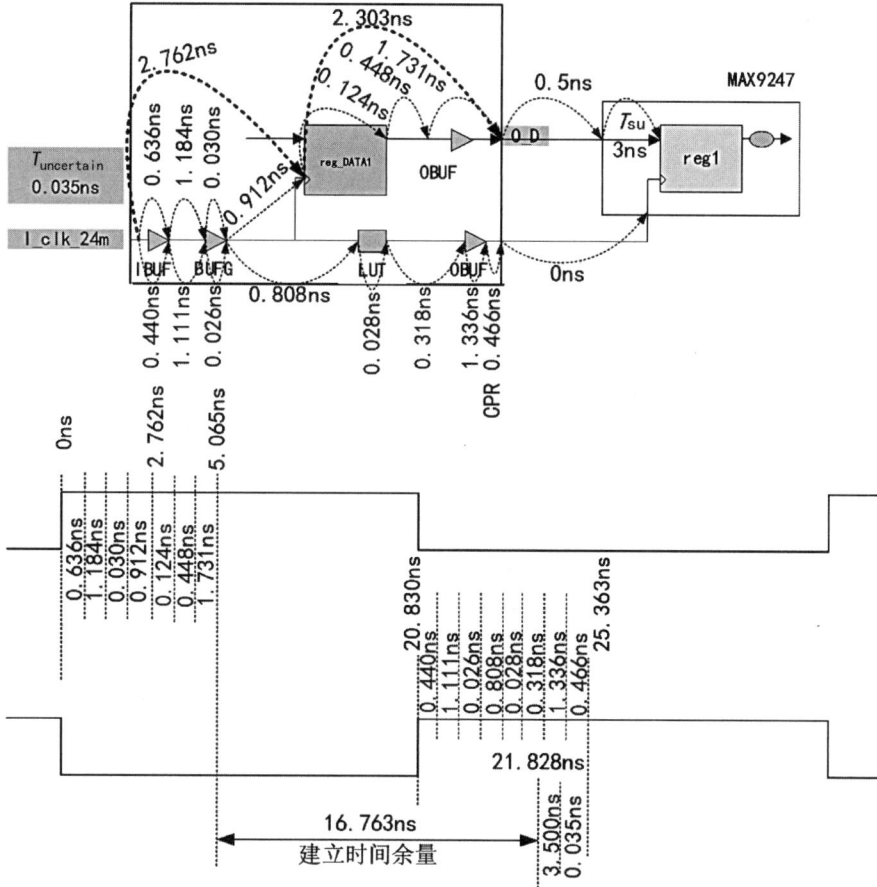

图 4-75 MAX9247 的建立时间分析时序路径和时序图

Summary	
Name	Path 4
Slack (Hold)	16.768ns
Source	reg_DATA1_reg/C (rising edge-triggered cell FDRE clocked by I_clk {rise@0.000ns fall@20.830ns period=41.660ns})
Destination	O_D (output port clocked by O_clk {rise@20.830ns fall@41.660ns period=41.660ns})
Path Group	O_clk
Path Type	Min at Fast Process Corner
Requirement	-20.830ns (O_clk rise@20.830ns - I_clk rise@41.660ns)
Data Path Delay	1.815ns (logic 1.535ns (84.556%) route 0.280ns (15.444%))
Logic Levels	1 (OBUF=1)
Output Delay	-3.500ns
Clock Path Skew	2.342ns
Clock Un...rtainty	0.035ns

图 4-76 MAX9247 的保持时间分析报告

（2）Hold 时序分析基于 Min at Fast Process Corner；目标寄存器不在 FPGA 内部，未标出 Hold。

（3）FPGA 内部上升沿触发，启动沿 41.66ns，外部 MAX9247 时钟反向-上升沿采样，锁存沿 20.830ns，Requirement 为−20.830ns。

（4）数据路径延时主要是数据路径中的延时为 1.815ns。

（5）路径中有一级 OBUF，Logic Levels＝1。

（6）FPGA 外部的打包延时为-3.5ns，包含数据路径 PCB 延时、时钟路径的 PCB 延时和 MAX9247 的 T_h。

MAX9247 的保持时间分析源时钟路径如图 4-77 所示。

Source Clock Path						
Delay Type	Incr (ns)	Path (ns)	Location	Cell Pin	Cell	Netlist Resources
(clock I_clk rise edge)	(r) 41.660	41.660				
	(r) 0.000	41.660	Site: G13	I_clk		I_clk
net (fo=0)	0.000	41.660				I_clk
IBUF (Prop ibuf I O)	(r) 0.440	42.100	Site: G13	O	clk_bufg (IBUF)	clk_bufg/O
net (fo=1, routed)	1.111	43.211				S_clk_in
BUFG (Pro...bufg I O)	(r) 0.026	43.237	Site: BUF...TRL_X0Y16	O	inst_uart (BUFG)	inst_uart/O
net (fo=3, routed)	0.687	43.924				S_clk_g
FDRE			Site: SLICE_X0Y257	C	reg_DATA1_reg (FDRE)	reg_DATA1_reg/C

图 4-77　MAX9247 的保持时间分析源时钟路径

MAX9247 的保持时间数据路径如图 4-78 所示，数据路径中的延时为 0.1ns＋0.28ns＋1.435ns＝1.815ns。

Data Path						
Delay Type	Incr (ns)	Path (ns)	Location	Cell Pin	Cell	Netlist Resources
FDRE (Pro...fdre C Q)	(r) 0.100	44.024	Site: SLICE_X0Y257	Q	reg_DATA1_reg (FDRE)	reg_DATA1_reg/Q
net (fo=1, routed)	0.280	44.304				O_D_OBUF
OBUF (Pro...obuf I O)	(r) 1.435	45.739	Site: A21	O	O_D_OBUF_inst (OBUF)	O_D_OBUF_inst/O
net (fo=0)	0.000	45.739				O_D
			Site: A21	O_D		O_D
Arrival Time		45.739				

图 4-78　MAX9247 的保持时间数据路径

MAX9247 的保持时间目标时钟路径如图 4-79 所示。

Destination Clock Path						
Delay Type	Incr (ns)	Path (...	Location	Cell Pin	Cell	Netlist Resources
(clock O_clk rise edge)	(f) 20.830	20.830				
	(f) 0.000	20.830	Site: G13	I_clk		I_clk
net (fo=0)	0.000	20.830				I_clk
IBUF (Prop ibuf I O)	(f) 0.636	21.466	Site: G13	O	clk_bufg (IBUF)	clk_bufg/O
net (fo=1, routed)	1.184	22.650				S_clk_in
BUFG (Pro...bufg I O)	(f) 0.030	22.680	Site: BUF...TRL_X0Y16	O	inst_uart (BUFG)	inst_uart/O
net (fo=3, routed)	1.057	23.737				S_clk_g
LUT1 (Prop...ut1 I0 O)	(r) 0.035	23.772	Site: SLICE_X0Y297	O	O_clk_OBUF_inst_i_1 (LUT1)	O_clk_OBUF_inst_i_1/O
net (fo=1, routed)	0.500	24.272				O_clk_OBUF
OBUF (Pro...obuf I O)	(r) 1.631	25.902	Site: K18	O	O_clk_OBUF_inst (OBUF)	O_clk_OBUF_inst/O
net (fo=0)	0.000	25.902				O_clk
			Site: K18	O_clk		O_clk
clock pessimism	-0.466	25.436				
clock uncertainty	0.035	25.472				
output delay	3.500	28.972				
Required Time		28.972				

图 4-79　MAX9247 的保持时间目标时钟路径

目标时钟延时＝0.636ns＋1.184ns＋0.030ns＋1.057ns＋0.035ns＋0.5ns＋1.631ns－0.466ns＝4.606ns

源时钟延时＝0.440ns＋1.111ns＋0.026ns＋0.687ns＝2.264ns

时钟偏斜＝4.606ns－2.264ns＝2.342ns

为了直观地观察保持时间路径的时序分析报告,这里将时序报告绘制为时序图, MAX9247 的保持时间分析时序路径和时序如图 4-80 所示。

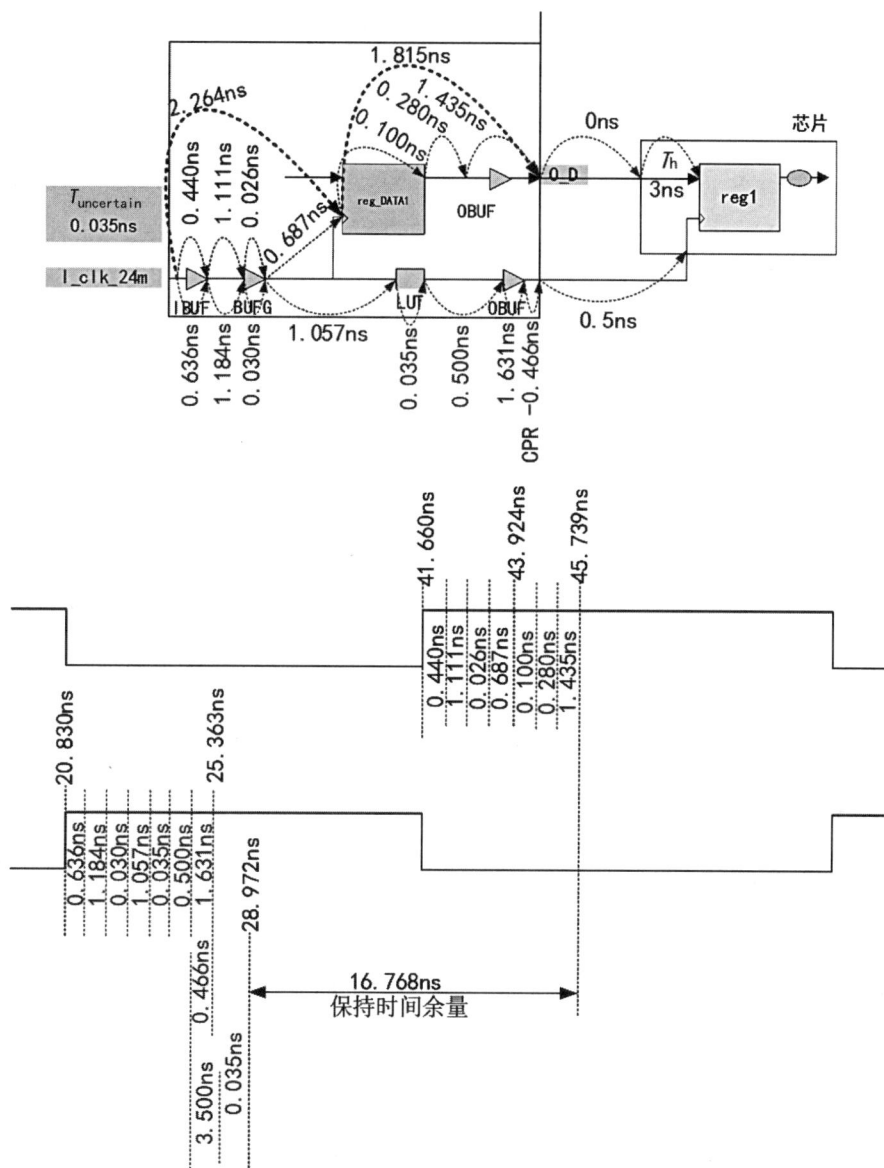

图 4-80　MAX9247 的保持时间分析时序路径和时序图

FPGA 输出的时钟和数据到达 MAX9247 的 PCB 延时和 MAX9247 的保持时间 T_h 打包到一起为 −3.5ns,这部分打包的延时作为目标时钟延时的一部分。前文提到,在目标时钟路径中直接"减去"输出延时约束的延时值,−(−3.5ns)=3.5ns,图 4-79 中,该延时为正向延时。Vivado 编译工具只关心外部的打包延时,就是一个数值而已。图 4-80 中,为了计算最糟糕的保持时间余量,目标时钟路径延时为 Max,源时钟路径延时为 Min,源时钟在 IBUF 和 BUFG 上路径延时小于目标时钟路径,目标时钟路径中 CPR 也补偿了这部分 (CPR=−0.466ns)。MAX9247 芯片下降沿更新数据,上升沿采样数据,FPGA 内部上升沿更新数据,FPGA 向 MAX9247 输出同步时钟做了反向,因此,该保持时间关系中锁存沿在启动沿前半个周期。

该案例中,最糟糕的建立时间余量和最糟糕的保持时间余量都是基于 Fast Process Corner 模型,相同路径的最大/最小延时应该一致,MAX9247 的保持时间时序对比如图 4-81 所示。建立时间关系中源时钟延时的最大值=保持时间关系中目标时钟延时的最大值;建立时间关系中目标时钟延时的最小值=保持时间关系中源时钟延时的最小值。

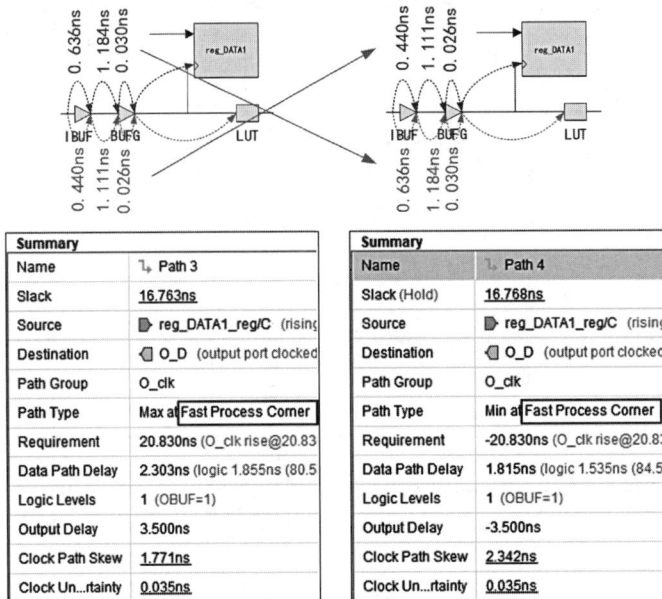

Summary	
Name	⌐↳ Path 3
Slack	16.763ns
Source	reg_DATA1_reg/C (rising
Destination	O_D (output port clocked
Path Group	O_clk
Path Type	Max at Fast Process Corner
Requirement	20.830ns (O_clk rise@20.83
Data Path Delay	2.303ns (logic 1.855ns (80.5
Logic Levels	1 (OBUF=1)
Output Delay	3.500ns
Clock Path Skew	1.771ns
Clock Un...rtainty	0.035ns

Summary	
Name	⌐↳ Path 4
Slack (Hold)	16.768ns
Source	reg_DATA1_reg/C (rising
Destination	O_D (output port clocked
Path Group	O_clk
Path Type	Min at Fast Process Corner
Requirement	-20.830ns (O_clk rise@20.83
Data Path Delay	1.815ns (logic 1.535ns (84.5
Logic Levels	1 (OBUF=1)
Output Delay	-3.500ns
Clock Path Skew	2.342ns
Clock Un...rtainty	0.035ns

图 4-81　MAX9247 的保持时间时序对比

3. 实例 C

本实例以 FPGA 接口与 DA5754 芯片为例,对源同步寄存器到输出引脚路径进行时序分析。DA5754 芯片将 FPGA 写入的配置数据信息转化为电压值;当 FPGA 向 DA5754 芯片写入数据时,同时输出数据的同步时钟,DA5754 芯片源同步寄存器到输出引脚路径如图 4-82 所示。SDIN 为配置数据串行输入端口,SCLK 是输入数据的同步时钟,这些信号由 FPGA 输出并传递到 DA5754 的输入。该案例中,同步时钟的时钟频率为 20MHz。该源同步寄存器到输出引脚路径需要使用 set_output_delay 命令进行时序约束。

引入第 2 章中源同步寄存器到输出引脚路径 set_output_delay 计算公式如下:

$$\text{set\_output\_delay(max)} = -\min(T_{\text{clk2\_pcb}}) + \max(T_{\text{data\_pcb}}) + T_{\text{su}}$$

$$\text{set\_output\_delay(min)} = -\max(T_{\text{clk2\_pcb}}) + \min(T_{\text{data\_pcb}}) - T_{\text{h}}$$

式中,set_output_delay(max)用于建立时间分析,set_output_delay(min)用于保持时间分析。

上述公式中,假设 $\max(T_{\text{data\_pcb}}) = 0.5\text{ns}$,$\max(T_{\text{clk2\_pcb}}) = 0.5\text{ns}$,$\min(T_{\text{clk2\_pcb}}) = 0.0\text{ns}$,$\min(T_{\text{data\_pcb}}) = 0.0\text{ns}$。$T_{\text{su}}$ 和 T_{h} 可以通过查阅 DA5754 的手册得到,DA5754 时序如图 4-83 所示。值得注意的是,DA5754 芯片上升沿更新数据,下降沿采样,FPGA 也是上升沿更新数据。因此在设计逻辑时,不需要对同步时钟反向,但是在时序约束时需要加上"-clock_fall"。

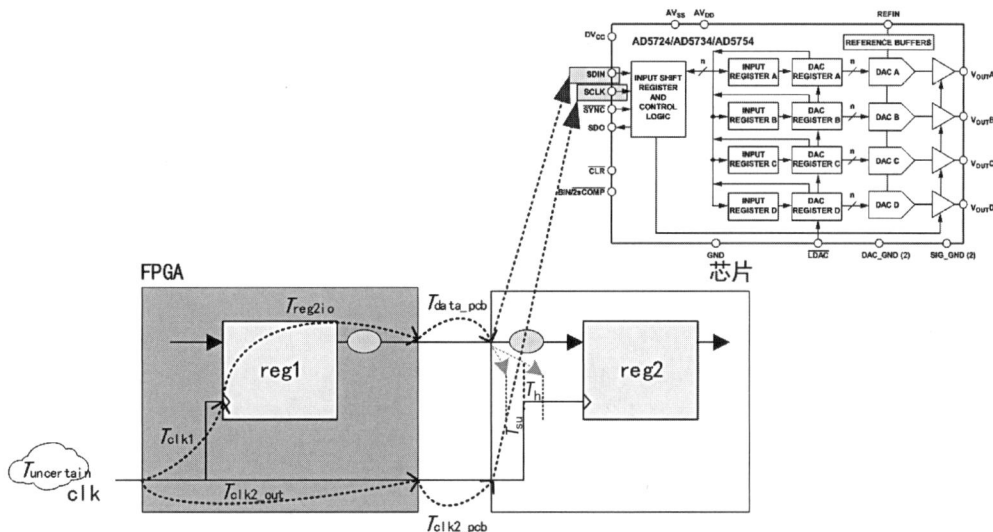

图 4-82 DA5754 芯片源同步寄存器到输出引脚路径

Parameter	Limit at t_{MIN}, t_{MAX}	Unit	Description
t_7	7	ns min	Data setup time
t_8	2	ns min	Data hold time

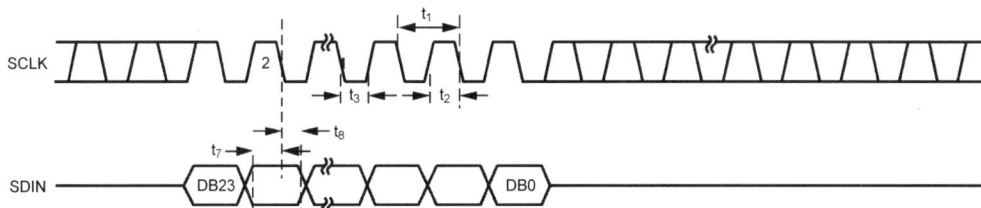

图 4-83 DA5754 时序图

代入上述公式可得：

$$\text{set\_output\_delay(max)} = -0\text{ns} + 0.5\text{ns} + 7\text{ns} = 7.5\text{ns}$$

$$\text{set\_output\_delay(min)} = -0.5\text{ns} + 0\text{ns} - 2\text{ns} = -2.5\text{ns}$$

创建工程 project13，其工程代码如 project13.v 所示，这里并未将所有输入数据都引入进来，也未设计逻辑功能，仅用一个数据输出 O_D 作为时序分析。DA5754 芯片上升沿更新数据，下降沿采样，FPGA 也是上升沿更新数据。因此在设计逻辑时，不需要对同步时钟反向，O_clk=S_clk_g。此处请结合 MAX9247 的时序图理解，但是需要在时序约束中标明 DA5754 芯片下降沿采样数据。

```
project13.v

module project1
(
input            I_ad_data,
input            I_clk,
output           O_D,
output           O_clk
```

```
);

wire S_clk_in;
wire S_clk_g;

IBUFG clk_bufg
   (
    .O (S_clk_in),
    .I (I_clk)
    );

BUFG inst_uart
   (
    .O(S_clk_g),
    .I(S_clk_in)
    );

reg            reg_DATA;
reg            reg_DATA1;

always@ (posedge S_clk_g) begin
    reg_DATA     <=     I_ad_data;
    reg_DATA1    <=      reg_DATA;
end

assign  O_D  = reg_DATA1;
assign  O_clk = S_clk_g;

endmodule
```

为该工程中 20MHz 的 I_clk 时钟进行主时钟约束,由于外部 DA5754 使用的同步时钟为 O_clk,因此需要对 O_clk 进行衍生时钟约束;衍生时钟的意义就是为输出延时设参考基点,编译工具就可以约束图 4-82 中的 T_{clk2_out}。O_clk 源时钟为 BUFG 的输出,与 FPGA 寄存器时钟源一致,无时钟反向,无-invert 约束。数据引脚 O_D 基于时钟引脚 O_clk 的最大/最小输出延时分别为 7.5ns/−2.5ns。约束指令如下:

```
create_clock − period 50 − name I_clk  [get_ports I_clk]
create_generated_clock − name O_clk − source [get_pins inst_uart/O] − divide_by 1   [get_
ports O_clk]
set_output_delay − clock O_clk − clock_fall   − max    7.5  [get_ports O_D]
set_output_delay − clock O_clk − clock_fall   − min   − 2.5  [get_ports O_D]
```

对工程进行编译,依次单击 Open Implement Design、Timing、Inter-Clock Paths,就可以看到 I_clk 到 O_clk 的时序路径,如图 4-84 所示。

单击 Clock Summary 可以看到 I_clk 和 O_clk 的波形、周期和频率,I_clk 和 O_clk 同频同相。O_clk 是 I_clk 的衍生时钟,Clock Summary 窗口如图 4-85 所示。

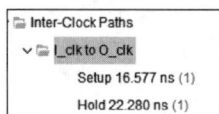

图 4-84 I_clk 到 O_clk 的时序路径

Name	Waveform	Period (ns)	Frequency (MHz)
∨ I_clk	{0.000 25.000}	50.000	20.000
O_clk	{0.000 25.000}	50.000	20.000

图 4-85 Clock Summary 窗口

打开 I_clk 到 O_clk 的时序路径中建立时间的时序分析报告,DA5754 的建立时间分析报告如图 4-86 所示。

Summary	
Name	Path 3
Slack	16.577ns
Source	reg_DATA1_reg/C (rising edge-triggered cell FDRE clocked by I_clk {rise@0.000ns fall@25.000ns period=50.000ns})
Destination	O_D (output port clocked by O_clk {rise@0.000ns fall@25.000ns period=50.000ns})
Path Group	O_clk
Path Type	Max at Slow Process Corner
Requirement	25.000ns (O_clk fall@25.000ns - I_clk rise@0.000ns)
Data Path Delay	4.598ns (logic 3.551ns (77.221%) route 1.047ns (22.779%))
Logic Levels	1 (OBUF=1)
Output Delay	7.500ns
Clock Path Skew	3.710ns
Clock Un...rtainty	0.035ns

图 4-86　DA5754 的建立时间分析报告

时序报告 Summary 窗口中有一些细节需要继续描述一下:

(1) 时序路径为 reg_Data1 寄存器的时钟端到数据输出端口 O_D。

(2) Setup 时序分析基于 Max at Slow Process Corner,FPGA 最糟糕的时序模型;目标寄存器不在 FPGA 内部,未标出 Setup。

(3) FPGA 内部上升沿触发,启动沿 0ns,外部 DA5754 下降沿采样,锁存沿 25ns,时钟同频同相,Requirement 为 25ns。

(4) 数据路径延时主要是数据路径中的延时为 4.598ns。

(5) 路径中有一级 OBUF,Logic Levels=1。

(6) FPGA 外部的打包延时为 7.5ns,包含数据路径 PCB 延时、时钟路径的 PCB 延时和 DA5754 的 $T_{su}=7$ns。

DA5754 的建立时间分析源时钟路径如图 4-87 所示。

Source Clock Path						
Delay Type	Incr (ns)	Path ...	Location	Cell Pin	Cell	Netlist Resources
(clock I_clk rise edge)	(r) 0.000	0.000				
	(r) 0.000	0.000	Site: G13	I_clk		I_clk
net (fo=0)	0.000	0.000				I_clk
IBUF (Prop_ibuf_I_O)	(r) 1.515	1.515	Site: G13	O	clk_bufg (IBUF)	clk_bufg/O
net (fo=1, routed)	2.108	3.623				S_clk_in
BUFG (Pro...bufg_I_O)	(r) 0.093	3.716	Site: BUF...TRL_X0Y16	O	inst_uart (BUFG)	inst_uart/O
net (fo=3, routed)	1.505	5.221				O_clk_OBUF
FDRE			Site: SLICE_X0Y257	C	reg_DATA1_reg (FDRE)	reg_DATA1_reg/C

图 4-87　DA5754 的建立时间分析源时钟路径

DA5754 的建立时间数据路径如图 4-88 所示,数据路径中的延时为 0.223ns+1.047ns+3.328ns=4.598ns。

DA5754 的建立时间目标时钟路径如图 4-89 所示,注意这里的 fall edge,它表示 DA5754 芯片下降沿采样数据。

目标时钟延时=1.383ns+1.953ns+0.083ns+2.148ns+2.944ns+0.420ns=8.931ns

源时钟延时=1.515ns+2.108ns+0.093ns+1.505ns=5.221ns

Data Path						
Delay Type	Incr (ns)	Path ...	Location	Cell Pin	Cell	Netlist Resources
FDRE (Pro...fdre C Q)	(r) 0.223	5.444	Site: SLICE_X0Y257	Q	reg_DATA1_reg (FDRE)	reg_DATA1_reg/Q
net (fo=1, routed)	1.047	6.492				O_D_OBUF
OBUF (Pro...obuf I O)	(r) 3.328	9.819	Site: A21	O	O_D_OBUF_inst (OBUF)	O_D_OBUF_inst/O
net (fo=0)	0.000	9.819				O_D
			Site: A21	O_D		O_D
Arrival Time		9.819				

图 4-88　DA5754 的建立时间数据路径

Destination Clock Path						
Delay Type	Incr (ns)	Path (...	Location	Cell Pin	Cell	Netlist Resources
(clock O_clk fall edge)	(f) 25.000	25.000				
	(f) 0.000	25.000	Site: G13	I_clk		I_clk
net (fo=0)	0.000	25.000				I_clk
IBUF (Prop_ibuf I O)	(f) 1.383	26.383	Site: G13	O	clk_bufg (IBUF)	clk_bufg/O
net (fo=1, routed)	1.953	28.336				S_clk_in
BUFG (Pro...bufg I O)	(f) 0.083	28.419	Site: BUF...TRL_X0Y16	O	inst_uart (BUFG)	inst_uart/O
net (fo=3, routed)	2.148	30.567				O_clk_OBUF
OBUF (Pro...obuf I O)	(f) 2.944	33.511	Site: K18	O	O_clk_OBUF_inst (OBUF)	O_clk_OBUF_inst/O
net (fo=0)	0.000	33.511				O_clk
			Site: K18	O_clk		O_clk
clock pessimism	0.420	33.931				
clock uncertainty	-0.035	33.896				
output delay	-7.500	26.396				
Required Time		26.396				

图 4-89　DA5754 的建立时间目标时钟路径

时钟偏斜＝8.931ns－5.221ns＝3.710ns

为了直观地观察建立时间路径的时序分析报告，这里将时序报告绘制为时序图，DA5754 的建立时间分析时序路径和时序如图 4-90 所示。

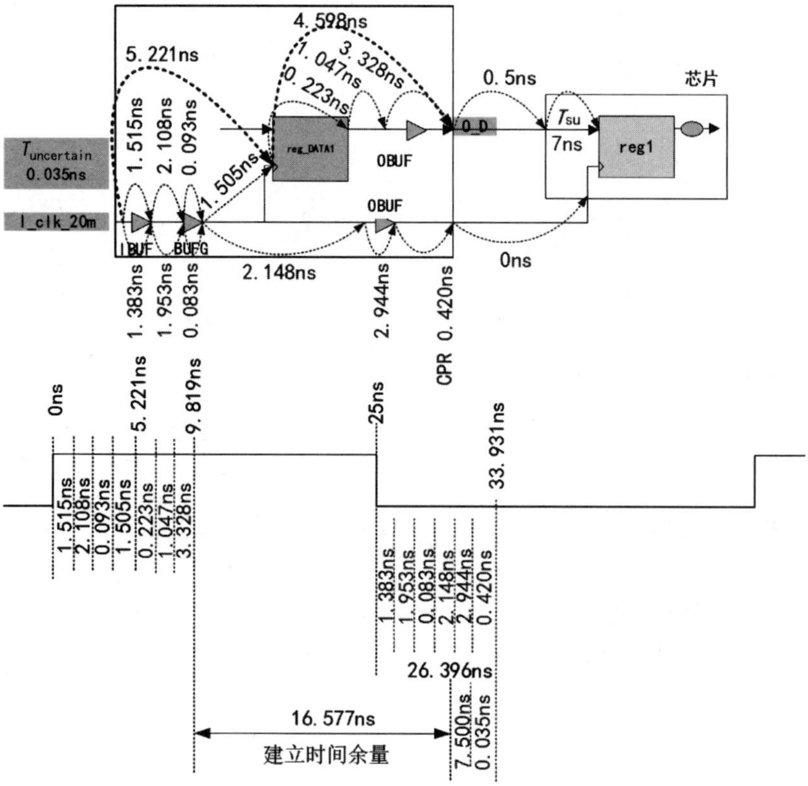

图 4-90　DA5754 的建立时间分析时序路径和时序图

图 4-89 中,外部芯片下降沿采样,目标时钟路径的时钟起点为时钟的下降沿,图 4-90 中也是如此。FPGA 输出的时钟和数据到达 DA5754 的 PCB 延时和 DA5754 的建立时间 T_{su} 打包到一起为 7.5ns,这部分打包的延时作为目标时钟延时的一部分。也就是说,FPGA 数据引脚应该更早输出,以补偿这些延时。图 4-90 中,为了计算最糟糕的建立时间余量,源时钟路径延时为 Max,目标时钟路径延时为 Min,源时钟在 IBUF 和 BUFG 上路径延时大于目标时钟路径,目标时钟路径中 CPR 也补偿了这部分。DA5754 芯片上升沿更新数据,下降沿采样数据,FPGA 内部上升沿更新数据,FPGA 向 DA5754 输出同步时钟同频同相,因此,时序约束中延时值基于衍生时钟下降沿。建立时间余量>0,建立时间满足时序要求。

工程编译后,依次单击 Open Implement Design、Timing、Inter-Clock Paths,就可以看到 I_clk 到 O_clk 的时序路径。打开 I_clk 到 O_clk 的时序路径中保持时间时序分析报告,DA5754 的保持时间分析报告如图 4-91 所示。

Summary	
Name	Path 4
Slack (Hold)	22.280ns
Source	reg_DATA1_reg/C {rising edge-triggered cell FDRE clocked by I_clk {rise@0.000ns fall@25.000ns period=50.000ns}}
Destination	O_D {output port clocked by O_clk {rise@0.000ns fall@25.000ns period=50.000ns}}
Path Group	O_clk
Path Type	Min at Fast Process Corner
Requirement	-25.000ns (O_clk fall@25.000ns - I_clk rise@50.000ns)
Data Path Delay	1.815ns (logic 1.535ns (84.556%) route 0.280ns (15.444%))
Logic Levels	1 (OBUF=1)
Output Delay	-2.500ns
Clock Path Skew	2.000ns
Clock Un...rtainty	0.035ns

图 4-91 DA5754 的保持时间分析报告

时序报告 Summary 窗口中有一些细节需要继续描述一下:

(1) 时序路径为 reg_Data1 寄存器的时钟端到数据输出端口 O_D。

(2) Hold 时序分析基于 Min at Fast Process Corner,FPGA 最优的时序模型;目标寄存器不在 FPGA 内部,未标出 Hold。

(3) FPGA 内部上升沿触发,启动沿 50ns,外部 DA5754 下降沿采样,锁存沿 25ns,时钟同频同相,Requirement 为-25ns。

(4) 数据路径延时主要是数据路径中的延时为 1.815ns。

(5) 路径中有一级 OBUF,Logic Levels=1。

(6) FPGA 外部的打包延时为-2.5ns,包含数据路径 PCB 延时、时钟路径的 PCB 延时和 DA5754 的 T_h=2ns。

DA5754 的保持时间分析源时钟路径如图 4-92 所示。

DA5754 的保持时间数据路径如图 4-93 所示,数据路径中的延时为 0.1ns+0.28ns+1.435ns=1.815ns。

DA5754 的保持时间目标时钟路径如图 4-94 所示。

目标时钟延时=0.636ns+1.184ns+0.030ns+1.250ns+1.631ns-0.466ns=4.264ns

Source Clock Path						
Delay Type	Incr (ns)	Path (ns)	Location	Cell Pin	Cell	Netlist Resources
(clock l_clk rise edge)	(r) 50.000	50.000				
	(r) 0.000	50.000	Site: G13	l_clk		l_clk
net (fo=0)	0.000	50.000				l_clk
IBUF (Prop_ibuf_I_O)	(r) 0.440	50.440	Site: G13	O	clk_bufg (IBUF)	clk_bufg/O
net (fo=1, routed)	1.111	51.551				S_clk_in
BUFG (Pro...bufg_I_O)	(r) 0.026	51.577	Site: BUF...TRL_X0Y16	O	inst_uart (BUFG)	inst_uart/O
net (fo=3, routed)	0.687	52.264				O_clk_OBUF
FDRE			Site: SLICE_X0Y257	C	reg_DATA1_reg (FDRE)	reg_DATA1_reg/C

图 4-92　DA5754 的保持时间分析源时钟路径

Data Path						
Delay Type	Incr (ns)	Path (ns)	Location	Cell Pin	Cell	Netlist Resources
FDRE (Pro...fdre_C_Q)	(r) 0.100	52.364	Site: SLICE_X0Y257	Q	reg_DATA1_reg (FDRE)	reg_DATA1_reg/Q
net (fo=1, routed)	0.280	52.644				O_D_OBUF
OBUF (Pro...obuf_I_O)	(r) 1.435	54.079	Site: A21	O	O_D_OBUF_inst (OBUF)	O_D_OBUF_inst/O
net (fo=0)	0.000	54.079				O_D
			Site: A21	O_D		O_D
Arrival Time		54.079				

图 4-93　DA5754 的保持时间数据路径

Destination Clock Path						
Delay Type	Incr (ns)	Path (...	Location	Cell Pin	Cell	Netlist Resources
(clock O_clk fall edge)	(f) 25.000	25.000				
	(f) 0.000	25.000	Site: G13	l_clk		l_clk
net (fo=0)	0.000	25.000				l_clk
IBUF (Prop_ibuf_I_O)	(f) 0.636	25.636	Site: G13	O	clk_bufg (IBUF)	clk_bufg/O
net (fo=1, routed)	1.184	26.820				S_clk_in
BUFG (Pro...bufg_I_O)	(f) 0.030	26.850	Site: BUF...TRL_X0Y16	O	inst_uart (BUFG)	inst_uart/O
net (fo=3, routed)	1.250	28.100				O_clk_OBUF
OBUF (Pro...obuf_I_O)	(f) 1.631	29.730	Site: K18	O	O_clk_OBUF_inst (OBUF)	O_clk_OBUF_inst/O
net (fo=0)	0.000	29.730				O_clk
			Site: K18	O_clk		O_clk
clock pessimism	-0.466	29.264				
clock uncertainty	0.035	29.300				
output delay	2.500	31.800				
Required Time		31.800				

图 4-94　DA5754 的保持时间目标时钟路径

源时钟延时＝0.440ns＋1.111ns＋0.026ns＋0.687ns＝2.264ns

时钟偏斜＝4.264ns－2.264ns＝2ns

为了直观地观察保持时间路径的时序分析报告,这里将时序报告绘制为时序图,DA5754 的保持时间分析时序路径和时序如图 4-95 所示。

图 4-94 中,外部芯片下降沿采样,目标时钟路径的时钟起点为时钟的下降沿,与图 4-95 时序图一致。FPGA 输出的时钟和数据到达 DA5754 的 PCB 延时和 DA5754 的保持时间 T_h 打包到一起为－2.5ns,这部分打包的延时作为目标时钟延时的一部分。前文提到,在目标时钟路径中直接"减去"输出延时约束的延时值,－(－2.5ns)＝2.5ns,该延时为正向延时。图 4-95 中,为了计算最糟糕的保持时间余量,目标时钟路径延时为 Max,源时钟路径延时为 Min,源时钟在 IBUF 和 BUFG 上路径延时小于目标时钟路径,目标时钟路径中 CPR 也补偿了这部分(CPR＝－0.466ns)。DA5754 芯片上升沿更新数据,下降沿采样数据,FPGA 内部上升沿更新数据,FPGA 向 DA5754 输出同步时钟同频同相,该保持时间关系中

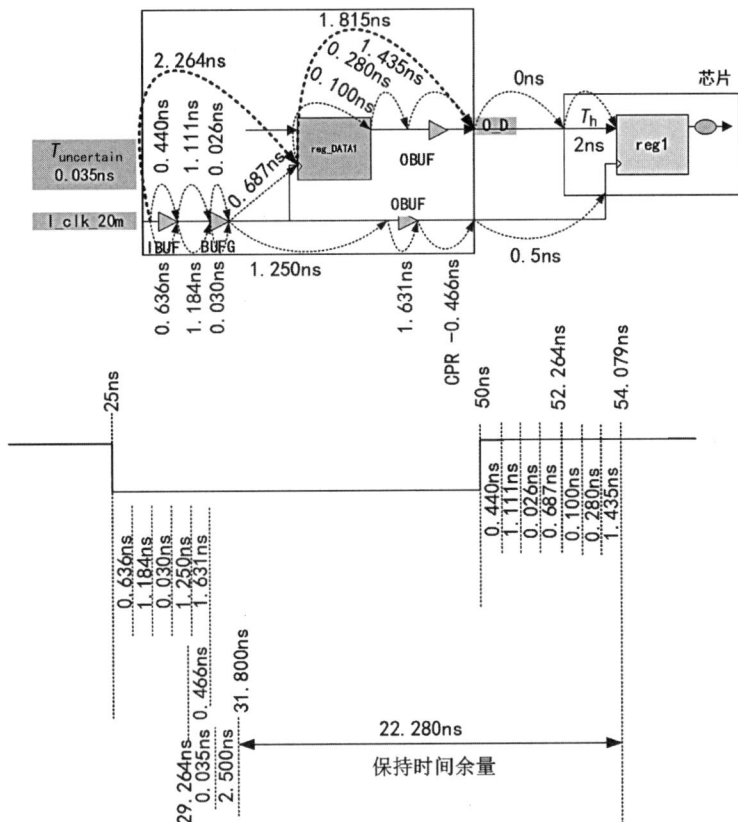

图 4-95 DA5754 的保持时间分析时序路径和时序图

锁存沿在启动沿前半个周期,时序约束中延时值基于衍生时钟下降沿。保持时间余量>0,保持时间满足时序要求。

综上所述,在输入引脚到寄存器和寄存器到输出引脚的路径中需要设计输入/输出延时约束,设计者需要计算 FPGA 外部芯片和 PCB 走线的"打包延时",用于设计 set_input_delay 和 set_output_delay。在输入引脚到寄存器和寄存器到输出引脚的路径中源同步时钟设计,需要注意外部芯片的时钟与 FPGA 寄存器时钟的关系,同频同相或同频异相;外部芯片上升沿/下降沿更新数据,下降沿/上升沿采样数;时钟和采样沿差异,则约束指令就有差异;FPGA 输出给外部芯片的时钟,需要约束衍生时钟。

第5章

时序例外约束

在基本时序路径、时钟约束和输入/输出延时约束章节，案例的源时钟和目标时钟都是同频同相或同频相位差90°；源时钟和目标时钟在每一个周期的相位都是固定的，分析一个时钟周期的建立时间和保持时间关系，即可代表这条时序路径的时序特性。异步时钟/跨时钟域的时序路径分析时，源时钟和目标时钟的频率与相位不固定，时序分析时需要分析它们最糟糕的频率相位关系，时序过紧难收敛，则不能满足两级寄存器的建立时间和保持时间要求。

时序分析工具采用前文介绍的时序分析方法时往往会出现时序违例，设计者应结合逻辑功能对跨时钟域的路径额外添加一些约束指令，以放宽时序要求且保证逻辑功能正常。有些设计需要对时序路径施加更紧的时序约束，例如跨时钟域-打拍消除亚稳态，额外添加一些约束指令，以施加更紧的时序要求且保证逻辑功能正常。这些额外的约束称为时序例外约束，时序例外约束主要包括伪路径约束/时钟组约束、最大/最小延时约束、多周期路径约束，如图5-1所示。

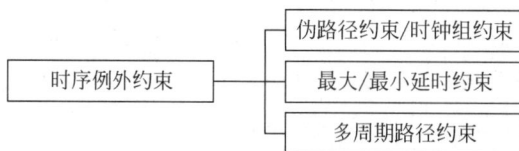

图 5-1　时序例外约束

5.1　时序例外约束的意义

当源时钟和目标时钟为同频同相且仅有少量偏斜 Skew 时，寄存器到寄存器时序路径一般不需要特殊约束，时序工具进行时序检查时一般不会出现违例；当寄存器到寄存器时序路径异步跨时钟域时，极端时刻时序过紧会出现时序违例，建立时间和保持时间要求不能满足，因此需要添加时序例外约束。同步时钟与异步跨时钟域如图5-2所示，当 clk1 和 clk2 同频同相时，建立时间关系和保持时间关系时序宽松，一般不添加时序约束也不会出现时序违例；当 clk1 和 clk2 异步跨时钟域时，极端情况的建立时间关系 k 时刻启动沿到 i 时刻锁存沿，时序紧张且很难满足目标寄存器的建立时间要求，这时就会出现时序违例。

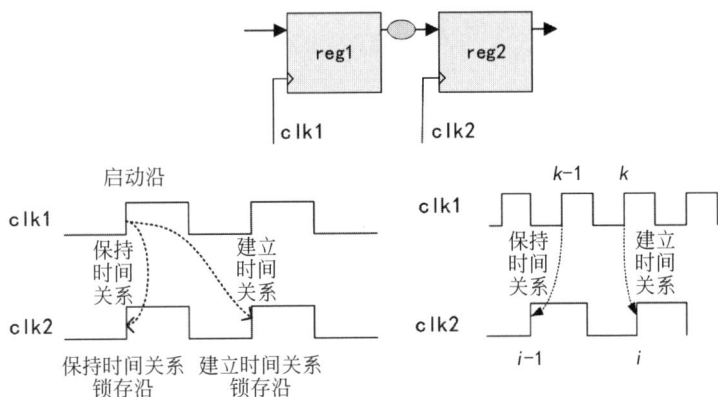

图 5-2 同步时钟与异步跨时钟域

接下来各个击破，看看时序例外约束的意义是什么。

伪路径(set_false_path)约束/时钟组(set_clock_groups)约束：源寄存器和目标寄存器无时序要求，数据到达时间不约束，任意时间均可，可以使用伪路径约束/时钟组约束忽略这些路径，伪路径约束/时钟组约束如图 5-3 所示。注意：伪路径并非路径不存在，只是该路径没有时序要求不进行时序分析。

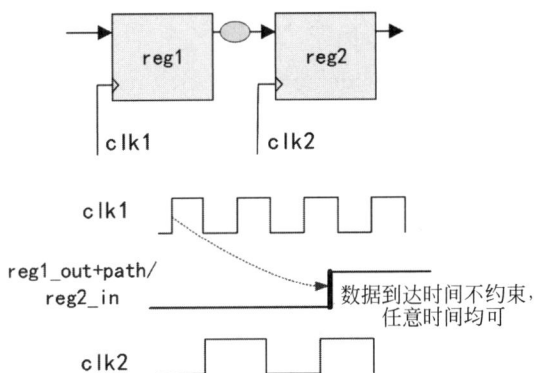

图 5-3 伪路径约束/时钟组约束

在寄存器 reg1 和 reg2 之间添加伪路径/时钟组约束，reg1 和 reg2 之间的组合逻辑可以随意布线，数据到达时间也不约束；寄存器 reg2 在 clk2 上升沿采到什么值就锁存什么值。

最大/最小延时(set_max_delay/set_min_delay)约束：最大/最小延时约束主要约束数据到达时间的延时，最小延时＜数据到达时间＜最大延时，以获得更大的时序余量，提高逻辑稳定性，最大/最小延时约束如图 5-4 所示。

图 5-4 中，跨时钟域-打拍消除亚稳态，寄存器 reg0(clk0)向寄存器 reg1(clk1)传递信号跨时钟域，为了消除寄存器 reg1 采样亚稳态，寄存器 reg2 再次采样打拍操作；在满足建立保持时间要求的前提下，在寄存器 reg1 和 reg2 之间添加了最大/最小延时约束，数据到达时间被限制在很小的区间内，数据到达时间越早，寄存器 reg2 就能采样到越稳定的数据。

当然也可以利用最大/最小延时约束放宽时序要求，请对比 3.3.3 节时钟不确定性约束

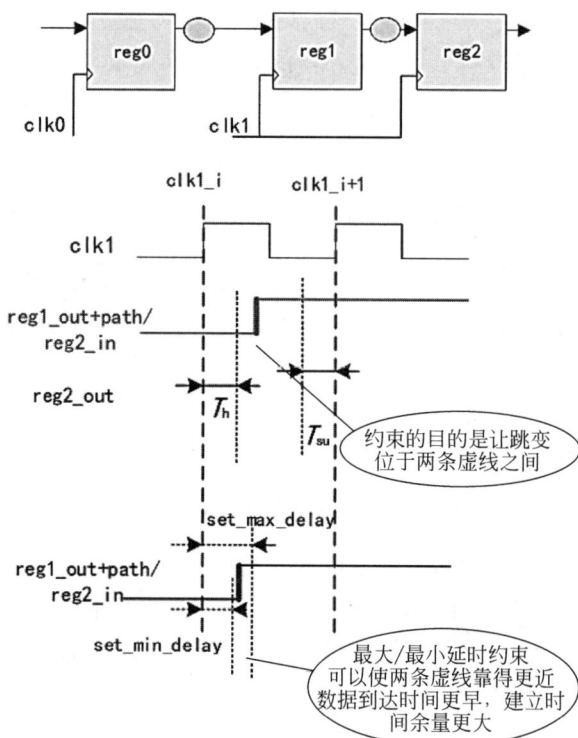

图 5-4　最大/最小延时约束

的妙用,通过 set_max_delay/set_min_delay、set_clock_uncertainty、增加时钟频率提高时序余量的方法有异曲同工之妙,也说明了时序约束真的是条条大路通罗马。

多周期路径约束(set_multicycle_path):如果数据不是每个周期都更新,数据到达时间就可以多跑几个周期,放宽这些路径约束,多周期路径约束如图 5-5 所示。

图 5-5 中设计了一条多周期路径,其中 clk1 的时钟频率是 clk2 的 3 倍,也就是说,寄存器 reg1 输出 3 次数据,寄存器 reg2 只锁存一次;reg1 输出数据到达时间(跳变)就没必要"赶"在一个周期内到达,即便一个周期内到达,reg2 也不着急锁存;添加多周期路径约束,放宽该路径的时序要求,reg1 输出的数据到达时间(跳变)在 3 个周期后 T_{su} 之前到达就行。

伪路径/时钟组约束后,编译工具不做任何要求和时序分析;多周期路径约束后,编译工具需要在放宽的时序范围内,布局布线并时序分析,数据到达时间不能超出多周期;最大/最小延时约束后,编译工具需要在布局布线时将数据延时(数据到达时间)"卡在"最大/最小延时之间。

FPGA 内部的时钟默认都是相关的,时序分析时所有的时序路径都会进行时序检查。一般地,同时钟源的时序路径时序分析时,不会出现时序违例(超高频除外);异步跨时钟域数据传递往往时序过紧会存在时序违例,就必须添加时序例外约束,告诉 Vivado 编译工具,这部分时序需要放宽,可以使用多周期约束、伪路径约束、时钟组约束;有些时序路径需要过紧的约束,以提高数据传递的稳定性,必须添加时序例外约束,告诉 Vivado 编译工具,这部分时序需要加紧,可以使用最大/最小延时约束;使用最大/最小延时约束解决异步跨时钟域时序过紧,放宽约束,当然也是可以的;时序例外约束的意义就在这一紧一松之间。

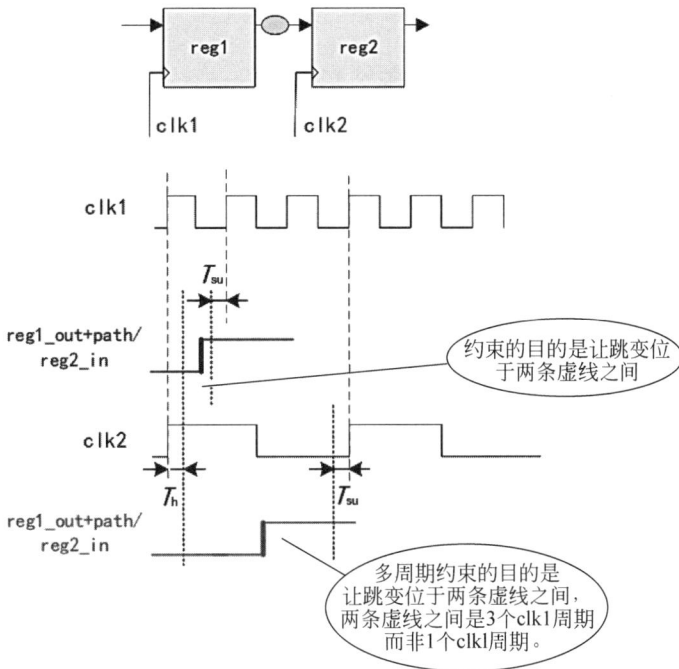

图 5-5 多周期路径约束

  FPGA 有限的资源在布局布线时,既要把逻辑放进去,又要满足时序要求。这与整理行李箱的道理是一样的,需要挤在一起的逻辑找地方单独放(时序加紧),不需要挤在一起的逻辑找个缝塞进去(时序宽松/无时序要求)。时序例外约束可以使 FPGA 布局布线合理分配资源,又能保证系统的时序收敛。

  在 Vivado 软件中,选中违例的时序路径右键,会有 Set False Path、Set Multicycle Path 和 Set Maximum Delay 选项,直接对该违例的路径添加时序例外约束,如图 5-6 所示。单击会自动跳转到 GUI 配置界面,使用 XDC 指令约束效果也是一样的。

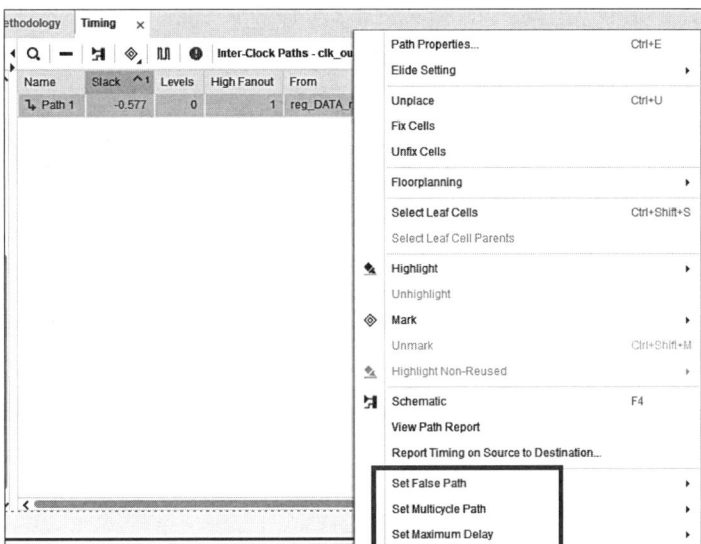

图 5-6 对违例路径进行时序例外约束

5.2 伪路径约束/时钟组约束

Vivado默认对所有时钟之间的路径进行时序分析,除非在指定路径中使用伪路径约束和时钟组约束,这两种约束可以达到一样的效果。

时钟组约束 set_clock_groups 指令用于禁用时钟组之间的时序分析,而时钟组内的所有时钟之间仍然进行时序分析;伪路径约束 set_false_path 指令用于忽略两个时钟之间的时序分析,建立时间和保持时间可分开约束。

伪路径约束和时钟组约束并不能消除亚稳态,逻辑电路中需要有同步电路或异步传输协议消除亚稳态。

5.2.1 伪路径约束语法

伪路径约束使编译工具不再为指定的路径进行布局布线努力,也不再分析指定路径的时序。以 Vivado 为例,使用 set_false_path 指令定义伪路径约束。set_false_path 约束指令的语法结构如下:

```
set_false_path - setup / - hold
              - from       < node list >
                           - to            < node list >
                           - through    < node list >
```

在 Vivado 中,set_false_path 约束指令的参数定义如表 5-1 所示。

表 5-1　set_false_path 约束指令的参数定义

参　　数	说　　明
-setup/-hold	-setup 是指将时序路径约束为建立时间分析伪路径(仅分析保持时间);-hold 是指将时序路径约束为保持时间分析伪路径(仅分析建立时间);不指定该选项,将时序路径约束为伪路径,建立时间和保持时间都不分析
-from	指定伪路径的起点,可以是一个列表,对象可以是时钟、端口、引脚和单元
-to	指定伪路径的终点,可以是一个列表,对象可以是时钟(驱动寄存器的数据输入引脚)、端口、引脚和单元
-through	指定途径点,可以是一个列表,对象可以是端口、引脚。多个-through 选项时,节点之间有先后顺序,例如以下两条指令并非同一条伪路径: set_false_path　-through pin1　-through pin2 set_false_path　-through pin2　-through pin1

值得注意的是,选项中,-from、-to 和-through 只指定其中一项,所有经过指定节点的路径都会被设置为伪路径,这样的做法很危险。set_false_path 设定的伪路径最好是一条/一类非常明确的路径。

Case1:将 reset 端口到其连接的所有寄存器设置为伪路径。

```
set_false_path   - from [get_port reset]
```

Case2:将源时钟 clk1 到目标时钟 clk2 的所有时序路径设置为伪路径。

```
set_false_path   - from [get_clocks clk1]   - to [get_clocks clk2]
```

Case3：将源时钟 clk1 到目标时钟 clk2 的所有时序路径，以及源时钟 clk2 到目标时钟 clk1 的所有时序路径，都设置为伪路径。

```
set_false_path   - from [get_clocks clk1]   - to [get_clocks clk2]
set_false_path   - from [get_clocks clk2]   - to [get_clocks clk1]
```

Case1 中，当仅有-from 选项时，代表该起点连接的所有路径设置为伪路径；Case2 中，伪路径约束仅有一个方向，由 from 节点到 to 节点；Case3 中，需要约束两个方向的伪路径，则需要两条约束指令分别约束。

5.2.2　伪路径约束实例

创建一个时序逻辑工程 project14，其工程代码如 project14.v 所示。

```
project14.v
    module project1
    (
    input              I_ad_data,
    input              I_clk,
    output             O_D
      );

    wire    S_clk_160m;
    wire    S_clk_200m;
    reg     reg_DATA;
    reg     reg_DATA1;

    ip_pll_20m   inst_ip_pll_160_200m
        (
        .clk_in1                (I_clk),
        .clk_out1               (S_clk_160m),
        .clk_out2               (S_clk_200m),
        .reset                  (1'b0),
        .locked                 ( )
          );

    always@(posedge S_clk_160m) begin
        reg_DATA     <=     I_ad_data;
    end

    always@(posedge S_clk_200m) begin
        reg_DATA1    <=     reg_DATA;
    end

    assign   O_D   = reg_DATA1;

    endmodule
```

工程 project14 的时序逻辑结构如图 5-7 所示，主时钟为 20MHz，生成衍生时钟 160MHz 和 200MHz。

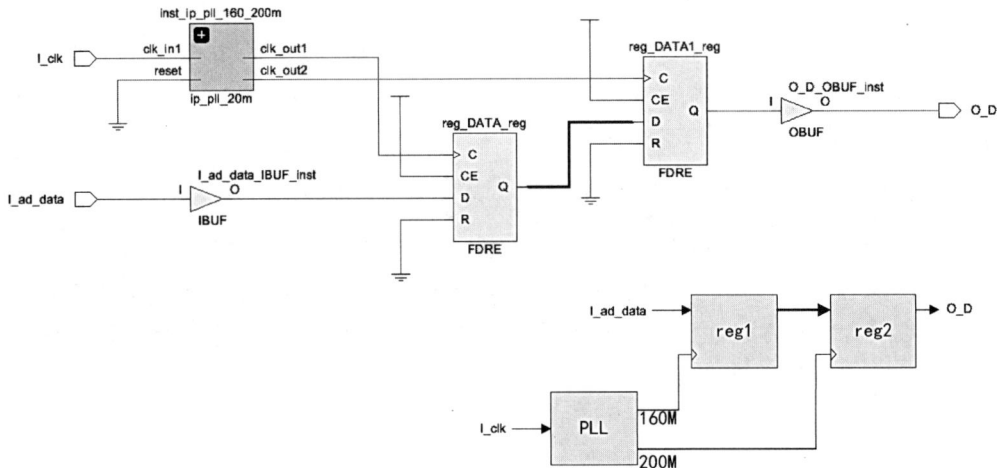

图 5-7 工程 project14 的时序逻辑结构图

为该工程进行物理引脚约束和主时钟约束,约束指令如下:

```
set_property PACKAGE_PIN G13 [get_ports I_clk]
create_clock – period 50 – name I_clk  [get_ports I_clk]
```

对工程编译、实现,生成. bit 文件,单击 IMPLEMENTATION-Open implemented Design 选项,再单击 Report Timing Summary 选项,出现 clk_out1_ip_pll_20m 到 clk_out2_ip _pll_20m(160MHz 到 200MHz)的建立时间时序违例,工程 project14 的时序违例如图 5-8 所示。

Setup 时序路径的时序分析报告如图 5-9 所示。

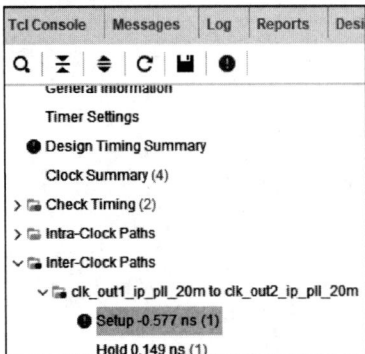

图 5-8 工程 project14 的时序违例

图 5-9 Setup 时序路径的时序分析报告

Setup 时序路径的源时钟路径如图 5-10 所示。

Setup 时序路径的数据路径如图 5-11 所示。

Setup 时序路径的目标时钟路径如图 5-12 所示。

Source Clock Path

Delay Type	Incr (ns)	Path (...	Location	Cell Pin	Cell	Netlist Resources
(clock clk_out1_ip_pll_20m rise edge)	(r) 18.750	18.750				
	(r) 0.000	18.750	Site: G13	I_clk		I_clk
net (fo=0)	0.000	18.750				inst_ip_pll_160_200m/inst/clk_in1
IBUF (Prop_ibuf_I_O)	(r) 1.515	20.265	Site: G13	O	clkin1_ibufg (IBUF)	inst_ip_pll_160_200m/inst/clkin1_ibufg/O
net (fo=1, routed)	1.081	21.346				inst_ip_pll_160_200m/inst/clk_in1_ip_pll_20m
MMCME2_ADV (Prop_mmc._adv_CLKIN1_CLKOUT0)	(r) -7.560	13.786	Site: MMCM._ADV_X0Y6	CLKOUT0	mmcm_adv_inst (MMCME2_ADV)	inst_ip_pll_160_200m/inst/mmcm_adv_inst/CLK
net (fo=1, routed)	1.939	15.725				inst_ip_pll_160_200m/inst/clk_out1_ip_pll_20m
BUFG (Prop_bufg_I_O)	(r) 0.093	15.818	Site: BUFGCTRL_X0Y17	O	clkout1_buf (BUFG)	inst_ip_pll_160_200m/inst/clkout1_buf/O
net (fo=1, routed)	1.506	17.324				S_clk_160m
FDRE			Site: SLICE_X0Y294	C	reg_DATA_reg (FDRE)	reg_DATA_reg/C

图 5-10 Setup 时序路径的源时钟路径

Data Path

Delay Type	Incr (ns)	Path (...	Location	Cell...	Cell	Netlist Resources
FDRE (Prop_fdre_C_Q)	(r) 0.223	17.547	Site: SLICE_X0Y294	Q	reg_DATA_reg (FDRE)	reg_DATA_reg/Q
net (fo=1, routed)	1.010	18.558				reg_DATA
FDRE			Site: SLICE_X0Y293	D	reg_DATA1_reg (FDRE)	reg_DATA1_reg/D
Arrival Time		**18.558**				

图 5-11 Setup 时序路径的数据路径

Destination Clock Path

Delay Type	Incr (ns)	Path (...	Location	Cell Pin	Cell	Netlist Resources
(clock clk_out2_ip_pll_20m rise edge)	(r) 20.000	20.000				
	(r) 0.000	20.000	Site: G13	I_clk		I_clk
net (fo=0)	0.000	20.000				inst_ip_pll_160_200m/inst/clk_in1
IBUF (Prop_ibuf_I_O)	(r) 1.383	21.383	Site: G13	O	clkin1_ibufg (IBUF)	inst_ip_pll_160_200m/inst/clkin1_ibufg/O
net (fo=1, routed)	0.986	22.369				inst_ip_pll_160_200m/inst/clk_in1_ip_pll_20m
MMCME2_ADV (Prop_mmc._adv_CLKIN1_CLKOUT1)	(r) -6.441	15.928	Site: MMCM._ADV_X0Y6	CLKOUT1	mmcm_adv_inst (MMCME2_ADV)	inst_ip_pll_160_200m/inst/mmcm_adv_inst/CLK
net (fo=1, routed)	1.785	17.713				inst_ip_pll_160_200m/inst/clk_out2_ip_pll_20m
BUFG (Prop_bufg_I_O)	(r) 0.083	17.796	Site: BUFGCTRL_X0Y18	O	clkout2_buf (BUFG)	inst_ip_pll_160_200m/inst/clkout2_buf/O
net (fo=1, routed)	1.333	19.129				S_clk_200m
FDRE			Site: SLICE_X0Y293	C	reg_DATA1_reg (FDRE)	reg_DATA1_reg/C
clock pessimism	-0.892	18.237				
clock uncertainty	-0.247	17.990				
FDRE (Setup_fdre_C_D)	-0.010	17.980	Site: SLICE_X0Y293		reg_DATA1_reg (FDRE)	reg_DATA1_reg
Required Time		17.980				

图 5-12 Setup 时序路径的目标时钟路径

将时序报告中的延时数据绘制为时序图，建立时间分析时序路径和时序图，如图 5-13 所示。

建立时间时序路径报告 Summary 窗口中时序余量为负，出现时序违例。时钟路径为寄存器 reg_DATA 的时钟端口到 reg_DATA1 的数据输入端口。最糟糕的时序关系是启动沿为 160M@18.750ns，锁存沿为 200M@20.000ns，数据需求时间仅有 1.250ns，启动沿和锁存沿时序非常紧张。

时钟偏斜＝目标时钟延时－源时钟延时＝(18.237ns－20ns)－(17.324ns－18.750ns)

＝－0.337ns

由于引入了 PLL，时钟不确定性新增了离散时钟抖动 DJ 和相位差 PE。

在时序图 5-13 中，相同路径源时钟延时＞目标时钟延时，但是源时钟在 PLL 上有一个更大的"负"延时值，为了补偿这些延时，目标时钟补偿 CPR 为"负"。或者说，源时钟延时减多了，为了对齐补偿，让目标时钟再减去一些延时。

复制 project14，并命名为 project15，为该时序路径添加伪路径约束：

```
set_false_path  -from [get_clocks clk_out1_ip_pll_20m]
-to [get_clocks clk_out2_ip_pll_20m]
```

编译后的路径时序报告如图 5-14 所示，建立时间分析和保持时间分析均无信息。

配置时钟伪路径时序报告如图 5-15 所示，打开时序例外报告，可以看到 clk_out1_ip_pll_20m 到 clk_out2_ip_pll_20m 的伪路径出现在报告中，建立时间 Setup 和保持时间 Hold

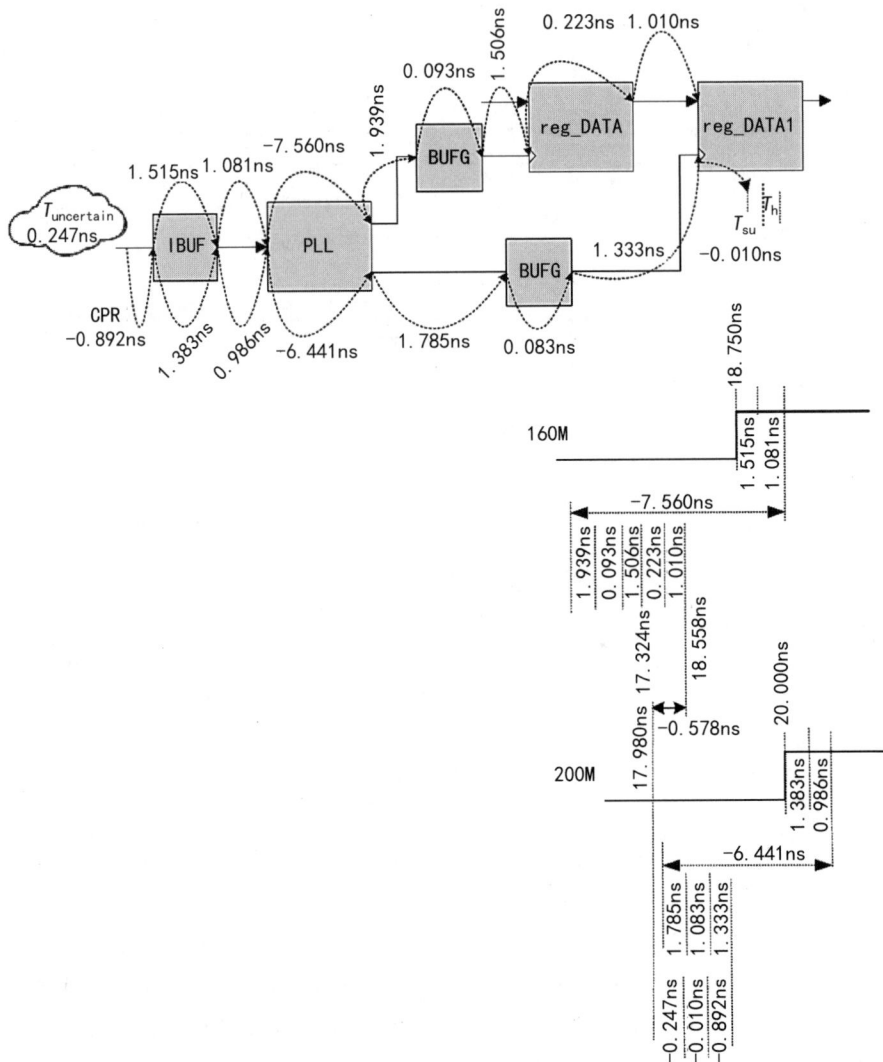

图 5-13　建立时间分析时序路径和时序图

图 5-14　路径时序报告

均设置为 false。

　　上述约束是设置两个时钟之间的伪路径,也可以利用 pin 节点设置伪路径:

```
set_false_path  - from [get_pins reg_DATA_reg/C]
- to [get_pins reg_DATA1_reg/D]
```

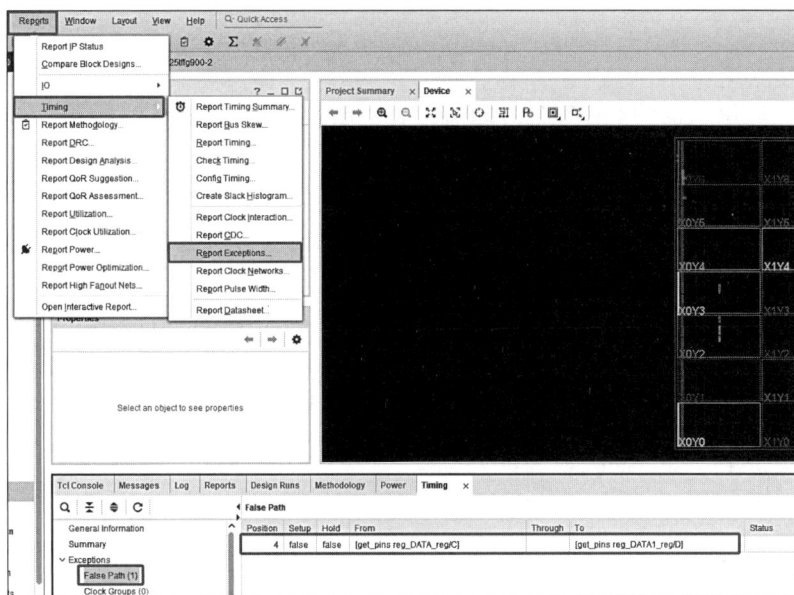

图 5-15 配置时钟伪路径时序报告

编译后的时序报告与图 5-14 一致,配置节点伪路径时序报告如图 5-16 所示。可以看到 reg_DATA_reg/C 到 reg_DATA1_reg/D 的伪路径出现在报告中,建立时间 Setup 和保持时间 Hold 均设置为 false。

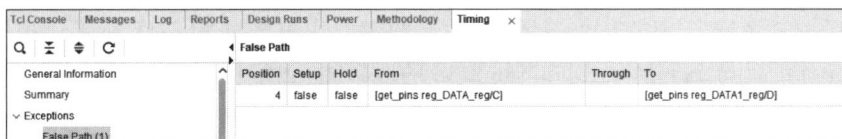

图 5-16 配置节点伪路径时序报告

5.2.3 时钟组约束语法

Vivado 默认分析所有时钟间的时序路径,通过 set_clock_groups 指令约束不同的时钟组,当源时钟和目标时钟属于同一个时钟组时,才会分析此时序路径;当源时钟和目标时钟属于不同时钟组时,则会略过此时序路径的分析。set_clock_groups 指令的语法结构如下:

```
set_clock_groups – asynchronous   – logically_exclusive   – physically_exclusive
– group {ClkA} – group {ClkB}
```

在 Vivado 中,set_clock_groups 约束指令的参数定义如表 5-2 所示。

表 5-2 set_clock_groups 约束指令的参数定义

参　　数	说　　明
-asynchronous	约束为异步时钟组
-logically_exclusive	约束为逻辑互斥的时钟组
-physically_exclusiv	约束为物理线路互斥的时钟组,设计中不能同时存在
-group	定义时钟组,时钟组内的时钟之间才会进行时序分析

Case1:假设有 ClkA、ClkB、ClkC 和 ClkD 四个时钟设置约束。

```
set_clock_groups - group {ClkA ClkC} - group {ClkB ClkD}
```

该约束中,ClkA 和 ClkC 之间的路径需要时序分析,ClkB 和 ClkD 之间的路径需要时序分析,ClkA- ClkB、ClkA- ClkD、ClkC- ClkB 和 ClkC- ClkD 之间的路径不需要分析。

Case2：假设有 ClkA、ClkB、ClkC、ClkD、ClkE 和 ClkF 六个时钟设置约束。

```
set_clock_groups - group {ClkA ClkC}
```

该约束中,ClkA 和 ClkC 之间的路径需要时序分析,ClkB、ClkD、ClkE 和 ClkF 彼此之间的路径需要时序分析,ClkA 到 ClkB、ClkD、ClkE 和 ClkF 的路径不需要分析,ClkC 到 ClkB、ClkD、ClkE 和 ClkF 的路径不需要分析。换句话说：

```
set_clock_groups - group {ClkA ClkC} =
set_clock_groups - group {ClkA ClkC} - group {ClkB ClkD ClkE ClkF}
```

5.2.4 时钟组约束实例

复制 project14,并命名为 project16,为该时序工程添加时钟组约束：

```
set_clock_groups - asynchronous - group [get_clocks - of_objects [get_pins inst_ip_pll_160_
200m/inst/mmcm_adv_inst/CLKOUT0]] - group [get_clocks - of_objects [get_pins inst_ip_pll_
160_200m/inst/mmcm_adv_inst/CLKOUT1]]
```

编译后的时序报告与图 5-14 一致,时钟组约束时序报告如图 5-17 所示。报告给出了 clk_out1_ip_pll_20m 到 clk_out2_ip_pll_20m 的时钟组,也给出了 clk_out2_ip_pll_20m 到 clk_out1_ip_pll_20m 的时钟组,只是该路径无实际的物理路径。

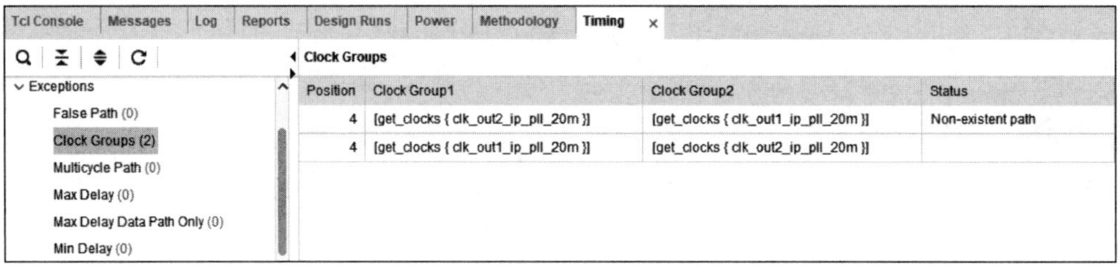

图 5-17 时钟组约束时序报告

5.3 最大/最小延时约束

最大/最小延时约束主要是对异步信号之间的时序路径进行时序约束。最大延时约束(set_max_delay)将默认覆盖建立时间分析中的最大路径延时；最小延时约束(set_min_delay)将默认覆盖保持时间分析中的最小路径延时。

覆盖是什么意思？

最大/最小延时约束如图 5-18 所示,异步跨时钟域传递,使用最大/最小延时约束后,就不考虑源时钟与目标时钟的建立/保持时间关系,而是考虑源时钟与最大/最小延时的建立/保持时间关系。数据到达时间卡在最大/最小延时之间,相当于最大/最小延时成为建立/保持时间的锁存沿。

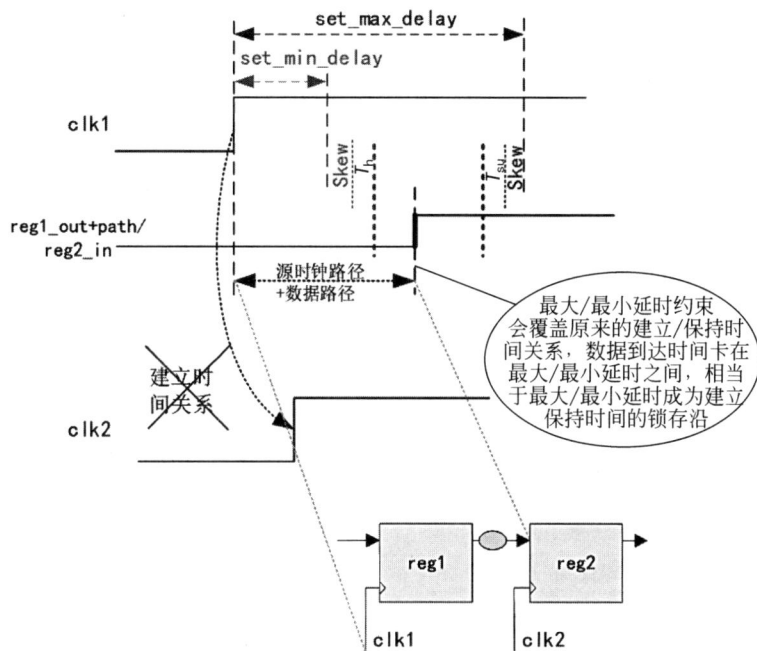

图 5-18 最大/最小延时约束示意图

图 5-18 中默认引入了源时钟和目标时钟的时钟偏斜。请关注指令中的-datapath_only选项,使用-datapath_only 选项可以将时钟偏斜移除,配置 datapath_only 后最大/最小延时约束如图 5-19 所示。

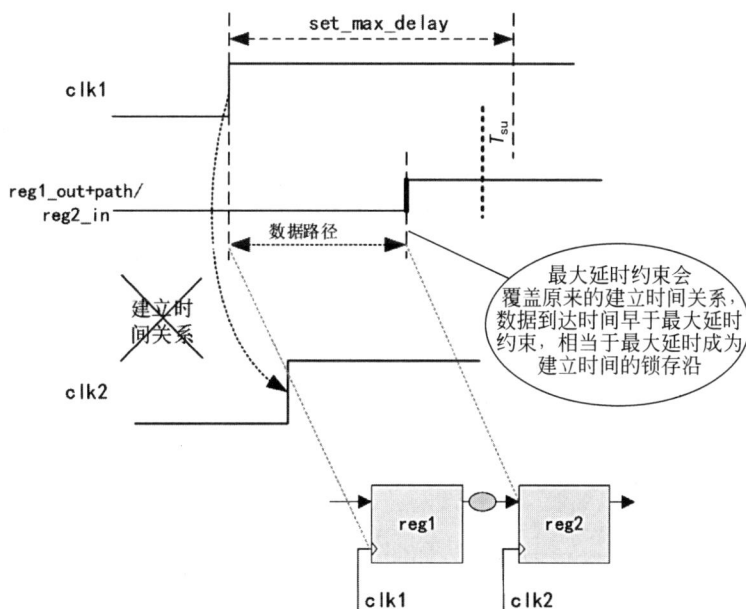

图 5-19 配置 datapath_only 后最大/最小延时约束示意图

5.3.1 最大/最小延时约束语法

以 Vivado 为例,set_max_delay/set_min_delay 指令的语法结构如下:

```
set_max_delay    – datapath_only
                 – from       < node list >
                 – to         < node list >
                 – through  < node list >
                 Delay_Value
set_min_delay
                 – from       < node list >
                 – to         < node list >
                 – through  < node list >
                 Delay_Value
```

在 Vivado 中,set_max_delay/set_min_delay 约束指令的参数定义如表 5-3 所示。

表 5-3　set_max_delay/set_min_delay 约束指令的参数定义

参　　　数	说　　　明
-datapath_only	忽略时序路径中的时钟偏斜,只能用在包含 from 选项的 set_max_delay 指令中
-from	指定约束路径的起点,可以是一个列表
-to	指定约束路径的终点,可以是一个列表
-through	指定途经点,可以是一个列表
Delay_Value	延时值,单位 ns

图 5-18 中,时序分析其实就是"set_min_delay＋目标时钟偏斜＋T_h＜源时钟偏斜＋数据路径延时＝数据到达时间＜set_max_delay－目标时钟偏斜－T_{su}";图 5-19 中,使用-datapath_only 后忽略时钟偏斜,变为"set_min_delay＋T_h＜数据路径延时＜set_max_delay－T_{su}";跨时钟域且不考虑时钟偏斜时,数据路径延时小于最大延时即可,set_min_delay＋T_h＜数据路径延时会被忽略;使用 set_max_delay -datapath_only -from 指令会自动忽略该路径的 Hold 分析,相当于 set_false_path -hold,哪怕有 set_min_delay 约束指令,也会被忽略。

5.3.2 最大/最小延时约束实例

复制 project14,并命名为 project17,为该时序工程添加最大/最小延时约束:

```
set_max_delay – from [get_pins reg_DATA_reg/C] – to [get_pins reg_DATA1_reg/D] 10
set_min_delay – from [get_pins reg_DATA_reg/C] – to [get_pins reg_DATA1_reg/D] 1
```

编译后,最大/最小延时约束时序报告如图 5-20 所示,该跨时钟域路径上建立时间分析和保持时间分析均未违例。这里并未使用-datapath_only 选项,因此保持时间分析时对应最小延时约束值。

最大/最小延时约束 Setup 时序报告如图 5-21 所示。

最大/最小延时约束 Setup 时序报告的源时钟路径如图 5-22 所示。

最大/最小延时约束 Setup 时序报告的数据路径如图 5-23 所示。

最大/最小延时约束 Setup 时序报告的目标时钟路径如图 5-24 所示。

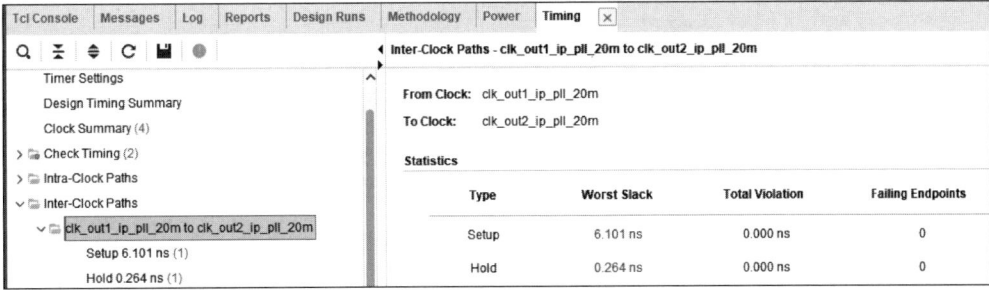

图 5-20　最大/最小延时约束时序报告

图 5-21　最大/最小延时约束 Setup 时序报告

图 5-22　最大/最小延时约束 Setup 时序报告的源时钟路径

图 5-23　最大/最小延时约束 Setup 时序报告的数据路径

　　将时序报告中的延时数据绘制到时序图中，最大/最小延时约束 Setup 时序分析如图 5-25 所示。

Destination Clock Path			
Delay Type	Incr (ns)	Path (...	Location
max delay	10.000	10.000	
	(r) 0.000	10.000	Site: G13
net (fo=0)	0.000	10.000	
			Site: G13
IBUF (Prop_ibuf_I_O)	(r) 1.383	11.383	Site: G13
net (fo=1, routed)	0.986	12.369	
			Site: MMCM..._ADV_X0Y6
MMCME2_ADV (Prop_mmc...adv_CLKIN1_CLKOUT1)	(r) -6.441	5.928	Site: MMCM..._ADV_X0Y6
net (fo=1, routed)	1.785	7.713	
			Site: BUFGCTRL_X0Y18
BUFG (Prop_bufg_I_O)	(r) 0.083	7.796	Site: BUFGCTRL_X0Y18
net (fo=1, routed)	1.333	9.129	
FDRE			Site: SLICE_X0Y292
clock pessimism	-0.892	8.237	
clock uncertainty	-0.247	7.990	
FDRE (Setup_fdre_C_D)	-0.022	7.968	Site: SLICE_X0Y292
Required Time		7.968	

图 5-24 最大/最小延时约束 Setup 时序报告的目标时钟路径

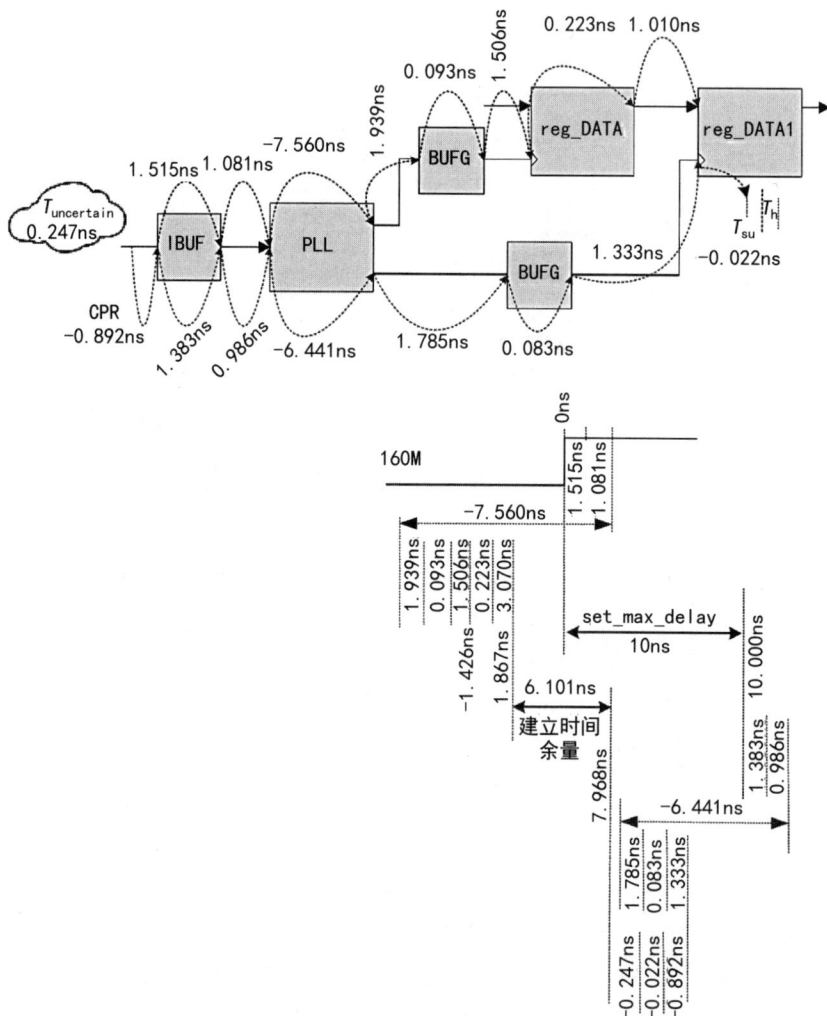

图 5-25 最大/最小延时约束 Setup 时序分析示意图

图 5-21 中,最大/最小延时约束后该路径的建立时间余量>0,满足时序要求;建立时间分析基于最大的 Slow Process Corner;Requirement 时间为 set_max_delay 约束的 10ns,"覆盖"目标寄存器时钟的锁存沿;数据路径延时如图 5-23 所示,0.223ns+3.070ns=3.293ns;时钟偏斜=(8.237ns−10ns)−(−1.426ns−0ns)=−0.337ns;时序报告也标明了该路径为时序例外最大延时路径 10.000ns。

图 5-22 中,最大/最小延时约束启动沿为源时钟的 0ns,图 5-24 中,目标时钟路径锁存沿为 max_delay 10ns,而不是目标寄存器时钟。图 5-25 为该路径最大/最小延时约束后的建立时间分析示意图,与图 5-18 的描述一致。

最大/最小延时约束 Hold 时序报告如图 5-26 所示。

Summary	
Name	Path 2
Slack (Hold)	0.264ns
Source	reg_DATA_reg/C (rising edge-triggered cell FDRE clocked by clk_out1_ip_pll_20m {
Destination	reg_DATA1_reg/D (rising edge-triggered cell FDRE clocked by clk_out2_ip_pll_20m
Path Group	clk_out2_ip_pll_20m
Path Type	Hold (Min at Fast Process Corner)
Requirement	1.000ns (MinDelay Path 1.000ns)
Data Path Delay	1.848ns (logic 0.100ns (5.412%) route 1.748ns (94.588%))
Logic Levels	0
Clock Path Skew	0.297ns
Clock Uncertainty	0.247ns
Timing Exception	MinDelay Path 1.000ns

图 5-26 最大/最小延时约束 Hold 时序报告

最大/最小延时约束 Hold 时序报告的源时钟路径如图 5-27 所示。

Source Clock Path			
Delay Type	Incr (ns)	Path (...	Location
(clock clk_out1_ip_pll_20m rise edge)	(r) 0.000	0.000	
	(r) 0.000	0.000	Site: G13
net (fo=0)	0.000	0.000	
			Site: G13
IBUF (Prop_ibuf_I_O)	(r) 0.440	0.440	Site: G13
net (fo=1, routed)	0.503	0.943	
			Site: MMCM..._ADV_X0Y6
MMCME2_ADV (Prop_mmc..adv_CLKIN1_CLKOUT0)	(r) -3.108	-2.165	Site: MMCM..._ADV_X0Y6
net (fo=1, routed)	0.968	-1.197	
			Site: BUFGCTRL_X0Y17
BUFG (Prop_bufg_I_O)	(r) 0.026	-1.171	Site: BUFGCTRL_X0Y17
net (fo=1, routed)	0.688	-0.483	
FDRE			Site: SLICE_X0Y294

图 5-27 最大/最小延时约束 Hold 时序报告的源时钟路径

最大/最小延时约束 Hold 时序报告的数据路径如图 5-28 所示。

最大/最小延时约束 Hold 时序报告的目标时钟路径如图 5-29 所示。

将时序报告中的延时数据绘制到时序图中,最大/最小延时约束 Hold 时序分析如图 5-30 所示。

图 5-26 中,最大/最小延时约束后该路径的保持时间余量>0,满足时序要求;保持时间分析基于最小的 Fast Process Corner;Requirement 时间为 set_min_delay 约束的 1ns,

Data Path				
Delay Type	Incr (ns)	Path (...	Location	Netlist Resource(s)
FDRE (Prop_fdre_C_Q)	(r) 0.100	-0.383	Site: SLICE_X0Y294	◁ reg_DATA_reg/Q
net (fo=1, routed)	1.748	1.365		↗ reg_DATA
FDRE			Site: SLICE_X0Y292	▷ reg_DATA1_reg/D
Arrival Time		1.365		

图 5-28　最大/最小延时约束 Hold 时序报告的数据路径

Destination Clock Path			
Delay Type	Incr (ns)	Path (...	Location
min delay	1.000	1.000	
	(r) 0.000	1.000	Site: G13
net (fo=0)	0.000	1.000	
			Site: G13
IBUF (Prop_ibuf_I_O)	(r) 0.636	1.636	Site: G13
net (fo=1, routed)	0.553	2.189	
			Site: MMCM..._ADV_X0Y6
MMCME2_ADV (Prop_mmc...adv_CLKIN1_CLKOUT1)	(r) -3.568	-1.379	Site: MMCM..._ADV_X0Y6
net (fo=1, routed)	1.037	-0.342	
			Site: BUFGCTRL_X0Y18
BUFG (Prop_bufg_I_O)	(r) 0.030	-0.312	Site: BUFGCTRL_X0Y18
net (fo=1, routed)	0.912	0.600	
FDRE			Site: SLICE_X0Y292
clock pessimism	0.214	0.814	
clock uncertainty	0.247	1.061	
FDRE (Hold_fdre_C_D)	0.040	1.101	Site: SLICE_X0Y292
Required Time		1.101	

图 5-29　最大/最小延时约束 Hold 时序报告的目标时钟路径

"覆盖"目标寄存器时钟的锁存沿；数据路径延时如图 5-28 所示，0.100ns＋1.748ns＝1.848ns；时钟偏斜＝(0.814ns－1ns)－(－0.483ns－0ns)＝0.297ns；时序报告也标明了该路径为时序例外最小延时路径 1.000ns。

图 5-27 中，最大/最小延时约束启动沿为源时钟的 0ns，图 5-29 中，目标时钟路径锁存沿为 min_delay 1ns，而不是目标寄存器时钟。图 5-30 为该路径最大/最小延时约束后的保持时间分析示意图，与图 5-18 的描述一致。

在 project17 中，为该时序路径添加最大/最小延时约束，同时添加-datapath_only 选项：

```
set_max_delay - datapath_only  - from [get_pins reg_DATA_reg/C] - to [get_pins reg_DATA1_
reg/D] 10
set_min_delay - from [get_pins reg_DATA_reg/C] - to [get_pins reg_DATA1_reg/D] 1
```

配置 datapath_only 后最大/最小延时约束时序报告如图 5-31 所示。由于使用了 -datapath_only 选项，因此即便使用了 set_min_delay 约束也会被忽略，保持时间关系相当于伪路径，因此时序报告中只有建立时间分析报告，时序余量大于 0，最大/最小延时约束后无时序违例。

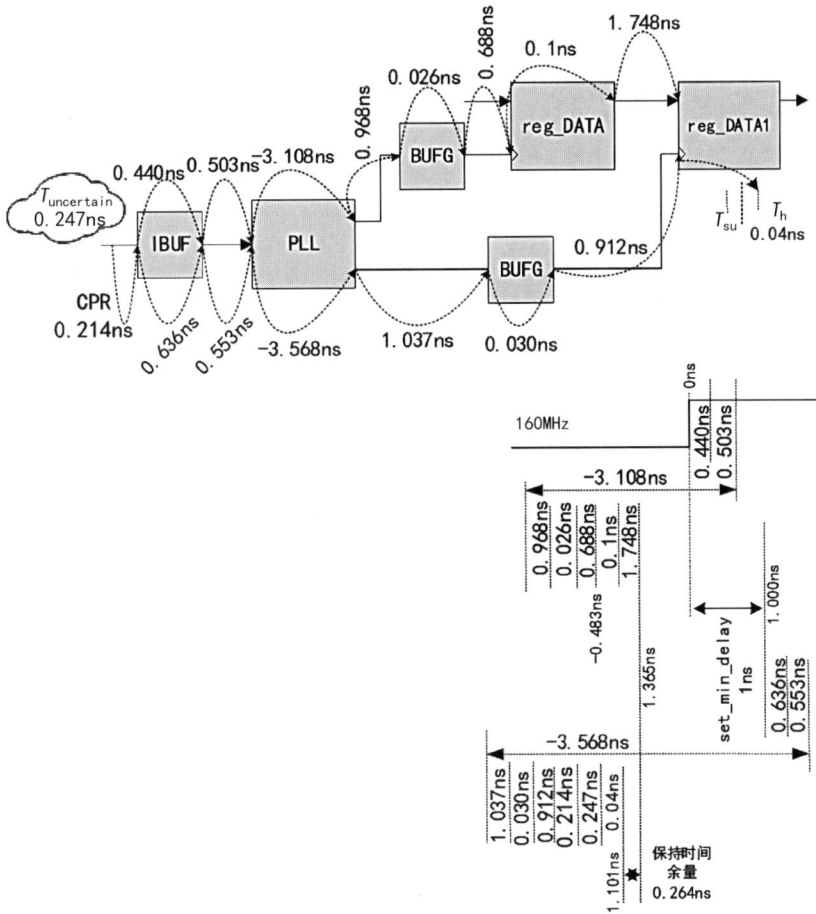

图 5-30 最大/最小延时约束 Hold 时序分析示意图

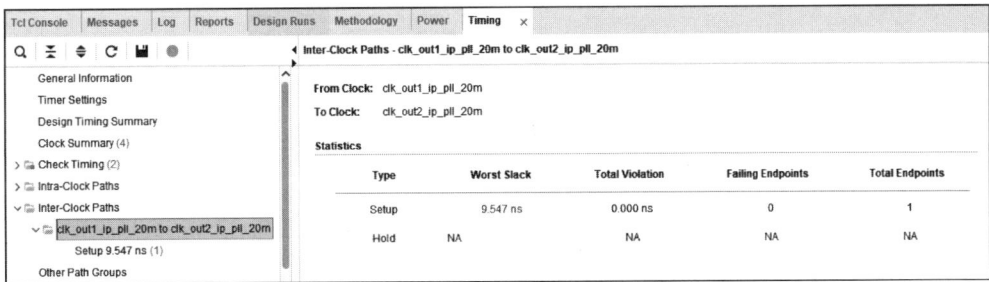

图 5-31 配置 datapath_only 后最大/最小延时约束时序报告

配置 datapath_only 后最大/最小延时约束 Setup 时序报告如图 5-32 所示。

配置 datapath_only 后最大/最小延时约束 Setup 时序报告的数据路径如图 5-33 所示。

配置 datapath_only 后最大/最小延时约束 Setup 时序报告的目标时钟路径如图 5-34 所示。

将时序报告中的延时数据绘制到时序图中,配置 datapath_only 后最大/最小延时约束 Setup 时序分析如图 5-35 所示。使用-datapath_only 选项后忽略时钟偏斜,时序报告中无源时钟路径,目标时钟路径中也仅有 T_{su}。

Summary	
Name	↳ Path 1
Slack	9.547ns
Source	reg_DATA_reg/C (rising edge-triggered cell FDRE clocked by clk_out1_ip_pll_20m {r
Destination	reg_DATA1_reg/D (rising edge-triggered cell FDRE clocked by clk_out2_ip_pll_20m
Path Group	clk_out2_ip_pll_20m
Path Type	Setup (Max at Slow Process Corner)
Requirement	10.000ns (MaxDelay Path 10.000ns)
Data Path Delay	0.431ns (logic 0.223ns (51.771%) route 0.208ns (48.229%))
Logic Levels	0
Timing Exception	MaxDelay Path 10.000ns -datapath_only

图 5-32 配置 datapath_only 后最大/最小延时约束 Setup 时序报告

Data Path						
Delay Type	Incr (ns)	Path ...	Location	Cell...	Cell	Netlist Resources
	(r) 0.000	0.000	Site: S..._X0Y294	C	reg_DATA_reg (FDRE)	reg_DATA_reg/C
FDRE (Prop_fdre_C_Q)	(r) 0.223	0.223	Site: S..._X0Y294	Q	reg_DATA_reg (FDRE)	reg_DATA_reg/Q
net (fo=1, routed)	0.208	0.431				reg_DATA
FDRE			Site: S..._X0Y292	D	reg_DATA1_reg (FDRE)	reg_DATA1_reg/D
Arrival Time		0.431				

图 5-33 配置 datapath_only 后最大/最小延时约束 Setup 时序报告的数据路径

Destination Clock Path						
Delay Type	Incr (n...	Path (...	Location	Cell...	Cell	Netlist Resources
max delay	10.000	10.000				
FDRE (Set..dre_C_D)	-0.022	9.978	Site: S..._X0Y292		reg_DATA1_reg (FDRE)	reg_DATA1_reg
Required Time		9.978				

图 5-34 配置 datapath_only 后最大/最小延时约束 Setup 时序报告的目标时钟路径

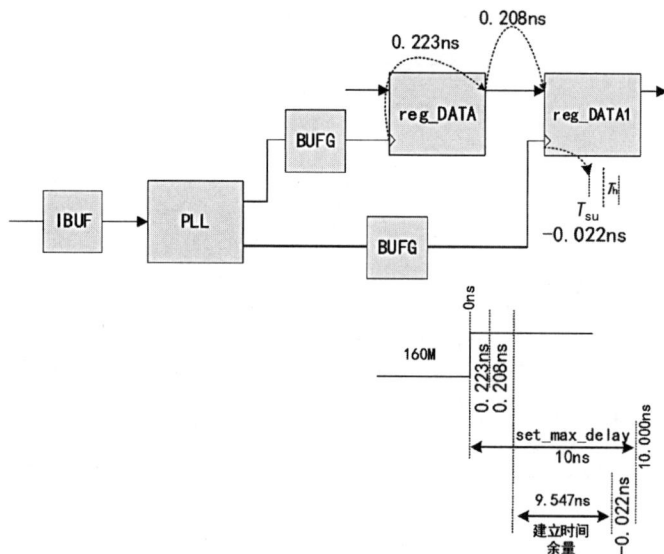

图 5-35 配置 datapath_only 后最大/最小延时约束 Setup 时序分析示意图

图 5-32 中,最大/最小延时约束后该路径的建立时间余量 9.547ns＞0,满足时序要求;建立时间分析基于最大的 Slow Process Corner;Requirement 时间为 set_max_delay 约束

的 10ns,"覆盖"目标寄存器时钟的锁存沿;数据路径延时如图 5-33 所示,0.223ns +
0.208ns=0.431ns;使用 datapath_only 后无时钟偏斜;时序报告也标明了该路径为时序例
外最大延时路径 10.000ns -datapath_only。

图 5-33 中,最大/最小延时约束启动沿为源时钟的 0ns,图 5-24 中,目标时钟路径锁存
沿为 max_delay 10ns,而不是目标寄存器时钟。图 5-35 为该路径最大/最小延时约束后的
建立时间分析示意图,未包含任何时钟偏斜,与图 5-19 的描述一致。

5.4 多周期路径约束

仍然以航班为例。

当航班每 1 日 1 班,N 日的乘客启动 $N+1$ 日登机,到达机场的时间为(N 日 + 保持时
间)~($N+1$ 日 − 建立时间)。

当航班每 3 日 1 班,N 日的乘客启动 $N+3$ 日登机,到达机场的时间为(N 日 + 保持时
间)~($N+3$ 日 − 建立时间),早到了飞机也不飞。

当航班每 1 日 3 班,N 日的乘客启动 N 日第三班登机,到达机场的时间为(N 日 + 保
持时间)~(N 日第 3 班 − 建立时间),没必要非得赶前两班,第三班也是当天到。

乘客到达机场的时序要求/建立时间要求变宽松,没必要非得赶在最小周期内到达。

将这个例子映射到 FPGA 中,寄存器之间传递数据,源寄存器数据更新周期与目标寄存
器更新周期不一致,可以使用多周期路径约束放宽该路径的建立时间要求,保持时间约
束不变;把有限的布局布线资源分配给频率更高、时序更紧的路径,优化整个系统的时序。
当然,多周期路径约束也需要与逻辑设计对应,才能保证数据按设计期望传递。

5.4.1 多周期路径约束语法

以 Vivado 为例,使用 set_multicycle_path 指令定义多周期路径约束,该指令用于更改
建立时间和保持时间分析时源时钟启动沿与目标时钟锁存沿的相对位置关系,或者说改变
建立时间和保持时间分析的时钟数。set_multicycle_path 指令的语法结构如下:

```
set_multicycle_path <path_multiplier>
                    [ - setup| - hold]
                    [ - start| - end]
                    [ - from ] [ - to ] [ - through < pins|cells|nets >]
```

在 Vivado 中,set_multicycle_path 约束指令的参数定义如表 5-4 所示。

表 5-4 set_multicycle_path 约束指令的参数定义

参 数	说 明
path_multiplier	必须指定该值,表示多周期路径时序分析的时钟周期数,也就是数据到达时间应在指定值的周期之前
-setup/-hold	-setup 是指该多周期路径指定建立时间分析;-hold 是指该多周期路径指定保持时间分析
-start/-end	-start 是指该多周期路径基于源时钟作为参考时钟;-end 是指该多周期路径基于目标时钟作为参考时钟

参　　数	说　　明
-from	指定多周期路径的起始节点
-to	指定多周期路径的终止节点
-through	指定多周期路径的途经节点,可选项

注:-from和-to可以同时指定,也可以指定其中一个,它会覆盖所有该节点开始(form)/该节点终止(end)的所有路径。

path_multiplier是指数据从一个时钟域传输到另一个时钟域所需的时间周期数。单周期路径启动沿和锁存沿的关系如图5-36所示,建立时间分析时默认path_multiplier=1,保持时间分析时默认path_multiplier=0。这里有个公式:

保持时间时钟周期数=建立时间path_multiplier-1-保持时间path_multiplier

因此,单周期路径中保持时间的时钟周期数=1-1-0=0。

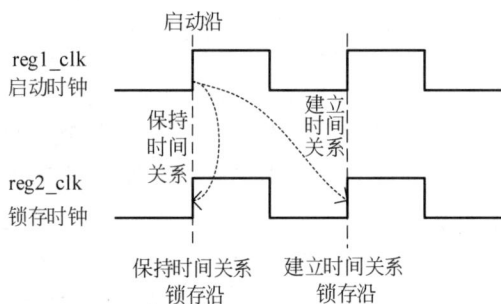

图5-36　单周期路径启动沿和锁存沿的关系

使用set_multicycle_path指令定义多周期路径约束,改变的就是建立时间path_multiplier和保持时间path_multiplier。换句话说,该指令用于更改建立时间和保持时间分析时源时钟启动沿与目标时钟锁存沿的相对位置关系。

set_multicycle_path指令中,-start|-end选项对更改源时钟启动沿和目标时钟锁存沿的影响如表5-5所示。

表5-5　-start|-end选项对更改源时钟启动沿和目标时钟锁存沿的影响

多周期路径	源时钟(-start)启动沿移动方向	目标时钟(-end)锁存沿移动方向
建立时间	左移	右移(默认)
保持时间	右移(默认)	左移

多周期路径启动沿和锁存沿移动方向如图5-37所示。

对比图5-36和图5-37,将路径约束为多周期路径,启动沿和锁存沿需要向多周期方向扩展。

在建立时间分析时,基于源时钟(-start)作为参考时钟,需要将启动沿左移才能扩展多周期;基于目标时钟(-end)作为参考时钟,将锁存沿右移也可扩展多周期。

在保持时间分析时,基于源时钟(-start)作为参考时钟,需要将启动沿右移才能保持多个周期;基于目标时钟(-end)作为参考时钟,将锁存沿左移也可保持多周期。

建立时间分析时默认-end,保持时间分析时默认-start,源时钟和目标时钟同频同相,-start|-end选项无差异;时钟和目标时钟非同频同相,-start|-end选项需要指定。set_

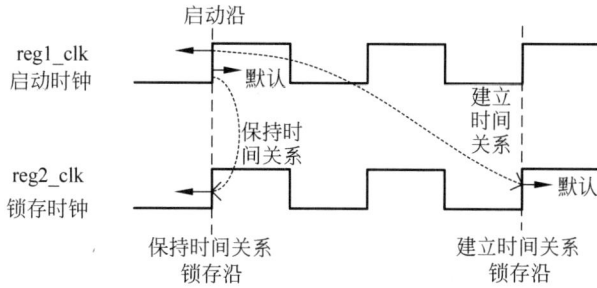

图 5-37 多周期路径启动沿和锁存沿移动方向

multicycle_path -setup 约束多周期路径时,会同时改变建立时间关系和保持时间关系,建立时间关系移动,保持时间关系也移动。一般地,会添加额外的约束-hold 维持保持时间关系。

多周期路径约束被应用到不同类别的跨时钟域路径中,多周期路径分类如图 5-38 所示。异步时钟主要传递复位、初始化、Done 信号、初始参数配置等电平/数据信号,约束相对简单。多周期路径约束需要重点分析同步时钟跨时钟,应结合具体的逻辑设计,主要包括同频同相、同频异相、慢时钟域到快时钟域、快时钟域到慢时钟域。

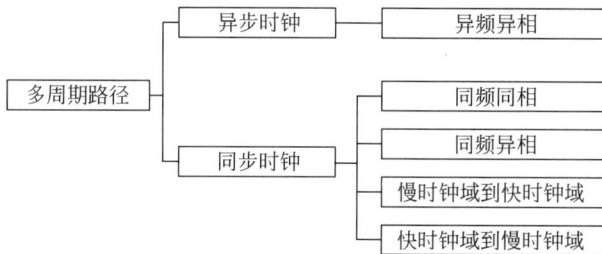

图 5-38 多周期路径分类

5.4.2 同频同相多周期路径约束

创建一个同频同相的多周期路径数据传递的工程 project18,其工程代码如 project18. v 所示。

```
project18.v

    module project1
    (
    input              I_ad_data,
    input              I_clk,
    output             O_D
      );

    //使能 en 计数
    reg [2:0] en_cnt = 3'b000;
    always@(posedge I_clk) begin
        if(en_cnt == 3'b111)
            en_cnt <= 3'b000;
        else
            en_cnt <= en_cnt + 1'b1;
    end
```

```
//寄存器1
reg     reg_DATA;
always@(posedge I_clk) begin
    if(en_cnt == 3'b111)
        reg_DATA    <=      I_ad_data;
    else
        reg_DATA    <=      reg_DATA;
end

//寄存器2
reg     reg_DATA1;
always@(posedge I_clk) begin
    if(en_cnt == 3'b111)
        reg_DATA1   <=      reg_DATA;
    else
        reg_DATA1   <=      reg_DATA1;
end

assign  O_D  = reg_DATA1;

endmodule
```

主时钟为 20MHz,同频同相的多周期路径时序如图 5-39 所示。

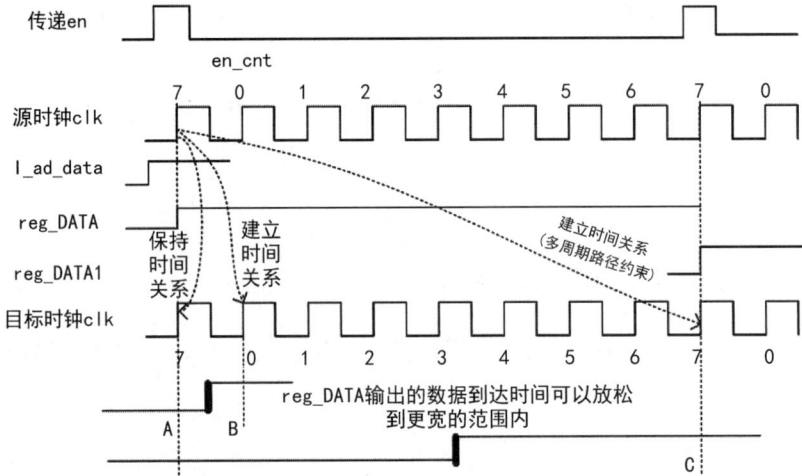

图 5-39　同频同相的多周期路径时序图

图 5-39 中,由于逻辑设计 8 个时钟周期更新一次数据,所以 reg_DATA 寄存器输出的值会锁存 8 个周期不变,之后再传递给 reg_DATA1 寄存器。特殊的应用场景中,这样的设计是没有问题的,时序图也符合设计期望,仅有使能 en(en_cnt=7)时,源寄存器和目标寄存器才更新数据。默认布局布线时,建立时间分析的需求时间仅有一个周期,也就是数据到达时间需要卡在两条虚线 A、B 之间。事实上,reg_DATA 输出的数据早到了也没用,下次使能 en(en_cnt=7)时,reg_DATA1 才锁存该输出值,也就是说 reg_DATA 输出数据到达时间早于下一次使能 en(en_cnt=7)即可,也就是两条虚线 A、C 之间。因此可以设置多周期路径约束。

在工程中添加多周期路径约束:

```
set_multicycle_path 4 - setup - from [get_pins reg_DATA_reg/C] - to [get_pins reg_DATA1_reg/
D]
set_multicycle_path 3 - hold - from [get_pins reg_DATA_reg/C] - to [get_pins reg_DATA1_reg/
D]
```

当然,可以把这里的周期数 4 或 3 设置为 8 或 7,只要适当放宽时序约束即可,实际布局布线也不会有 8 或 7 这么宽松。源时钟和目标时钟同频同相,-start|-end 选项无差异,这里未指定。

编译后的同频同相的多周期路径建立时间分析报告如图 5-40 所示。

Summary	
Name	⌐ Path 6
Slack	199.384ns
Source	▷ reg_DATA_reg/C (rising edge-triggered cell FDRE clocked by l_clk {rise@0.000ns fall@25.000ns period=50.000ns})
Destination	▷ reg_DATA1_reg/D (rising edge-triggered cell FDRE clocked by l_clk {rise@0.000ns fall@25.000ns period=50.000ns})
Path Group	l_clk
Path Type	Setup (Max at Slow Process Corner)
Requirement	200.000ns (l_clk rise@200.000ns - l_clk rise@0.000ns)
Data Path Delay	0.559ns (logic 0.223ns (39.900%) route 0.336ns (60.100%))
Logic Levels	0
Clock Path Skew	0.000ns
Clock Uncertainty	0.035ns
Timing Exception	MultiCycle Path Setup -end 4

图 5-40 同频同相的多周期路径建立时间分析报告

同频同相的多周期路径建立时间分析如图 5-41 所示,这里只分析多周期路径,不再分析具体的延时信息。

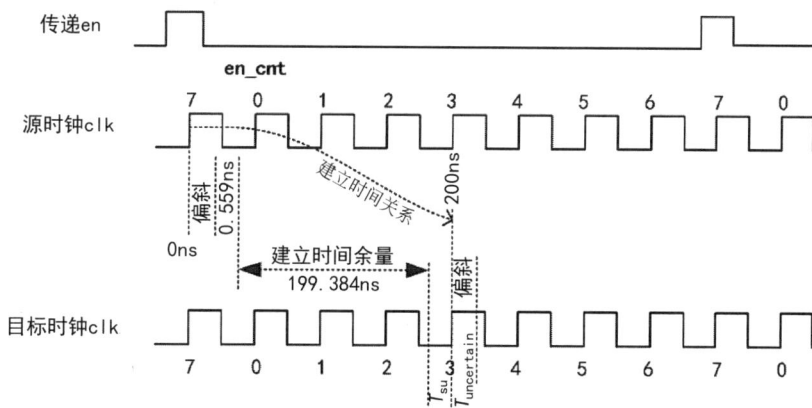

图 5-41 同频同相的多周期路径建立时间分析图

图 5-40 和图 5-41 中,建立时间余量为 199.384ns,满足时序要求;数据需求时间为 200ns,启动沿为 0ns,锁存沿为 200ns,也就是 4 个时钟周期;在时序例外窗口标明该路径为多周期路径 Setup 时序分析,周期数为 4,默认目标时钟(-end)为参考时钟。

同频同相的多周期路径保持时间分析报告如图 5-42 所示。

同频同相的多周期路径保持时间分析如图 5-43 所示。

图 5-42 和图 5-43 中,保持时间余量为 0.224ns,满足时序要求;数据需求时间为 0ns,启动沿为 150ns,锁存沿为 150ns。由于保持时间分析也受到建立时间多周期约束影响,与

Summary	
Name	Path 9
Slack (Hold)	0.224ns
Source	reg_DATA_reg/C (rising edge-triggered cell FDRE clocked by I_clk {rise@0.000ns fall@25.000ns period=50.000ns})
Destination	reg_DATA1_reg/D (rising edge-triggered cell FDRE clocked by I_clk {rise@0.000ns fall@25.000ns period=50.000ns})
Path Group	I_clk
Path Type	Hold (Min at Fast Process Corner)
Requirement	0.000ns (I_clk rise@150.000ns - I_clk rise@150.000ns)
Data Path Delay	0.264ns (logic 0.100ns (37.894%) route 0.164ns (62.106%))
Logic Levels	0
Clock Path Skew	0.000ns
Timing Exception	MultiCycle Path Setup -end 4 Hold -start 3

图 5-42　同频同相的多周期路径保持时间分析报告

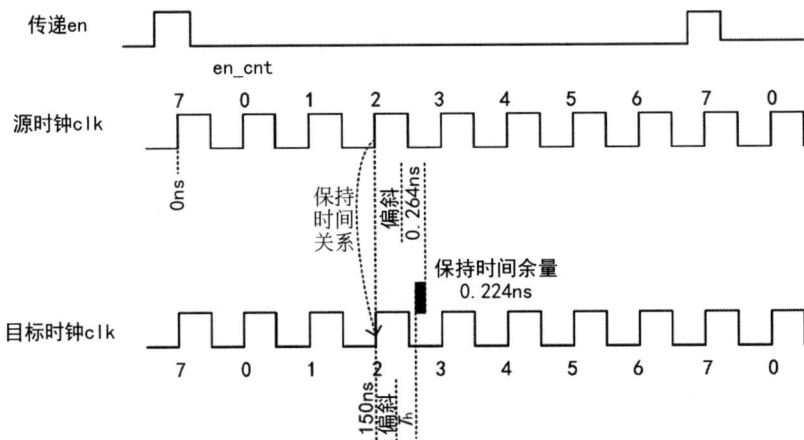

图 5-43　同频同相的多周期路径保持时间分析图

保持时间多周期约束也有关,这里标明建立时间周期数为 4,默认目标时钟(-end)为参考时钟,保持时间周期数为 3,默认源时钟(-start)为参考时钟。

以该工程为例,介绍多周期路径的约束指令是如何扩展路径的多周期的。多周期路径约束扩展多周期示意如图 5-44 所示。

图 5-44 中,未使用多周期路径约束时,建立时间需求时间为 1 个时钟周期,保持时间需求时间为 0 个时钟周期。首先,set_multicycle_path 4 -setup(默认目标时钟 end 右移)指令将建立时间和保持时间的锁存沿右移 3 个周期(建立时间本来有 1 个时钟周期),建立时间多周期约束也会影响保持时间;其次,set_multicycle_path 3 -hold(默认源时钟 start 右移)指令将保持时间的启动沿右移 3 个周期。由于同频同相时-start|-end 选项无差异,且时钟波形具有对称性,将保持时间关系左移与建立时间启动沿对齐,该波形就是多周期路径的设计期望。

5.4.3　同频异相多周期路径约束

创建一个同频异相的多周期路径数据传递的工程 project19,其工程代码如 project19.v 所示。

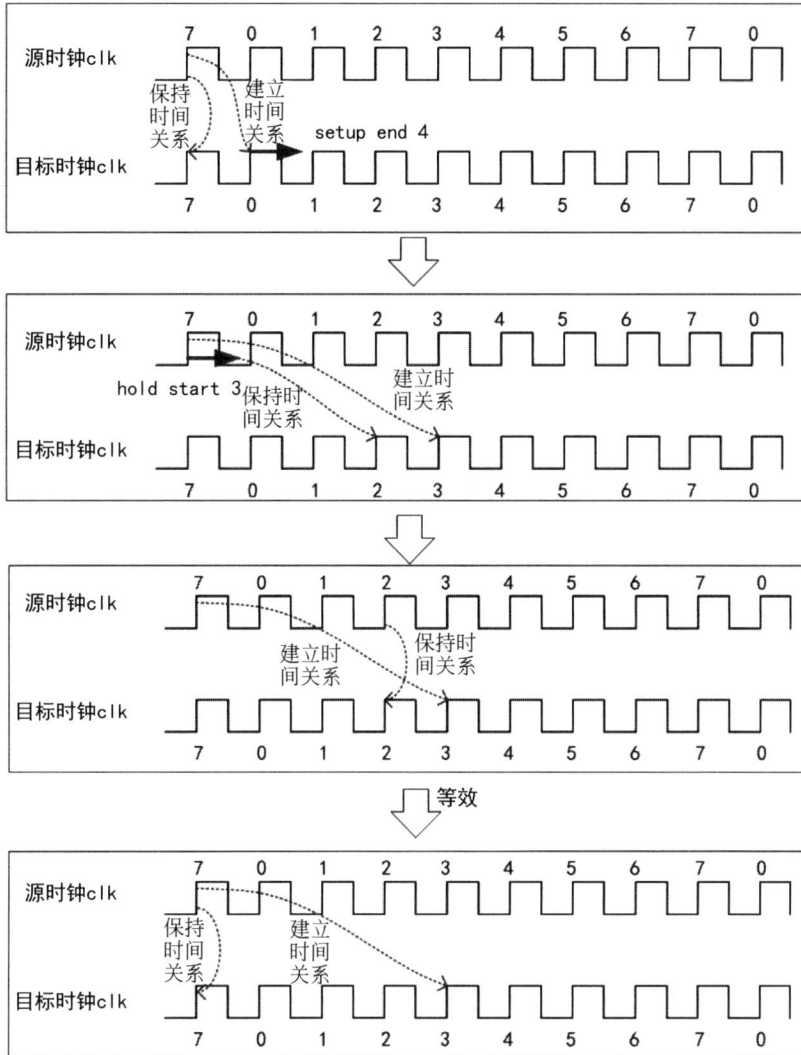

图 5-44　多周期路径约束扩展多周期示意图

```
project19.v

    module project1
    (
    input              I_ad_data,
    input              I_clk,
    output             O_D
      );

    wire   S_clk_200m;
    wire   S_clk_200m_90;
    reg    reg_DATA;
    reg    reg_DATA1;

    ip_pll_20m  inst_ip_pll_200m
        (
```

```
            .clk_in1              (I_clk),
            .clk_out1             (S_clk_200m),
            .clk_out2             (S_clk_200m_90),
            .reset                (1'b0),
            .locked               ( )
             );

    always@(posedge S_clk_200m) begin
        reg_DATA      <=     I_ad_data;
    end

    always@(posedge S_clk_200m_90) begin
        reg_DATA1     <=     reg_DATA;
    end

    assign  O_D  = reg_DATA1;

    endmodule
```

主时钟为 20MHz,衍生时钟分别为 200MHz 和 200MHz 右移 90°,两个时钟为同频异相,同频异相的多周期路径示意如图 5-45 所示。

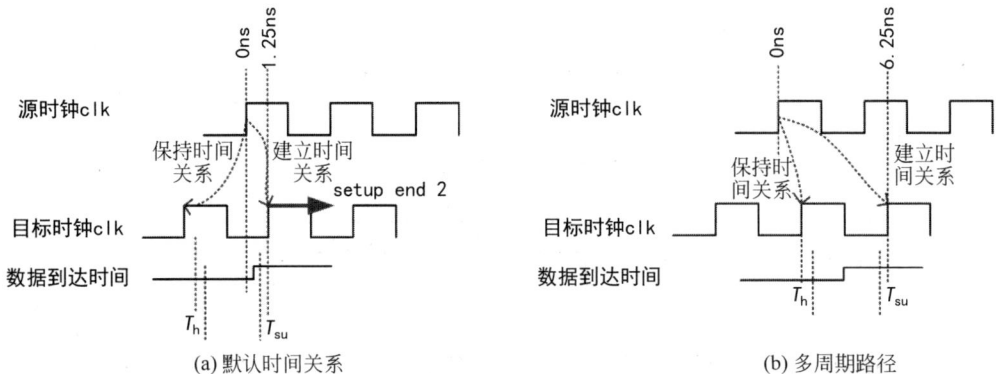

图 5-45　同频异相的多周期路径示意图

图 5-45(a)中,当目标时钟的相位比源时钟晚 90°,源时钟启动沿采样的数据马上被目标时钟锁存,建立时间需求时间仅有 1.25ns,时序非常紧张;保持时间余量无时序压力,这时布局布线或许也可以成功。图 5-45(b)中,设计者可以通过多周期路径约束,将建立时间和保持时间的锁存沿向右移动一个周期,这样就可以缓解建立时间时序紧张的状态。该同频异相案例每个周期都会传递数据,数据传递晚一个周期,但不影响逻辑功能。

在工程中添加多周期路径约束:

```
set_multicycle_path 2 – setup – from [get_pins reg_DATA_reg/C] – to [get_pins reg_DATA1_reg/
D]
```

这里的周期数 2 合适且不宜继续增大,建立时间多周期路径约束默认目标时钟(end)向右,与设计期望一致。另外,建立时间多周期路径约束会同时使建立时间和保持时间的锁存沿向右移动,因此不再需要多周期路径约束调整保持时间周期。

编译后的同频异相的多周期路径建立时间分析报告如图 5-46 所示。

Summary	
Name	⌐↳ Path 1
Slack	2.030ns
Source	▶ reg_DATA_reg/C (rising edge-triggered cell FDRE clocked by clk_out1_ip_pll_20m {rise@0.000ns fall@2.500ns period=5.000ns})
Destination	▶ reg_DATA1_reg/D (rising edge-triggered cell FDRE clocked by clk_out2_ip_pll_20m {rise@1.250ns fall@3.750ns period=5.000ns})
Path Group	clk_out2_ip_pll_20m
Path Type	Setup (Max at Slow Process Corner)
Requirement	6.250ns (clk_out2_ip_pll_20m rise@6.250 - clk_out1_ip_pll_20m rise@0.000)
Data Path Delay	3.617ns (logic 0.223ns (6.165%) route 3.394ns (93.835%))
Logic Levels	0
Clock Path Skew	-0.337ns
Clock Un...rtainty	0.244ns
Timing ...ception	MultiCycle Path Setup -end 2

图 5-46 同频异相的多周期路径建立时间分析报告

同频异相的多周期路径建立时间分析如图 5-47 所示。这里只分析多周期路径,不再分析具体的延时信息。

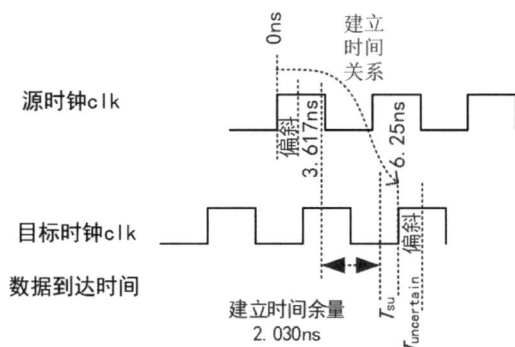

图 5-47 同频异相的多周期路径建立时间分析图

图 5-46 和图 5-47 中,建立时间余量为 2.030ns,满足时序要求;数据需求时间为 6.250ns,启动沿为 0ns,锁存沿为 6.250ns,也就是 1.25(2)个时钟周期;在时序例外窗口标明该路径为多周期路径 Setup 时序分析,周期数为 2,默认目标时钟(-end)为参考时钟。

同频异相的多周期路径保持时间分析报告如图 5-48 所示。

Summary	
Name	⌐↳ Path 2
Slack (Hold)	0.204ns
Source	▶ reg_DATA_reg/C (rising edge-triggered cell FDRE clocked by clk_out1_ip_pll_20m {rise@0.000ns fall@2.500ns period=5.000ns})
Destination	▶ reg_DATA1_reg/D (rising edge-triggered cell FDRE clocked by clk_out2_ip_pll_20m {rise@1.250ns fall@3.750ns period=5.000ns})
Path Group	clk_out2_ip_pll_20m
Path Type	Hold (Min at Fast Process Corner)
Requirement	1.250ns (clk_out2_ip_pll_20m rise@6.250 - clk_out1_ip_pll_20m rise@5.000)
Data Path Delay	2.035ns (logic 0.100ns (4.914%) route 1.935ns (95.086%))
Logic Levels	0
Clock Path Skew	0.297ns
Clock Un...rtainty	0.244ns
Timing ...ception	MultiCycle Path Setup -end 2

图 5-48 同频异相的多周期路径保持时间分析报告

同频异相的多周期路径保持时间分析如图 5-49 所示。

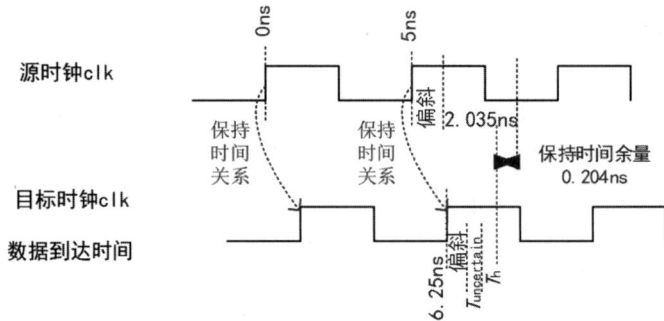

图 5-49　同频异相的多周期路径保持时间分析图

图 5-48 和图 5-49 中,保持时间余量为 0.204ns,满足时序要求;数据需求时间为
1.25ns,启动沿为 5ns,锁存沿为 6.25ns,也就是 0.25(1)个时钟周期。保持时间分析由于
受建立时间多周期约束影响,这里标明建立时间周期数为 2,默认目标时钟(-end)为参考
时钟。

5.4.4　慢时钟域到快时钟域多周期路径约束

创建一个慢时钟域到快时钟域的多周期路径数据传递工程 project20,其工程代码如
project20.v 所示,主时钟为 20MHz,衍生时钟分别为 200MHz 和 400MHz,数据由 200MHz
时钟域传递到 400MHz 时钟域。

```
project20.v
    module project1
    (
    input           I_ad_data,
    input           I_clk,
    output          O_D
      );

    wire    S_clk_200m;
    wire    S_clk_400m;


    ip_pll_20m   inst_ip_pll_200m
      (
      .clk_in1              (I_clk),
      .clk_out1             (S_clk_200m),
      .clk_out2             (S_clk_400m),
      .reset                (1'b0),
      .locked               ( )
        );


    reg     vld;
    always@(posedge S_clk_200m) begin
        vld           <=      1'b1;
    end

    reg [1:0]   en_cnt;
```

```
always@(posedge S_clk_400m) begin
    if(vld)
        begin
        if(en_cnt == 2'b01)  // 2 3 4
            en_cnt <= 2'b00;
        else
            en_cnt <= en_cnt + 1'b1;
        end
    else
        en_cnt  <=  2'b00;
end


reg     reg_DATA;
always@(posedge S_clk_200m) begin
    reg_DATA    <=    I_ad_data;
end


reg     reg_DATA1;
always@(posedge S_clk_400m) begin
    if(en_cnt  ==  2'b01)
        reg_DATA1  <=    reg_DATA;
    else
        reg_DATA1  <=    reg_DATA1;
end

assign  O_D  = reg_DATA1;

endmodule
```

慢时钟域到快时钟域的多周期路径时序如图 5-50 所示。

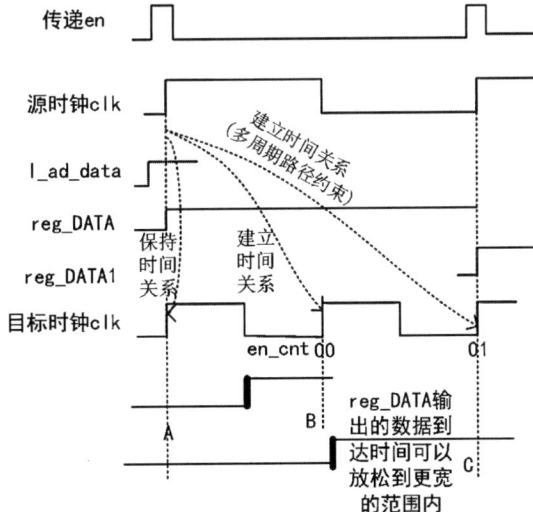

图 5-50　慢时钟域到快时钟域的多周期路径时序图

图 5-50 中,依据逻辑设计,慢时钟一个周期(5ns)更新一次数据,快时钟 2 个时钟周期(2×2.5ns)更新一次数据(en_cnt=01),所以 reg_DATA 寄存器输出的值会锁存 5ns 不变,之后传递给 reg_DATA1 寄存器,时序图与逻辑设计的期望一致。仅有使能 en 时,也就是 2

个目标时钟周期,目标寄存器才更新数据。默认布局布线时,建立时间分析的需求时间仅有 1 个目标时钟周期(en_cnt=00),也就是数据到达时间需要卡在两条虚线 A、B 之间。事实上,reg_DATA 输出的数据早到了也没用,下次使能 en(en_cnt=01)时,reg_DATA1 才锁存该输出值。也就是说,reg_DATA 输出数据到达时间早于下一次使能 en(en_cnt=01)即可,也就是两条虚线 A、C 之间。因此可以设置多周期路径约束。

有没有发现,慢时钟域到快时钟域的时序和同频同相的时序相似?

在工程中添加多周期路径约束:

```
set_multicycle_path 2   - end   - setup - from [get_pins reg_DATA_reg/C] - to [get_pins reg_
DATA1_reg/D]
set_multicycle_path 1   - end   - hold - from [get_pins reg_DATA_reg/C] - to [get_pins reg_
DATA1_reg/D]
```

这里的周期数 2 或 1 是由逻辑功能决定的,功能决定数据到达时间只能在 2 个周期之内;约束指令中,周期数 2 或 1 是基于目标时钟,指令中均添加 end 选项。保持时间多周期路径受到建立时间多周期路径影响,需要添加 set_multicycle_path 1 -end -hold 指令维持保持时间关系不变。

编译后的慢时钟域到快时钟域的多周期路径建立时间分析报告如图 5-51 所示。

Summary	
Name	Path 5
Slack	2.998ns
Source	reg_DATA_reg/C (rising edge-triggered cell FDRE clocked by clk_out1_ip_pll_20m {rise@0.000ns fall@2.500ns period=5.000ns})
Destination	reg_DATA1_reg/D (rising edge-triggered cell FDRE clocked by clk_out2_ip_pll_20m {rise@0.000ns fall@1.250ns period=2.500ns})
Path Group	clk_out2_ip_pll_20m
Path Type	Setup (Max at Slow Process Corner)
Requirement	5.000ns (clk_out2_ip_pll_20m rise@5.000ns - clk_out1_ip_pll_20m rise@0.000ns)
Data Path Delay	1.377ns (logic 0.223ns (16.196%) route 1.154ns (83.804%))
Logic Levels	0
Clock Path Skew	-0.336ns
Clock Un...rtainty	0.267ns
Timing ...ception	MultiCycle Path Setup -end 2

图 5-51   慢时钟域到快时钟域的多周期路径建立时间分析报告

慢时钟域到快时钟域的多周期路径建立时间分析如图 5-52 所示。这里只分析多周期路径,不再分析具体的延时信息。

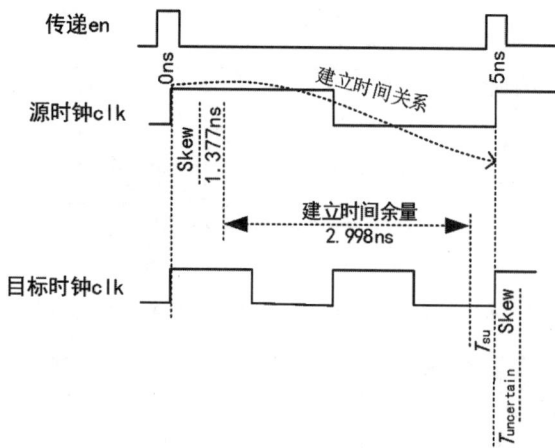

图 5-52   慢时钟域到快时钟域的多周期路径建立时间分析图

图 5-51 和图 5-52 中，建立时间余量为 2.998ns，满足时序要求；数据需求时间为 5ns，启动沿为 0ns，锁存沿为 5ns，也就是 2 个目标时钟周期。在时序例外窗口标明该路径为多周期路径 Setup 时序分析，周期数为 2，目标时钟(-end)为参考时钟。

慢时钟域到快时钟域的多周期路径保持时间分析报告如图 5-53 所示。

Summary	
Name	↳ Path 6
Slack (Hold)	0.210ns
Source	▶ reg_DATA_reg/C (rising edge-triggered cell FDRE clocked by clk_out1_ip_pll_20m {rise@0.000ns fall@2.500ns period=5.000ns})
Destination	▶ reg_DATA1_reg/D (rising edge-triggered cell FDRE clocked by clk_out2_ip_pll_20m {rise@0.000ns fall@1.250ns period=2.500ns})
Path Group	clk_out2_ip_pll_20m
Path Type	Hold (Min at Fast Process Corner)
Requirement	0.000ns (clk_out2_ip_pll_20m rise@0.000ns - clk_out1_ip_pll_20m rise@0.000ns)
Data Path Delay	0.815ns (logic 0.100ns (12.272%) route 0.715ns (87.728%))
Logic Levels	0
Clock Path Skew	0.298ns
Clock Un...rtainty	0.267ns
Timing ...ception	MultiCycle Path Setup -end 2 Hold -end 1

图 5-53 慢时钟域到快时钟域的多周期路径保持时间分析报告

慢时钟域到快时钟域的多周期路径保持时间分析如图 5-54 所示。

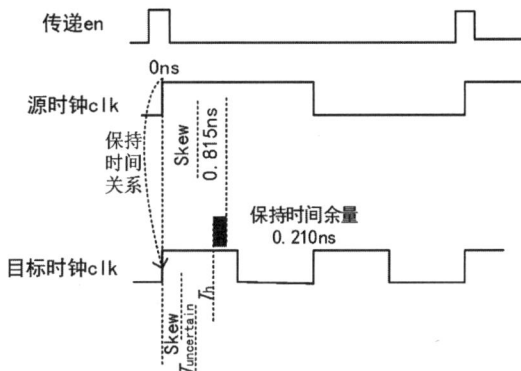

图 5-54 慢时钟域到快时钟域的多周期路径保持时间分析图

图 5-53 和图 5-54 中，保持时间余量为 0.210ns，满足时序要求；数据需求时间为 0ns，启动沿为 0ns，锁存沿为 0ns。由于保持时间分析也受到建立时间多周期约束影响，与保持时间多周期约束也有关，这里标明建立时间周期数为 2，目标时钟(-end)为参考时钟，保持时间周期数为 1。以该工程为例，看一下多周期路径的约束指令是如何扩展路径的多周期的，多周期路径约束扩展多周期示意如图 5-55 所示。

图 5-55 中，未使用多周期路径约束时，建立时间锁存沿是离启动沿最近的上升沿，建立时间需求时间为 1 个时钟周期，保持时间需求时间为 0 个时钟周期。首先，set_multicycle_path 2 -setup -end 指令将建立时间和保持时间的锁存沿右移 1 个周期(建立时间本来有 1 个时钟周期)，建立时间多周期约束也会影响保持时间；其次，set_multicycle_path 1 -hold -end 指令将保持时间的锁存沿左移 1 个周期。该波形就是多周期路径的设计期望。

5.4.5 快时钟域到慢时钟域多周期路径约束

创建一个快时钟域到慢时钟域的多周期路径数据传递工程 project21，其工程代码如

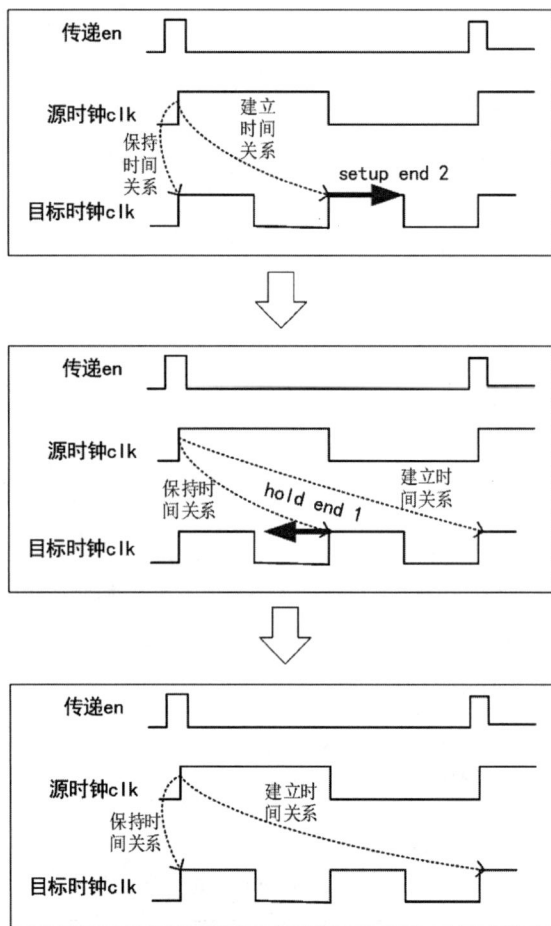

图 5-55　多周期路径约束扩展多周期示意图

project21.v 所示。

```
project21.v

    module project1
    (
    input           I_ad_data,
    input           I_clk,
    output          O_D
      );


    wire    S_clk_200m;
    wire    S_clk_400m;

    ip_pll_20m   inst_ip_pll_200m
        (
        .clk_in1            (I_clk),
        .clk_out1           (S_clk_200m),
        .clk_out2           (S_clk_400m),
        .reset              (1'b0),
        .locked             ( )
          );
```

```
reg    vld;
always@(posedge S_clk_200m) begin
    vld         <=      1'b1;
end


reg [1:0]  en_cnt;
always@(posedge S_clk_400m) begin
    if(vld)
        begin
        if(en_cnt == 2'b01)  // 2 3 4
            en_cnt <= 2'b00;
        else
            en_cnt <= en_cnt + 1'b1;
        end
    else
        en_cnt  <=  2'b00;
end

reg    reg_DATA;
always@(posedge S_clk_400m) begin
    if(en_cnt  ==  2'b01)
        reg_DATA     <=     I_ad_data;
    else
        reg_DATA     <=     reg_DATA;
end

reg    reg_DATA1;
always@(posedge S_clk_200m) begin
        reg_DATA1   <=      reg_DATA;
end

assign  O_D = reg_DATA1;

endmodule
```

主时钟为 20MHz，衍生时钟分别为 200MHz 和 400MHz，数据由 400MHz 时钟域传递到 200MHz 时钟域。快时钟域到慢时钟域的多周期路径时序如图 5-56 所示。

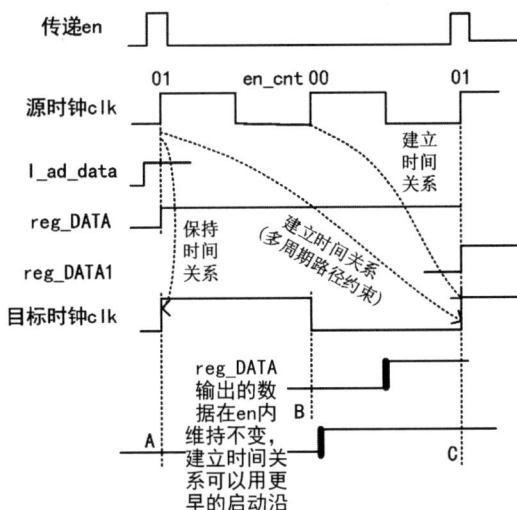

图 5-56　快时钟域到慢时钟域的多周期路径时序图

图 5-56 中,依据逻辑设计慢时钟一个周期(5ns)更新一次数据,快时钟 2 个时钟周期(2×2.5ns)更新一次数据(en_cnt=01),所以 reg_DATA 寄存器输出的值会锁存 5ns 不变,之后传递给 reg_DATA1 寄存器,时序图与逻辑设计的期望一致。仅有使能 en(en_cnt=01)时,也就是 2 个源时钟周期,源寄存器才更新数据。

默认布局布线时,建立时间分析最糟糕的时序路径,启动沿为源时钟上升沿(en_cnt00),锁存沿为目标时钟上升沿(en_cnt01);reg_DATA 寄存器在源时钟(en_cnt00)锁存数据后,数据到达时间需要卡在两条虚线 B、C 之间。事实上,reg_DATA 在 2 个周期内输出的数据维持不变,启动沿可以更早一点,将启动沿提前到源时钟上升沿(en_cnt01)即可。此时,reg_DATA 寄存器在源时钟(en_cnt01)锁存数据后,数据到达时间要卡在两条虚线 A、C 之间,不仅放宽了该路径的时序,而且不影响时序功能。因此可以设置多周期路径约束。

在工程中添加多周期路径约束:

```
set_multicycle_path 2   - start   - setup - from [get_pins reg_DATA_reg/C] - to [get_pins reg
_DATA1_reg/D]
set_multicycle_path 1   - start   - hold - from [get_pins reg_DATA_reg/C] - to [get_pins reg_
DATA1_reg/D]
```

这里的周期数 2 或 1 是由逻辑功能决定的,建立时间分析时,启动沿只能左移一个周期,启动沿参考时钟为源时钟(-start);保持时间多周期路径受到建立时间多周期路径影响,需要添加 set_multicycle_path 1 -start -hold 使保持时间的启动沿(源时钟 start)右移一个时钟,维持保持时间关系不变。

编译后的快时钟域到慢时钟域的多周期路径建立时间分析报告如图 5-57 所示。

Summary	
Name	⤷ Path 5
Slack	2.975ns
Source	reg_DATA_reg/C (rising edge-triggered cell FDRE clocked by clk_out2_ip_pll_20m {rise@0.000ns fall@1.250ns period=2.500ns})
Destination	reg_DATA1_reg/D (rising edge-triggered cell FDRE clocked by clk_out1_ip_pll_20m {rise@0.000ns fall@2.500ns period=5.000ns})
Path Group	clk_out1_ip_pll_20m
Path Type	Setup (Max at Slow Process Corner)
Requirement	5.000ns (clk_out1_ip_pll_20m rise@5.000ns - clk_out2_ip_pll_20m rise@0.000ns)
Data Path Delay	1.399ns (logic 0.223ns (15.935%) route 1.176ns (84.065%))
Logic Levels	0
Clock Path Skew	-0.337ns
Clock Un...rtainty	0.267ns
Timing ...ception	MultiCycle Path Setup -start 2

图 5-57 快时钟域到慢时钟域的多周期路径建立时间分析报告

快时钟域到慢时钟域的多周期路径建立时间分析如图 5-58 所示。

图 5-57 和图 5-58 中,建立时间余量为 2.975ns,满足时序要求;数据需求时间为 5ns,启动沿为 0ns,锁存沿为 5ns,也就是 2 个源时钟周期。在时序例外窗口标明该路径为多周期路径 Setup 时序分析,周期数为 2,源时钟(-start)为参考时钟。

快时钟域到慢时钟域的多周期路径保持时间分析报告如图 5-59 所示。

快时钟域到慢时钟域的多周期路径保持时间分析如图 5-60 所示。

图 5-59 和图 5-60 中,保持时间余量为 0.159ns,满足时序要求;数据需求时间为 0ns,

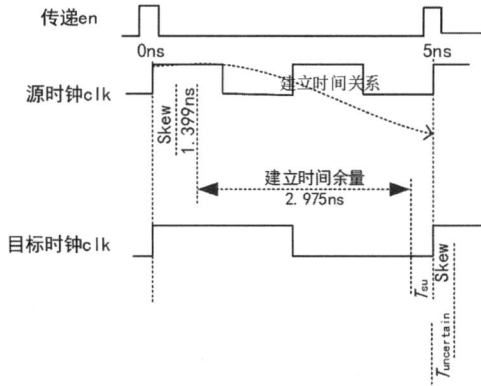

图 5-58 快时钟域到慢时钟域的多周期路径建立时间分析图

Summary	
Name	Path 6
Slack (Hold)	0.159ns
Source	reg_DATA_reg/C (rising edge-triggered cell FDRE clocked by clk_out2_ip_pll_20m {rise@0.000ns fall@1.250ns period=2.500ns})
Destination	reg_DATA1_reg/D (rising edge-triggered cell FDRE clocked by clk_out1_ip_pll_20m {rise@0.000ns fall@2.500ns period=5.000ns})
Path Group	clk_out1_ip_pll_20m
Path Type	Hold (Min at Fast Process Corner)
Requirement	0.000ns (clk_out1_ip_pll_20m rise@0.000ns - clk_out2_ip_pll_20m rise@0.000ns)
Data Path Delay	0.763ns (logic 0.100ns (13.098%) route 0.663ns (86.902%))
Logic Levels	0
Clock Path Skew	0.298ns
Clock Un...rtainty	0.267ns
Timing ...ception	MultiCycle Path Setup -start 2 Hold -start 1

图 5-59 快时钟域到慢时钟域的多周期路径保持时间分析报告

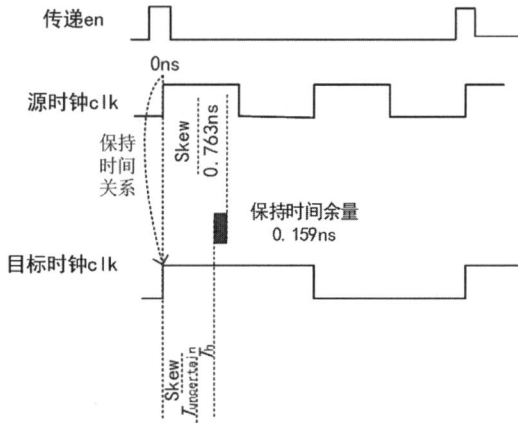

图 5-60 快时钟域到慢时钟域的多周期路径保持时间分析图

启动沿为0ns,锁存沿为0ns。由于保持时间分析受到建立时间多周期约束影响,与保持时间多周期约束也有关,这里标明建立时间周期数为2,源时钟(-start)为参考时钟,保持时间周期数为1。以该工程为例,看一下多周期路径的约束指令是如何扩展路径的多周期的,多周期路径约束扩展多周期示意如图5-61所示。

图5-61中,未使用多周期路径约束时,建立时间分析最糟糕的时序路径,启动沿为源时钟上升沿(en_cnt=00),锁存沿为目标时钟上升沿(en_cnt=01);建立时间需求时间为1个

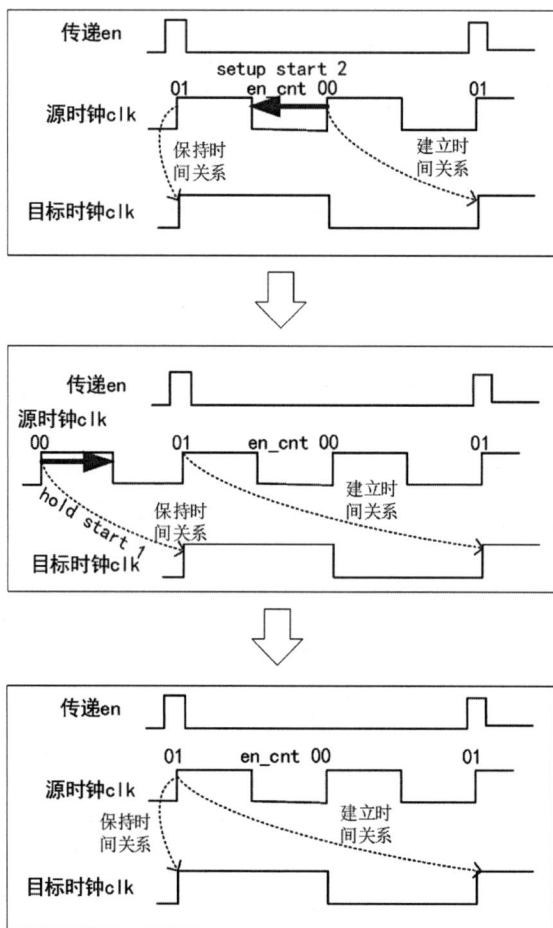

图 5-61   多周期路径约束扩展多周期示意图

时钟周期,保持时间需求时间为 0 个时钟周期。首先,set_multicycle_path 2 -setup -start 指令将建立时间和保持时间的启动沿左移 1 个周期(建立时间本来有 1 个时钟周期),建立时间多周期约束也会影响保持时间;其次,set_multicycle_path 1 -hold -start 指令将保持时间的启动沿右移 1 个周期。该波形就是多周期路径的设计期望。

请结合图 5-37、图 5-44、图 5-55 和图 5-61 中的箭头移动方向,理解 set_multicycle_path 配置参数的意义。

综上,多周期路径约束的基本指令如下:

```
set_multicycle_path N - setup - from [get_pins * /C] - to [get_pins * /D]
set_multicycle_path N-1 - hold - from [get_pins * /C] - to [get_pins * /D]
```

依据逻辑设计将时序放宽到 N 个周期内,建立时间分析为 N 周期时,保持时间分析一般为 N−1;快时钟域到慢时钟域设计,建立/保持时间约束均设计-start 选项;慢时钟域到快时钟域设计,建立/保持时间约束均设计-end 选项。源时钟(-start)和目标时钟(-end)哪个频率更高,则设计哪个选项;源时钟(-start)和目标时钟(-end)频率相同,则均无须设计。

当两个时钟域之间传递复位、初始化、Done 信号、初始参数配置等电平/数据信号时,信号只要在多周期内传过去就行,无论是异步时钟还是同步时钟,都可以设计多周期路径放宽路径时序要求,注意跨时钟域亚稳态即可。

　　多周期路径约束不是想设计就设计,它由路径的特性决定;路径本身可以放宽时序约束且逻辑功能不影响时,才可以设计多周期路径,而不是时序违例了就用多周期路径放宽约束消除违例,这样做会影响逻辑功能。观察 project18.v、project20.v 和 project21.v 逻辑代码中的 vld 和 en_cnt 寄存器,这两个寄存器用于对齐时钟,设计者需要明确快慢时钟在哪里对齐,在哪里传递。

5.5　时序例外约束优先级

　　时钟约束、输入/输出延时约束、时序例外约束是时序约束最常用的三大类约束,一般推荐按照主时钟约束、虚拟时钟、衍生时钟、输入/输出延时约束、时序例外约束的顺序进行约束。

　　值得注意的是,时序例外约束的优先级由高到低为时钟组约束(set_clock_groups)、伪路径约束(set_false_path)、最大/最小延时约束(set_max_delay/set_min_delay)、多周期路径约束(set_multicycle_path)。上述时序例外约束都可以用来放宽路径的时序要求,只是它们放宽时序的机理不一致。

　　关于时序例外约束有如下建议。

- 强烈推荐使用时序例外约束约束具体的时序路径,而非约束两个时钟之间的时序路径。set_false_path 指令非常危险,其优先级高,约束范围太大,可能会意外覆盖期望设计。set_false_path -from CLK1 -to CLK2 建议修改为 set_false_path -from */C -to */D,否则可能会影响 CLK1 到 CLK2 的异步 FIFO。
- 强烈推荐使用多周期路径约束代替最大/最小延时约束,伪路径约束和时钟组约束放宽路径的时序要求。当设计者使用优先级高的时序例外约束,约束不规范时,可能会覆盖 Vivado 自带 IP 核约束或其他未注意到的约束,故障难以排查。
- 各类时序约束必须在时钟约束之后,或时钟约束必须优先进行,否则编译将报错。当编译报错“找不到××时钟”时,则将时钟约束置于其他约束之前。如果其他约束和时钟约束不在同一个.xdc 文件中,则优先执行时钟约束。

5.6　时序例外约束对应的逻辑设计

　　异步时钟或跨时钟域数据传递时,时序路径一般需要设计时序例外约束,这里推荐一些逻辑设计的经验。

　　跨时钟域传递单比特:单比特电平信号,逻辑设计打拍消除亚稳态,无须考虑快慢时钟。跨时钟域路径可以使用时序例外约束(单比特建议多周期,fifo 格雷码用的是最大延时约束,保证目标寄存器单比特跳变),打拍同步路径可以使用最大/最小延时约束(set_max_delay/set_min_delay),避免采到亚稳态数据。单比特脉冲信号,逻辑设计 xpm_cdc_pulse 或 FIFO IP 核,无须考虑时序约束。

　　跨时钟域传递多比特:数据量较多,逻辑设计 RAM 或 FIFO IP 核,无须考虑时序约束。多比特数据线,设计逻辑协议,读、写、ready、ack 等信号打拍提沿,无特殊设计暂不考虑时序约束。

第6章

其他时序约束

选择 Vivado→Edit Timing Summary→Timing Constraints 命令,打开的窗口中显示了各种约束类别及其约束,其中仍有部分约束前文未涉及。本章将对前文未涉及的约束进行简单介绍,如图 6-1 所示。

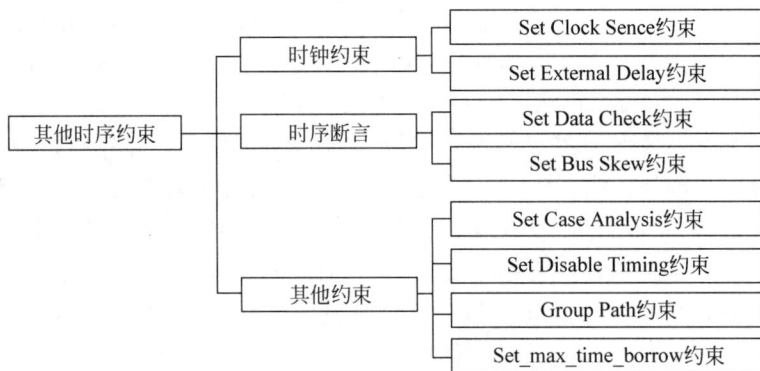

图 6-1 其他时序约束

6.1 时钟约束

时钟约束主要包括 Set Clock Sense 约束和 Set External Delay 约束。Set Clock Sense 约束用于定义时钟引脚的单边性(unateness),并且只能用于时钟网络中单边性状态为 Non unate 的引脚。Set External Delay 约束用于设置外部的时延值,这个外部时延主要是指反馈时延,即信号从 FPGA 的 output 端口输出后经过外部电路回到输入端口的时延值。

6.1.1 Set Clock Sense 约束

分析 Set Clock Sense 约束之前,先介绍时序弧(timing arc)和时序感知(timing sense)的概念。时序弧在前文中已经绘制过,时序弧分为单元弧(cell arc)和线弧(net arc),单元弧分为组合逻辑弧和时序逻辑弧,如图 6-2 所示。

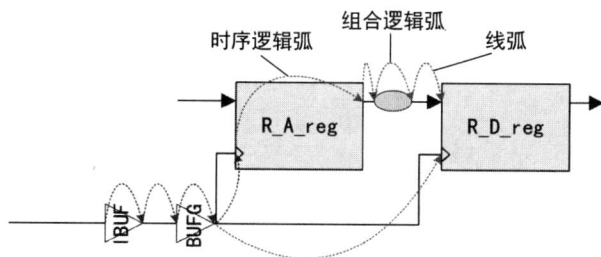

图 6-2 时序弧

时序感知是时序弧中源引脚到目标引脚的边沿传输变换,可以分为三类:正极弧 (positive unate),负极弧(negative unate)和 Non unate 时序弧,时序感知也可称为单边性。

如果源引脚的上升沿切换能引起目标引脚的上升沿切换,则该段弧即为正极弧,如 AND 与门单元、OR 或门单元、缓冲器 BUFFER 及所有线弧。

如果源引脚的上升沿切换能引起目标引脚的下降沿切换,则该段弧即为负极弧,如 NAND 与非门单元、NOR 或非门单元及反相器。

如果源引脚的边沿切换与目标引脚的边沿切换无相同或相反的关系,则该段弧即为 Non-unate 时序弧,如 XOR 异或门单元。

set_clock_sense 约束用于定义时钟引脚的时序感知,以 Vivado 为例,set_clock_sense 指令的语法结构如下:

```
set_clock_sense -positive -negative -stop_propagation
          [-clocks <args>]
          <pins>
```

在 Vivado 中,set_clock_sense 约束指令的参数定义如表 6-1 所示。

表 6-1 set_clock_sense 约束指令的参数定义

参 数	说 明
-positive	设置时钟单边性状态正极性
-negative	设置时钟单边性状态负极性
-stop_propagation	阻止时钟从指定的引脚传输
-clocks	约束的时钟列表
<pins>	约束对象的引脚或端口列表

创建一个时序逻辑工程 project22,其工程代码如 project22.v 所示。

```
project22.v

    module project1
    (
    input          I_ad_data,
    input          I_clk_A,
    input          I_clk_B,
    input          I_clk_C,
    input    [1:0] I_sel,
    output         O_D
      );
```

```
wire mux_clk;
assign  mux_clk  =     I_sel == 2'b00 ? I_clk_A
                     : I_sel == 2'b01 ? I_clk_B
                     : I_sel == 2'b10 ? I_clk_C : I_clk_A;

reg     reg_DATA;
always@(posedge mux_clk) begin
        reg_DATA      <=      I_ad_data;
end

reg     reg_DATA1;
always@(posedge mux_clk) begin
        reg_DATA1     <=      reg_DATA;
end

assign  O_D   = reg_DATA1;
endmodule
```

工程 project22 的逻辑原理如图 6-3 所示。

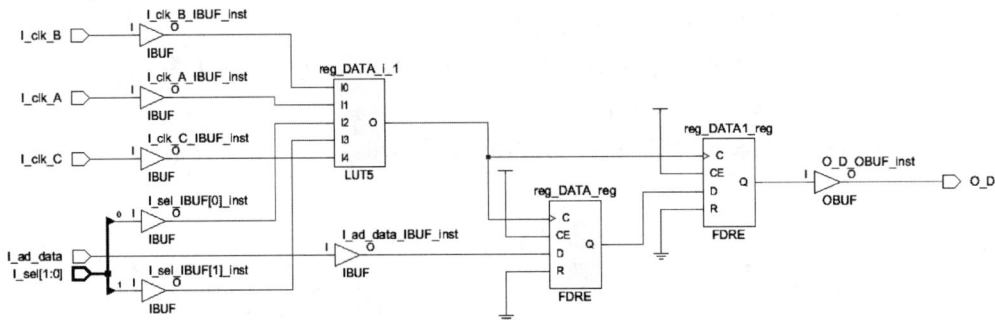

图 6-3　工程 project22 的逻辑原理图

工程 project22 中，I_sel 作为多路选择器（LUT）的输入，选择寄存器的驱动时钟。工程 project22 的时序报告如图 6-4 所示，3 个驱动时钟都出现在时序报告中。

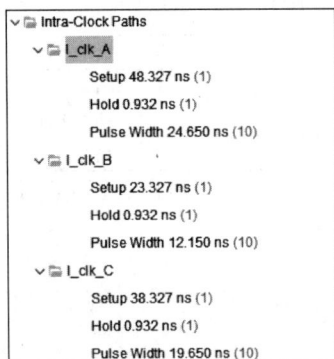

图 6-4　工程 project22 的时序报告

I_clk_A、I_clk_B、I_clk_C 分别设置参数 positive、negative、stop_propagation；set_clock_sense 约束的节点单边性状态为 Non unate 的引脚才行，如 LUT 的输出 reg_DATA_i_1/O。约束如下：

```
set_clock_sense – positive – clocks [get_clocks I_clk_A] [get_pins reg_DATA_i_1/0]
set_clock_sense – negative – clocks [get_clocks I_clk_B] [get_pins reg_DATA_i_1/0]
set_clock_sense – stop_propagation – clocks [get_clocks I_clk_C] [get_pins reg_DATA_i_1/0]
```

工程 project22 set_clock_sense 约束后的时序报
告如图 6-5 所示。

时序报告中,同步时钟域中只剩下 I_clk_A,I_clk_
C 的时序路径设置 stop_propagation 后路径断开。I_
clk_B 的时序路径只支持正极性,约束为负极性后断
开;I_clk_A 的时序路径只支持正极性,约束后保留该
路径。

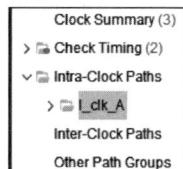

```
Clock Summary (3)
> Check Timing (2)
∨ Intra-Clock Paths
  > I_clk_A
    Inter-Clock Paths
    Other Path Groups
```

图 6-5 工程 project22 set_clock_sense
约束后的时序报告

6.1.2 Set External Delay 约束

Set External Delay 约束主要用于 PLL 的反馈时钟信号经过外部电路输入 PLL 的延
时,即反馈时钟信号从 FPGA 的输出端口输出后经过外部电路回到输入端口的时延值。以
Vivado 为例,set_external_delay 约束指令的语法结构如下:

```
set_external_delay – from < args > – to < args > [ – min] [ – max] < delay_value >
```

在 Vivado 中,set_external_delay 约束指令的参数定义如表 6-2 所示。

表 6-2 set_external_delay 约束指令的参数定义

参　　数	说　　明
-from	反馈时钟输出端口作为起点
-to	反馈时钟输入端口作为终点
-min	最小延时值,保持时间检查
-max	最大延时值,建立时间检查
< delay_value >	外部反馈时钟的延时值

创建时序逻辑工程 project23,以 PLL 的反馈时钟输入/输出为例设置 set_external_
delay,PLL 的反馈时钟输入/输出原理如图 6-6 所示,时序延时为 clkb_out 输出引脚,经过
外部电路,回到 clkfb 输入引脚。

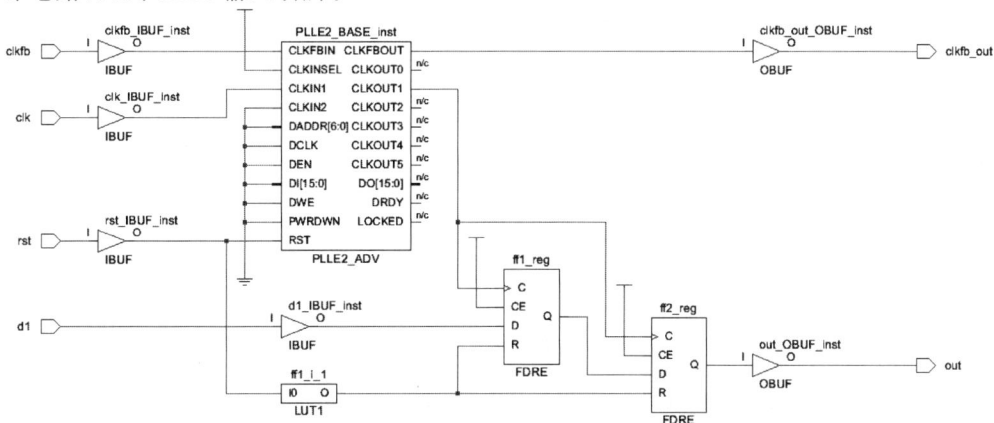

图 6-6 PLL 的反馈时钟输入/输出原理图

6.2 时序断言

时序断言主要包括Set Data Check 约束和Set Bus Skew 约束。Set Data Check 约束是一种非时序约束(non-sequential constraint),用于对两个数据信号之间的建立和保持时间进行检查。Set Bus Skew 约束用于在多个跨时钟域路径中设置一个最大的偏斜要求。

6.2.1 Set Data Check 约束

创建一个时序逻辑工程 project24,其工程代码如 project24.v 所示。

```
project24.v

    module project1
    (
    input          d1,
    input          d2,
    input          clk,
    output         out
    );

    reg ff1,ff2;
    always@(posedge clk)
        begin
            ff1 <= d1;
        end

    always@(posedge clk)
        begin
            ff2 <= d2;
        end

    assign out = ff1&ff2;

    endmodule
```

工程 project24 的原理如图 6-7 所示。

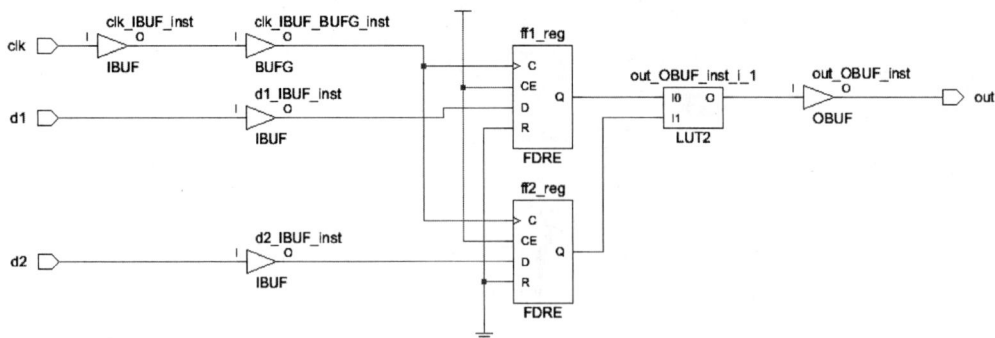

图 6-7　工程 project24 的原理图

两个触发器输出到一个 LUT2 的两个输入引脚,使用 set_data_check 约束指令可以对两个引脚设置最大和最小要求时间检查,该约束只是用于时序检查,并不会影响布局布线。

以 Vivado 为例,set_data_check 约束指令的语法结构如下:

```
set_data_check - from < args > - to < args > - setup - hold - clock < args >   < value >
```

在 Vivado 中,set_data_check 约束指令的参数定义如表 6-3 所示。

表 6-3 set_data_check 约束指令的参数定义

参 数	说 明
-from	数据检测的源端口/节点
-to	数据检测的目标端口/节点
-setup	数据检测为保持时间检查
-hold	数据检查为建立时间检查
-clock	数据检查端口时钟域的时钟
< delay_value >	数据检查时,setup 和 hold 的检查值

在该工程中设计 set_data_check 约束指令:

```
set_data_check - setup - from [get_pins out_OBUF_inst_i_1/I0] - to [get_pins out_OBUF_inst_i
_1/I1] 0.200
set_data_check - hold - from [get_pins out_OBUF_inst_i_1/I0] - to [get_pins out_OBUF_inst_i_
1/I1] 0.200
set_output_delay - clock [get_clocks * ] 0.500 [get_ports - filter { NAME = ∼   " * " &&
DIRECTION == "OUT" }] //无此指令则无时序路径分析
```

该时序检测要求:LUT2 上 I1 端口的信号要早于 I0 信号至少 0.2ns 到达,并且在 I0 到达后至少要维持 0.2ns。set_data_check 时序检查时建立时间违例如图 6-8 所示,LUT 建立时间和保持时间约束的 0.2ns 记录在时序报告中,当 Slack 大于 0 时满足时序要求。建立时间分析和保持时间分析会出现 ff2_reg/C 时钟端口到 LUT2 输入端的时序路径检查,该案例中不满足建立时间检查,也就是 I1 端口的信号早于 I0 信号 0.2ns 到达不满足。

图 6-8 set_data_check 时序检查时建立时间违例

将约束文件中的 set_data_check 约束去掉,无时序检查的时序报告如图 6-9 所示,建立时间分析和保持时间分析只剩 ff2_reg/C 时钟端口到输出端的时序路径。set_data_check 约束只用于时序检查,并不会影响布局布线。

6.2.2 Set Bus Skew 约束

创建一个时序逻辑工程 project25,其工程代码如 project25.v 所示。

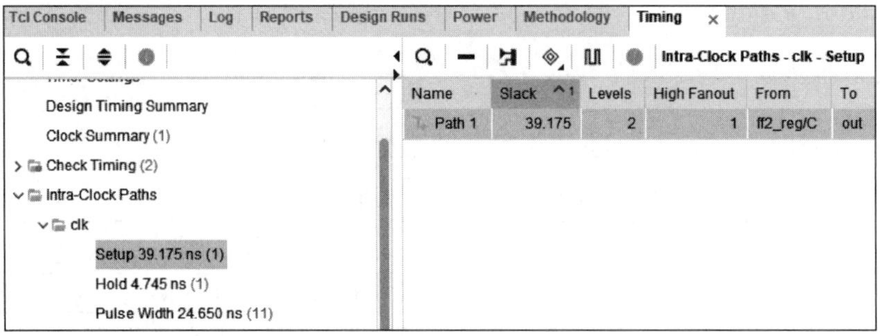

图 6-9　无时序检查的时序报告

```
project25.v

    module project1
    (
    input              I_clk_A,
    input      [1:0]   I_sel,
    output     [1:0]   O_D
      );

    wire    S_clk_50m;
    wire    S_clk_100m;

    ip_pll_20m   inst_ip_pll
        (
        .clk_in1           (I_clk_A),
        .clk_out1          (S_clk_50m),
        .clk_out2          (S_clk_100m),
        .reset             (1'b0),
        .locked            ( )
          );

    reg  [1:0]   reg_DATA;
    always@(posedge S_clk_50m) begin
            reg_DATA[0]     <=      I_sel[0];
            reg_DATA[1]     <=      I_sel[1];
    end

    reg  [1:0]   reg_DATA1;
    always@(posedge S_clk_100m) begin
            reg_DATA1[0]    <=      reg_DATA[0];
            reg_DATA1[1]    <=      reg_DATA[1];
    end

    assign  O_D   = reg_DATA1;

    endmodule
```

工程 project25 的原理如图 6-10 所示。

图 6-10 中,在跨时钟域 reg_DATA_reg[0]→reg_DATA1_reg[0]路径和 reg_DATA_reg[1]→reg_DATA1_reg[1]路径中,设计者希望两条或多条路径的数据到达时间相对各自目标时钟对齐,或者 Set Bus Skew 约束是为了多比特数据在跨时钟域路径下正常传递。

Slack 的计算如图 6-11 所示,源时钟为 clk1,目标时钟为 clk2,bit0、bit2 和 bit3 三条路

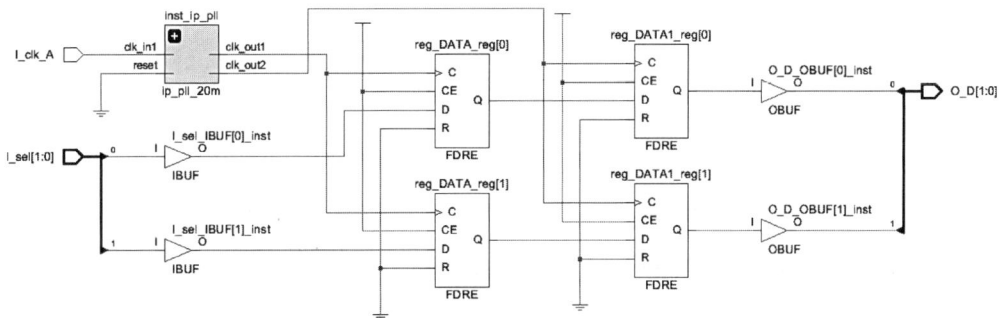

图 6-10　工程 project25 的原理图

径的源时钟和目标时钟有不同的偏斜，数据到达时间不同，建立时间余量各不相同，Slack 为一组路径中建立时间余量的最大值－建立时间余量的最小值（时序报告中有详细的计算公式，这里简单描述为两者相减），该值应不大于 set_bus_skew 设定值，否则违例。set_bus_skew 期望一组数据的建立时间余量尽可能一致，也就是数据到达时间相对各自目标时钟对齐。

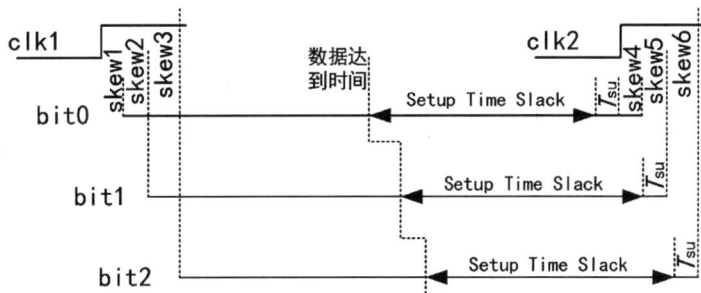

图 6-11　Slack 计算示意图

以 Vivado 为例，set_bus_skew 约束的指令语法结构如下：

```
set_bus_skew  – from < args >  – to < args >  < value >
```

在 Vivado 中，set_case_analysis 约束指令的参数定义如表 6-4 所示。

表 6-4　set_case_analysis 约束指令的参数定义

参　　数	说　　明
–from	总线时钟偏斜的起点
–to	总线时钟偏斜的终点
< value >	总线时钟偏斜的最大值

该案例中，约束两条路径的最大时钟偏斜为 0.1ns，约束指令如下：

```
set_bus_skew – from [get_cells {{reg_DATA_reg[0]} {reg_DATA_reg[1]}}] – to [get_cells {{reg_
DATA1_reg[0]} {reg_DATA1_reg[1]}}] 0.1
```

在该工程中，set_bus_skew 约束就是约束两条跨时钟域路径的最大时钟偏斜，主要用于跨时钟域的场景，在同步时钟域下没必要约束。打开编译后的结果，选择 Reports→Timing→Report Bus Skew 命令，就可以查看时序报告。

set_bus_skew 约束 0.1ns 的时序报告如图 6-12 所示。

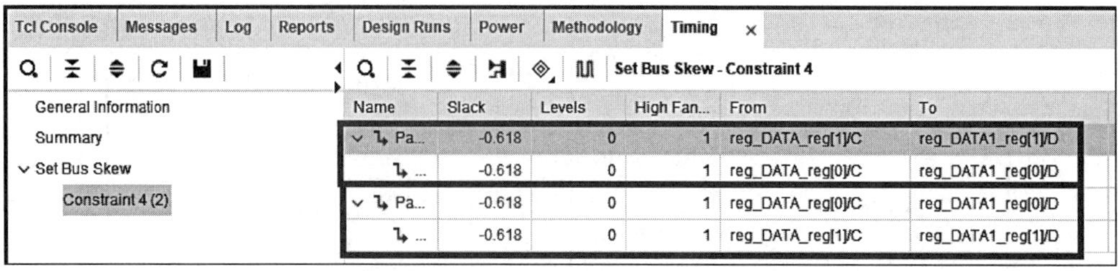

图 6-12　set_bus_skew 约束 0.1ns 的时序报告

当使用 set_bus_skew 约束两条路径的最大时钟偏斜为 0.1ns 时,出现了 −0.618ns 的违例,说明两条路径的时钟偏斜大约为 0.718ns,将约束指令修改为 0.8ns,约束指令如下:

```
set_bus_skew − from[get_cells{{reg_DATA_reg[0]}{reg_DATA_reg[1]}}] − to[get_cells{{reg_
DATA1_reg[0]}{reg_DATA1_reg[1]}}] 0.8
```

set_bus_skew 约束 0.8ns 的时序报告如图 6-13 所示。

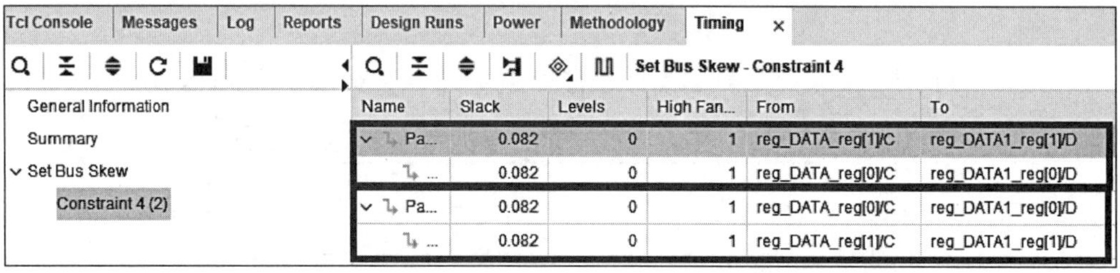

图 6-13　set_bus_skew 约束 0.8ns 的时序报告

图 6-12 中,两条路径的时钟偏斜大约为 0.718ns,设计的最大时钟偏移约束为 0.8ns,因此剩下 0.8ns−0.718ns=0.082ns 的余量。图 6-12 和图 6-13 中,关联的两个路径分别为建立时间余量最大的路径和建立时间余量最小的路径。

异步 FIFO 中地址线采用格雷码,地址＋1 时格雷码只有 1 比特数据跳变;异步 FIFO 地址线路径就设计了 set_bus_skew 约束和 set_max_delay 约束;set_bus_skew 值可以设置为读/写时钟慢时钟周期,确保数据线多比特数据相对于目标寄存器对齐,这样目标寄存器周期内采样不会读到多比特数据同时跳变,仅有 1 比特跳变;set_max_delay 可以约束地址线数据提前到达,FIFO 满/空标志就可以提前释放出来。如果感兴趣可以例化一个异步 FIFO 的 IP,查看其 .xdc 文件。

6.3　其他约束

其他约束包括 Set Case Analysis 约束、Set Disable Timing 约束、Group Path 约束和 set_max_time_borrow 约束。Set Case Analysis 约束用于指定在某些特定条件下进行时序分析。Set Disable Timing 约束用于禁用对特定路径的时序分析。Group Path 约束改变路径的成本功能计算,在基于时序驱动的布局布线过程中设置的路径有优先权。set_max_time_borrow 约束不是标准的 SDC 约束命令,在某种特定设计场景下,允许从某个时钟周期借用时间以满足另一个时钟周期的时序要求。

6.3.1 Set Case Analysis 约束

Set Case Analysis 约束通过对逻辑寄存器设置常数值描述功能模块,设置对象可以是端口、线、层级引脚或子模块输入引脚,常数值通过约束的逻辑单元传输,从而关闭该单元的任何时序分析,使用 Set Case Analysis 约束将信号是一个常量值的信息告知时序分析工具是很重要的。

以 Vivado 为例,set_case_analysis 约束指令的语法结构如下:

```
set_case_analysis < value > < objects >
```

在 Vivado 中,set_case_analysis 约束指令的参数定义如表 6-5 所示。

表 6-5 set_case_analysis 约束指令的参数定义

参 数	说 明
< value >	设置到端口或引脚的逻辑值,0、1、上升沿或下降沿;当上升沿时,时序工具仅在上升沿时才进行时序分析
< objects >	端口或引脚

复制 project22,并命名为 project26。工程中,I_sel 作为多路选择器(LUT)的输入,选择寄存器的驱动时钟;用 set_case_analysis 指令将 I_sel 设置为 00,仅有 I_clk_A 作为寄存器的驱动时钟;set_case_analysis 约束指令如下:

```
set_case_analysis 0 [get_ports I_sel[0]]
set_case_analysis 0 [get_ports I_sel[1]]
```

set_case_analysis 约束的时序报告如图 6-14 所示,同时钟域仅剩 I_clk_A 时钟。

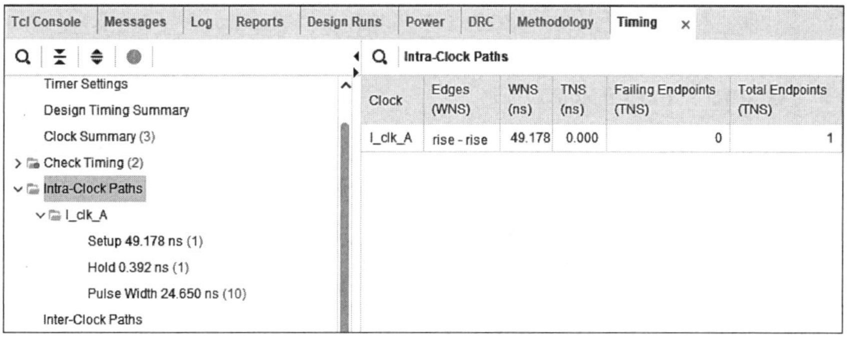

图 6-14 set_case_analysis 约束的时序报告

6.3.2 Set Disable Timing 约束

前文所述,时序弧是时序路径中的一部分,Set Disable Timing 约束用于关闭时序弧,使该路径不进行时序分析。

以 Vivado 为例,set_disable_timing 约束指令的语法结构如下:

```
set_disable_timing [ - from < arg >] [ - to < arg >] < objects >
```

在 Vivado 中,set_disable_timing 约束指令的参数定义如表 6-6 所示。

表 6-6　set_disable_timing 约束指令的参数定义

参　　数	说　　明
-from	时序弧起点
-to	时序弧终点
< objects >	端口或引脚

约束对象是 cell 时,该单元的时序弧都是无效的;约束对象是 from/to 引脚时,则 from 与 to 之间的时序弧是无效的;约束对象是 port 时,所有以 port 开始或结束的时序弧也是无效的。

基于工程 project26,使用 set_disable_timing 约束将 I_clk_B 端口开始的时序弧关闭,set_disable_timing 约束指令如下:

```
set_disable_timing [get_ports I_clk_B]
```

set_disable_timing 约束的时序报告如图 6-15 所示,同时钟域仅剩 I_clk_A 和 I_clk_C 时钟。

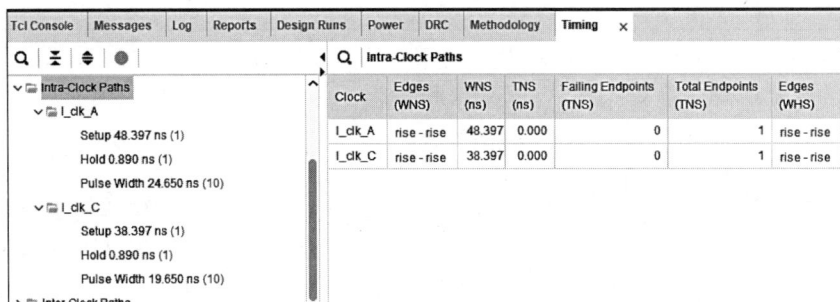

图 6-15　set_disable_timing 约束的时序报告

6.3.3　Group Path 约束

设计者可以使用 Group Path 约束改变路径的成本功能计算,在基于时序驱动的布局布线过程中设置的路径有优先权。设计者可以在已存在的时钟路径组中指定一个权重,让布局、布线及优化流程优先处理这些路径,主要可以优化时序。

以 Vivado 为例,group_path 约束指令的语法结构如下:

```
group_path [ - name < args >] [ - weight < arg >] [ - default]
           [ - from < args >] [ - to < args >] [ - through < args >]
```

在 Vivado 中,group_path 约束指令的参数定义如表 6-7 所示。

表 6-7　group_path 约束指令的参数定义

参　　数	说　　明
-name	设置路径组名称
-weight	权重值,可选 1、2,1 为标准优先级,2 为高级优先级,设置高级优先级的路径在布局布线时优先处理

续表

参 数	说 明
-default	恢复到默认路径组
-from/-to/-through	设置路径组的起点、终点和途经点

基于工程 project26，使用 group_path 约束将 reg_DATA_reg/C 时钟端口到 reg_ DATA1_reg/D 数据端口的路径组设置为高优先级，group_path 约束指令如下：

```
group_path - name {path_group} - weight 2.0 - from [get_pins reg_DATA_reg/C] - to [get_pins reg_DATA1_reg/D]
```

group_path 约束的时序报告如图 6-16 所示，设置的 group_path 的路径展示在报告的 Other Path Groups 文件夹中，这里给出了所有的时序可能。

图 6-16　group_path 约束的时序报告

6.3.4　set_max_time_borrow 约束

由触发器/寄存器组成的时序电路，数据由时钟的上升沿启动，必须赶在下一个时钟锁存沿的建立时间之前到达目标寄存器。如果两级寄存器之间组合逻辑复杂，延时太大，数据到达时间没赶上锁存沿，就会建立时间时序违例。触发器与锁存器的数据传递如图 6-17 所示，将中间的触发器/寄存器替换为锁存器，如果数据到达时间早于锁存沿且时钟为低电平，与触发器/寄存器使用场景一致；

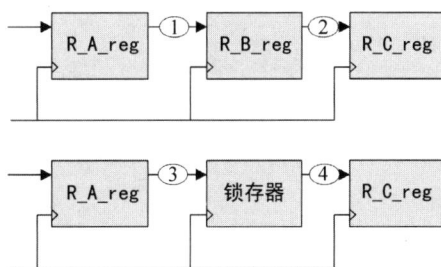

图 6-17　触发器与锁存器的数据传递

如果数据晚于锁存沿且时钟为高电平，此时锁存器仍然可以将数据传递到下级触发器/寄存器。

寄存器 R_A 到锁存器的数据到达时间晚于锁存沿时且时钟为高电平，实际上占用了锁存器数据到达寄存器 R_C 的时间。也就是说，R_A 到锁存器的延时大于 1 周期，则锁存器到 R_C 的延时就小于 1 周期。

set_max_time_borrow 约束指令设置锁存器用于优化时序可以从下一级路径中借用的

最大时间。借的太多,数据到达时间超过锁存沿且时钟变为低电平则数据传递失败,下一级路径剩余时间不够用也会导致数据传递失败。

以 Vivado 为例,set_max_time_borrow 约束指令的语法结构如下:

```
set_max_time_borrow  <delay><objects>
```

在 Vivado 中,set_max_time_borrow 约束指令的参数定义如表 6-8 所示。

表 6-8 set_max_time_borrow 约束指令的参数定义

参 数	说 明
<delay>	设置延时值,必须大于或等于 0
<objects>	设置时钟、cell、数据引脚、时钟引脚等

创建一个时序逻辑工程 project27,其工程代码如 project27.v 所示。

```verilog
project27.v

    module project1
    (
    input      in,
    input      clk,
    input      GE,
    input      clr,
    output reg ff2
    );
    reg   ff1;
    always @ (posedge clk)
    ff1 <= in;

    LDCE # (
        .INIT(1'b0),                // Initial value of latch, 1'b0, 1'b1
        .IS_CLR_INVERTED(1'b0),     // Optional inversion for CLR
        .IS_G_INVERTED(1'b0)        // Optional inversion for G
      )
      LDCE_inst (
        .Q(o_latch),      // 1 - bit output: Data
        .CLR(clr),        // 1 - bit input: Asynchronous clear
        .D(ff1),          // 1 - bit input: Data
        .G(clk),          // 1 - bit input: Gate
        .GE(GE)           // 1 - bit input: Gate enable
      );

    always@ (posedge clk)
      ff2 <= o_latch;

    endmodule
```

工程 project27 的原理如图 6-18 所示。

未设置 set_max_time_borrow 约束时,工程 project27 的时序报告如图 6-19 所示,共计两条路径的建立时间报告。

第一条路径的建立时间时序报告如图 6-20 所示,在寄存器到锁存器路径中,软件自动进行了时间借用 0.457ns,在目标时钟路径中记录了该借用延时。

第二条路径的建立时间时序报告如图 6-21 所示,在锁存器到寄存器路径中,数据路径

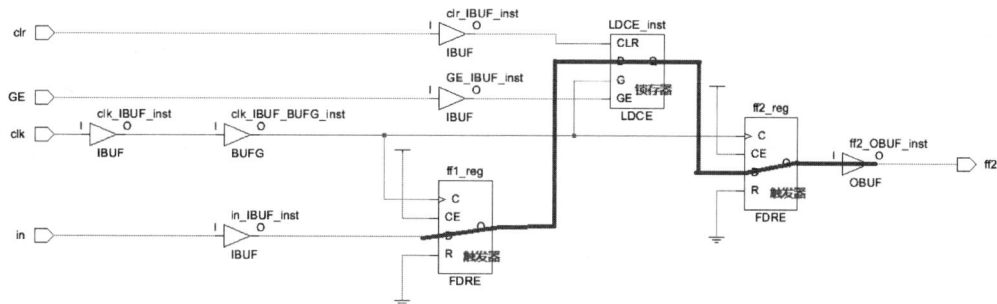

图 6-18　工程 project27 的原理图

图 6-19　工程 project27 的时序报告

图 6-20　第一条路径的建立时间时序报告

中扣除了借用的 0.457ns。第一条路径借用的延时与第二条路径扣除的延时一致。

图 6-21　第二条路径的建立时间时序报告

在上述例子中,编译工具自动进行了时间借用,如果要对锁存器中借用的时间进行约束,则可以使用 set_max_time_borrow 约束指令,例如:

```
set_max_time_borrow 0.5 [get_clocks  clk]
```

约束的最大延时应该覆盖软件自动借用的延时,否则会出现时序违例。

set_max_time_borrow 约束的特性如下:逻辑设计锁存器数据传递,软件会自动分析借用时间来满足上一级路径的 Setup 时序;只有寄存器到锁存器出现时序违例时,才会借用时间,set_max_time_borrow 约束才有效;时序借用并不影响保持时间分析;set_max_time_borrow 用于约束锁存器时间借用场景中的最大借用时间值,并非实际借用的时间。

第7章

时 序 案 例

FPGA 常见的时序路径有四种,即寄存器到寄存器的时序路径、引脚到寄存器的时序路径、寄存器到引脚的时序路径和引脚到引脚的时序路径。常见时序路径的 FPGA 工程原理如图 1-21 所示。

该工程的逻辑代码如 Example.v 所示。

```
Example.v

    module project1
    ( input        clk1,
      input        clk2,
      input        data1,
      input        data2,
      input        data3,
      input        inter_0,
      output       data1_out,
      output       data2_out,
      output       data3_out,
      output       inter_3,
      output       clk1_out
    );
    // *********** 时钟资源 ****************************
    wire S_clk;
    wire clk1_1;
    wire clk2_1;
    wire clk2_2;
    wire clk2_3;

    IBUFG clk_xm_bufg
        (
        .O (S_clk),
        .I (clk1)
        );

    BUFG inst_xm
        (
```

```
            .O(clk1_1),
            .I(S_clk)
        );

    clk_Xm_0    inst_ip_pll
        (
        .clk_in1    (clk2),
        .clk_out1   (clk2_1),
        .clk_out2   (clk2_2),
        .clk_out3   (clk2_3),
        .reset      (1'b0),
        .locked     ( )
        );
// ********* 同源时钟路径 ***********************
reg reg0;
always@(posedge clk2_3) begin
    reg0 <= data1;
end

reg reg1;
always@(posedge clk2_3) begin
    reg1 <= reg0;
end

reg reg2;
always@(posedge clk2_3) begin
    reg2 <= reg1;
end

reg reg3;
always@(posedge clk2_3) begin
    reg3 <= reg2;
end

assign   data1_out = reg3;
// ************ 跨时钟域路径 ***************************
reg reg4;
always@(posedge clk1_1) begin
    reg4 <= inter_0;
end

reg reg5;
always@(posedge clk2_1) begin
    reg5 <= reg4;
end

reg reg6;
always@(posedge clk2_2) begin
    reg6 <= reg5;
end
assign inter_3 = reg6;
// ************ 输入/输出路径 ***************************
reg reg7;
always@(posedge clk1_1) begin
    reg7 <= data2;
end
```

```
reg reg8;
always@(posedge clk1_1) begin
    reg8 <= reg7;
end

assign data2_out = reg8;
assign clk1_out  = clk1_1;
// ************ 引脚到引脚路径 ************************
assign  data3_out = data3;

endmodule
```

读者可依据实际工程的时序参数设计约束指令,时序约束可参考如下流程。

第一步,对主时钟 clk1 和 clk2 进行约束,约束指令如下:

```
create_clock – name clk1 – period 40 – waveform {0.000 20.000} [get_ports clk1]
create_clock – name clk2 – period 20 – waveform {0.000 10.000} [get_ports clk2]
```

使用 PLL 和 MMCM 等 IP 时,无须约束衍生时钟。

第二步,对虚拟时钟 V_clk1 和 V_clk2 约束,约束指令如下:

```
create_clock – name V_clk1 – period 40 – waveform {3.000 9.000}
create_clock – name V_clk2 – period 40 – waveform {3.000 9.000}
```

第三步,对引脚 data2 和引脚 data2_out 进行输入/输出延时约束:

```
set_input_delay   – clock  V_clk1  $T_{co} + T_{data\_pcb}$  [get_ports data2]
set_output_delay  – clock  V_clk2  $T_{su} + T_{data\_pcb}$  [get_ports data2_out]
```

第四步,对 reg4→reg5→reg6 跨时钟域路径进行时序例外约束(假设传递的数据为 Done 电平信号或者配置数据,无时序要求),依前文所述,这里采用多周期路径约束:

```
set_multicycle_path N – setup – from [get_pins reg4_reg/C] – to [get_pins reg5_reg /D]
set_multicycle_path N – 1 – hold – from [get_pins reg4_reg /C] – to [get_pins reg5_reg /D]
set_multicycle_path N – setup – from [get_pins reg5_reg/C] – to [get_pins reg6_reg /D]
set_multicycle_path N – 1 – hold – from [get_pins reg5_reg /C] – to [get_pins reg6_reg /D]
```

注意,具有周期传递特性的多周期路径需要结合具体的逻辑代码功能施加约束,其要求在多周期内数据保持不变的特性,这样的路径不可随意设计多周期路径约束,详见 5.4 节。

第五步,对引脚到引脚的时序路径进行约束,这里采用最大/最小延时约束,约束指令如下:

```
set_max_delay – from [get_ports data3] – to  [get_ports data3_out] 10
set_min_delay – from [get_ports data3] – to  [get_ports data3_out] 1
```

上述 reg0→reg1→reg2→reg3 同步时钟路径,一般不会出现时序违例,出现时序违例后再具体分析。

综上,FPGA 时序约束流程一般按照主时钟约束、虚拟时钟、衍生时钟、输入/输出延时约束、时序例外约束的顺序进行约束,时序例外约束推荐使用多周期路径约束,详见前文章节。

7.1 跨时钟域单脉冲传递

创建一个跨时钟域单脉冲传递的工程 project28,其工程代码如 project28.v 所示。

```verilog
project28.v
    module project1
    (
        input       I_clk_25m,
        input       I_clk_50m,
        input       I_A,
        output      O_D
    );

    wire S_clk_25m_in;
    wire S_clk_25m_g;
    wire S_clk_50m_in;
    wire S_clk_50m_g;

    IBUFG clk_25m_bufg
        (
        .O (S_clk_25m_in),
        .I (I_clk_25m)
        );

    BUFG inst_25m
        (
        .O(S_clk_25m_g),
        .I(S_clk_25m_in)
        );

    IBUFG clk_50m_bufg
        (
        .O (S_clk_50m_in),
        .I (I_clk_50m)
        );

    BUFG inst_50m
        (
        .O(S_clk_50m_g),
        .I(S_clk_50m_in)
        );

    reg I_A_buff;
    reg I_A_buff1;
    always@(posedge S_clk_50m_g) begin
        I_A_buff  <= I_A;
        I_A_buff1 <= I_A_buff;
    end

    wire I_A_rise;
    assign I_A_rise = ~I_A_buff1 & I_A_buff;

    reg  I_A_pulse;
    always@(posedge S_clk_50m_g) begin
```

```
        if(I_A_rise)
            I_A_pulse <= 1'b1;
        else
            I_A_pulse <= 1'b0;
    end

reg O_pulse;
always@(posedge S_clk_25m_g) begin
    if(I_A_pulse)
        O_pulse <= 1'b1;
    else
        O_pulse <= 1'b0;
end

assign O_D = O_pulse;

endmodule
```

该工程对输入 I_A 信号提取上升沿转化为单脉冲,将该脉冲从 50MHz 时钟域传递到 25MHz 时钟域,从逻辑代码角度看,功能和期望一致。工程 project28 的时序报告如图 7-2 所示,时序无违例。

Setup		Hold		Pulse Width	
Worst Negative Slack (WNS):	17.835 ns	Worst Hold Slack (WHS):	0.153 ns	Worst Pulse Width Slack (WPWS):	9.600 ns
Total Negative Slack (TNS):	0.000 ns	Total Hold Slack (THS):	0.000 ns	Total Pulse Width Negative Slack (TPWS):	0.000 ns
Number of Failing Endpoints:	0	Number of Failing Endpoints:	0	Number of Failing Endpoints:	0
Total Number of Endpoints:	3	Total Number of Endpoints:	3	Total Number of Endpoints:	6
All user specified timing constraints are met.					

图 7-2　工程 project28 的时序报告

工程 project28 实现跨时钟域单脉冲传递是否已经完成了呢?设计仿真测试文件,如 pulse.v 所示。

```
pulse.v

`timescale 1ns / 1ps
module pulse();

reg  I_clk_25m;
reg  I_clk_50m;
reg  I_A;
wire O_D;

project1  project1
(
  .I_clk_25m    (I_clk_25m),
  .I_clk_50m    (I_clk_50m),
  .I_A          (I_A),
  .O_D          (O_D)
);

always  #20  I_clk_25m = ~I_clk_25m;
always  #10  I_clk_50m = ~I_clk_50m;

initial
```

```
    begin
        I_clk_25m  = 1'b1;
        I_clk_50m  = 1'b1;
        I_A        = 1'b0;
        #300;    //320
        I_A        = 1'b1;
        #300
        $ stop;
    end

endmodule
```

设置延时 300ns 时,单脉冲传递仿真结果如图 7-3 所示,I_A_pulse 是 50MHz 时钟域下的单脉冲信号,由于该脉冲宽度(20ns)小于 25MHz 时钟周期(40ns),25MHz 时钟的上升沿未采样到该脉冲,并未有脉冲输出。

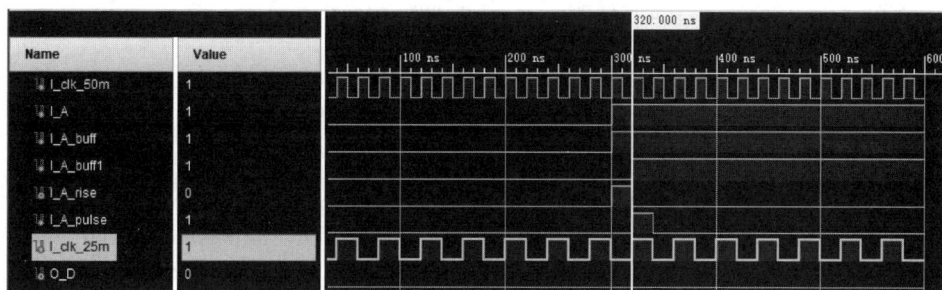

图 7-3　延时 300ns 时单脉冲传递仿真结果

设置延时 320ns 时,单脉冲传递仿真结果如图 7-4 所示,虽然 I_A_pulse 脉冲宽度(20ns)小于 25MHz 时钟周期(40ns),但是 25MHz 时钟的上升沿刚好采样到该脉冲,有脉冲输出。

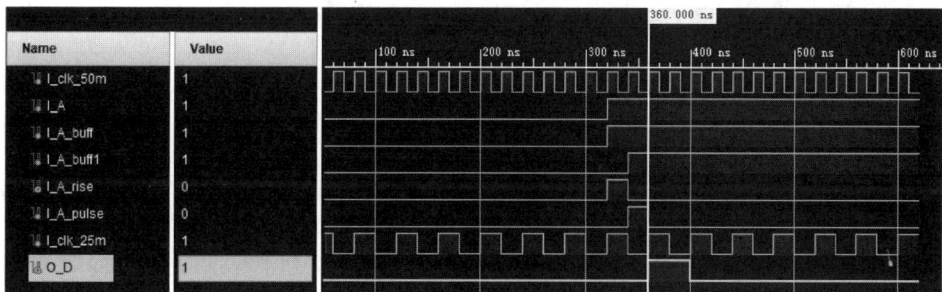

图 7-4　延时 320ns 时单脉冲传递仿真结果

事实上,跨时钟域的单脉冲容易忽略脉宽的影响,尤其快时钟到慢时钟的传递。无时序违例且无逻辑报错导致排查不易,逻辑设计时应形成一种处理意识。这种跨时钟域的单脉冲适合用 xpm_cdc_pulse 或 FIFO IP,当然也可以将窄脉冲展宽。创建一个异步 FIFO 传递单脉冲的工程 project29,其工程代码如 project29.v 所示。

```
project29.v

    module project1
```

```
(
  input      I_clk_25m,
  input      I_clk_50m,
  input      I_A,
  output     O_D
);

wire S_clk_25m_in;
wire S_clk_25m_g;
wire S_clk_50m_in;
wire S_clk_50m_g;

IBUFG clk_25m_bufg
   (
    .O (S_clk_25m_in),
    .I (I_clk_25m)
    );

BUFG inst_25m
   (
    .O(S_clk_25m_g),  // 1 - bit output: Clock output
    .I(S_clk_25m_in)   // 1 - bit input: Clock input
    );

IBUFG clk_50m_bufg
   (
    .O (S_clk_50m_in),
    .I (I_clk_50m)
    );

BUFG inst_50m
   (
    .O(S_clk_50m_g),  // 1 - bit output: Clock output
    .I(S_clk_50m_in)   // 1 - bit input: Clock input
    );

reg I_A_buff;
reg I_A_buff1;
always@ (posedge S_clk_50m_g) begin
    I_A_buff  <= I_A;
    I_A_buff1 <= I_A_buff;
end

wire I_A_rise;
assign I_A_rise = ~I_A_buff1 & I_A_buff;

reg  I_A_pulse;
always@ (posedge S_clk_50m_g) begin
    if(I_A_rise)
        I_A_pulse <= 1'b1;
    else
        I_A_pulse <= 1'b0;
end

wire    fifo_empty0;
wire    fifo_pop0  =  (~fifo_empty0);
fifo_cdc  fifo_cdc_begin
```

```
    (
        .wr_clk             (S_clk_50m_g),
        .wr_rst             (1'b0),
        .rd_clk             (S_clk_25m_g),
        .rd_rst             (1'b0),
        .din                (1'b1),
        .wr_en              (I_A_pulse),
        .rd_en              (fifo_pop0),
        .dout               ( ),
        .full               (),
        .empty              (fifo_empty0)
    );

    assign O_D = fifo_pop0;

    endmodule
```

该工程将 I_A_pulse 作为 FIFO 写使能信号,50MHz 时钟域下出现一次脉冲就会写入 FIFO 一个数据;当 FIFO 中数据不为空时,说明 FIFO 输入端写入了脉冲,由非空信号作为读使能清空 FIFO,同时非空信号定义为 25MHz 时钟域下的脉冲输出。异步 FIFO 传递单脉冲仿真结果如图 7-5 所示,异步 FIFO 会将自身延时增加到输出脉冲。

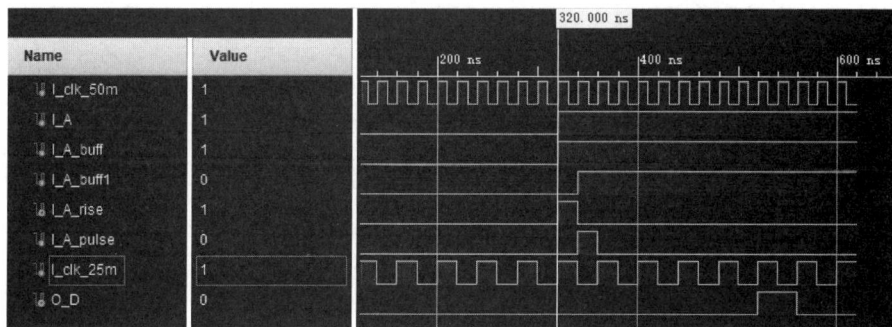

图 7-5　异步 FIFO 传递单脉冲仿真结果

在异步/跨时钟域路径传递数据,单比特电平信号可以不考虑逻辑设计,建议考虑亚稳态问题,时序违例建议采用多周期路径约束;单脉冲信号传递建议使用 xpm_cdc_pulse 或 FIFO IP,设计者无须添加额外约束;多比特数据传递建议使用异步 FIFO 或 RAM。使用异步 FIFO 或 RAM IP 核处理异步/跨时钟域数据传递可以避免设计者处理逻辑和约束问题,IP 核自带约束就可以保证数据正常传递。

7.2　跨时钟域电平信号传递

创建一个跨时钟域电平信号传递的工程 project30,其工程代码如 project30.v 所示。

```
project30.v

    module project1
    (
    input               Done,
```

```
    input              I_clk,
    output             O_D
    );

    wire     S_config    = 16'h55AA;
    wire     S_clk_160m;
    wire     S_clk_200m;
    reg      reg_Done;
    reg      reg_DATA1;
    reg      config_reg;
    reg      config_reg1;

    ip_pll_20m  inst_ip_pll_160_200m
        (
        .clk_in1           (I_clk),
        .clk_out1          (S_clk_160m),
        .clk_out2          (S_clk_200m),
        .reset             (1'b0),
        .locked            ( )
          );

    always@(posedge S_clk_160m) begin
        reg_Done    <=     Done;
        config_reg  <=     S_config;
    end

    always@(posedge S_clk_200m) begin
        reg_DATA1   <=     reg_Done;
        config_reg1 <=     config_reg;
    end

    assign  O_D  = reg_DATA1 | (|config_reg1);

    endmodule
```

该工程将 Done 信号（电平）和配置参数 S_config 由 160MHz 时钟域传递到 200MHz 时钟域，工程 project30 的时序报告如图 7-6 所示。

Design Timing Summary

Setup		Hold		Pulse Width	
Worst Negative Slack (WNS):	-0.577 ns	Worst Hold Slack (WHS):	0.149 ns	Worst Pulse Width Slack (WPWS):	2.100 ns
Total Negative Slack (TNS):	-0.577 ns	Total Hold Slack (THS):	0.000 ns	Total Pulse Width Negative Slack (TPWS):	0.000 ns
Number of Failing Endpoints:	1	Number of Failing Endpoints:	0	Number of Failing Endpoints:	0
Total Number of Endpoints:	1	Total Number of Endpoints:	1	Total Number of Endpoints:	10
Timing constraints are not met.					

图 7-6　工程 project30 的时序报告

图 7-6 中，建立时间出现时序违例，这是由于极端情况下源时钟和目标时钟上升沿非常靠近且小于数据路径延时。设计者对这类电平信号无严格的时序要求，该工程在 5.2 节采用伪路径和时钟组约束；采用最大延时约束也可解决该时序违例。在实际应用中，建议采用多周期路径约束放宽时序要求，优先级较低，比较安全，约束指令如下：

```
set_multicycle_path 3 - setup - from [get_pins reg_Done_reg/C] - to [get_clocks clk_out2_ip_
pll_20m]
set_multicycle_path 2 - hold  - from [get_pins reg_Done_reg/C] - to [get_clocks clk_out2_ip_
pll_20m]
```

可采用 pin to clock、pin to pin 和 clock to clock 约束多周期路径,设计者应该对约束的路径心中有数,不要影响其他不期望约束的路径。该工程可以采用如下约束:

```
set_multicycle_path 3 - setup - from [get_pins reg_Done_reg/C] - to [get_pins reg_DATA1_reg/
D]
set_multicycle_path 2 - hold  - from [get_pins reg_Done_reg/C] - to [get_pins reg_DATA1_reg/
D]
```

也可以采用如下约束:

```
set_multicycle_path 3 - setup - from [get_clocks clk_out1_ip_pll_20m] - to [get_clocks clk_
out2_ip_pll_20m]
set_multicycle_path 2 - hold  - from [get_clocks clk_out1_ip_pll_20m] - to [get_clocks clk_
out2_ip_pll_20m]
```

7.3 多周期路径实例

创建一个计算 A×B+C×D 的逻辑工程 project31,其工程代码如 project31.v 所示。该工程同时使用两个乘法器进行乘法运算,然后对乘法结果相加得到最终的结果。

```
project31.v
    module project1
    (
    input           I_clk_100m,
    input    [7:0]  I_dataA,
    input    [7:0]  I_dataB,
    input    [7:0]  I_dataC,
    input    [7:0]  I_dataD,
    output   [16:0] O_D
      );

    reg  [7:0]  I_dataA_buff;
    reg  [7:0]  I_dataB_buff;
    reg  [7:0]  I_dataC_buff;
    reg  [7:0]  I_dataD_buff;

    always@(posedge I_clk_100m) begin
        I_dataA_buff    <=    I_dataA;
        I_dataB_buff    <=    I_dataB;
        I_dataC_buff    <=    I_dataC;
        I_dataD_buff    <=    I_dataD;
    end

    reg [15:0] A_B ;
    always@(posedge I_clk_100m) begin
        A_B    <=    I_dataA_buff * I_dataB_buff;
    end
```

```
reg [15:0] C_D ;
always@(posedge I_clk_100m) begin
    C_D    <=    I_dataC_buff * I_dataD_buff;
end

reg [16:0] SUM ;
always@(posedge I_clk_100m) begin
    SUM    <=    A_B + C_D;
end

assign O_D = SUM;

endmodule
```

该工程中只有 I_clk_100m 时钟,无跨时钟域路径也无任何时序违例。为了验证该逻辑算法的功能设计仿真测试文件,如 add. v 所示。

```
add.v

    `timescale 1ns / 1ps
    module add();

    reg              I_clk_100m;
    reg    [7:0]     I_dataA;
    reg    [7:0]     I_dataB;
    reg    [7:0]     I_dataC;
    reg    [7:0]     I_dataD;
    wire   [16:0]    O_D;

    project1   project1
    (
    .I_clk_100m ( I_clk_100m),
    .I_dataA     ( I_dataA),
    .I_dataB     ( I_dataB),
    .I_dataC     ( I_dataC),
    .I_dataD     ( I_dataD),
    .O_D          ( O_D)
     );

    always  #5  I_clk_100m = ~I_clk_100m;

    initial
    begin
        I_clk_100m = 1'b1;
        # 100
        I_dataA   = 8'd10;
        I_dataB   = 8'd11;
        I_dataC   = 8'd12;
        I_dataD   = 8'd13;
        # 1000
        $ stop;
    end
    endmodule
```

逻辑算法 A×B+C×D 的仿真结果如图 7-7 所示,时钟周期为 10ns,在 100ns 时刻,I_dataA_buff、I_dataB_buff、I_dataC_buff 和 I_dataD_buff 锁存输入值;在 110ns 时刻,

A_B 和 C_D 分别锁存 I_dataA_buff×I_dataB_buff＝A_B 和 I_dataC_buff×I_dataD_buff＝ C_D；在 120ns 时刻，SUM 锁存 A_B+C_D＝SUM。仿真波形图及计算结果与期望一致。

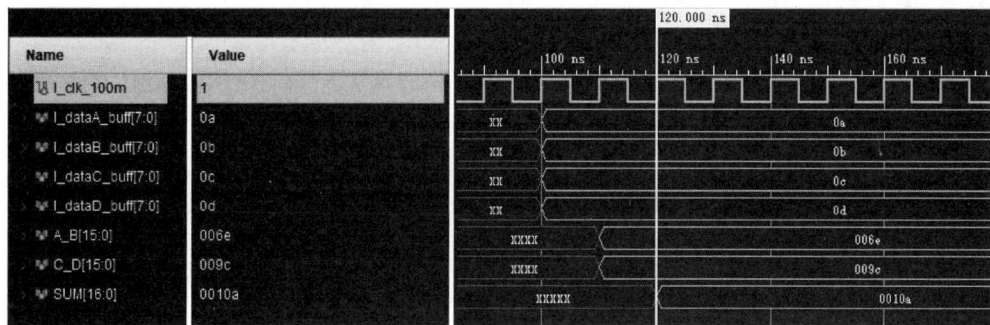

图 7-7 逻辑算法 A×B+C×D 的仿真结果

逻辑算法 A×B+C×D 在一个时序周期中并行使用两个乘法（器）。在大型逻辑算法中，乘法器资源非常稀缺，作为固件，乘法器可以在更高的时钟频率下运行，提高乘法器的时钟频率，"一个时序周期中并行使用两个乘法器"转化为"两个时钟周期串行使用一个乘法器"。逻辑算法 A×B+C×D 由单周期并行拆分多周期串行示意如图 7-8 所示。

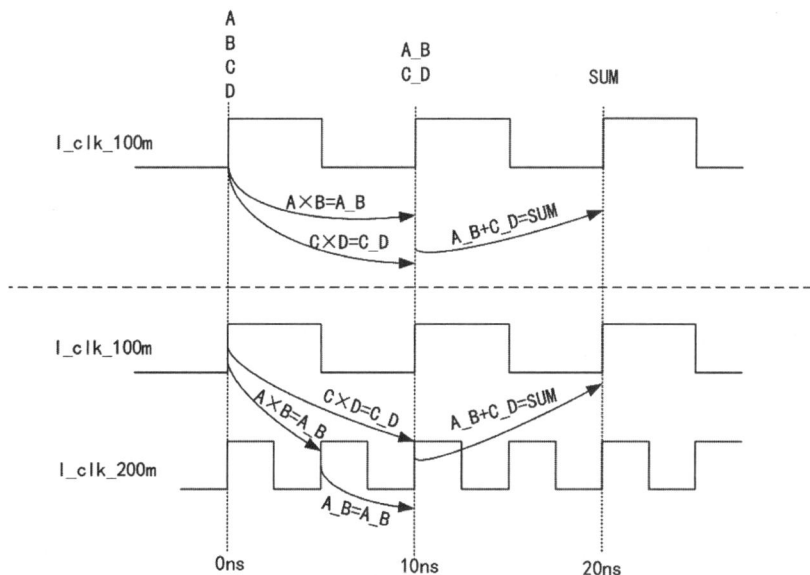

图 7-8 逻辑算法 A×B+C×D 由单周期并行拆分多周期串行示意图

图 7-8 中，一个周期（10ns）并行使用两个乘法（器）同时计算 A×B 和 C×D；将乘法拆分为两个周期后，第一个周期（5ns）使用乘法（器）计算 A×B 后，第二个周期（5ns）使用同一乘法（器）计算 C×D；由于 A×B＝A_B 提前计算完，使用寄存器对 A_B 打一拍与 C×D＝C_D 对齐。

基于该设计思路，创建计算 A×B+C×D 的逻辑工程 project32，其工程代码如 project32.v 所示。该工程使用一个乘法器串行乘法运算，然后对乘法结果相加得到最终的结果。

```
project32.v

    module project1
    (
    input              I_clk_100m,
    input              I_clk_200m,
    input  [7:0]       I_dataA,
    input  [7:0]       I_dataB,
    input  [7:0]       I_dataC,
    input  [7:0]       I_dataD,
    output [16:0]      O_D
    );

    reg  [7:0]     I_dataA_buff;
    reg  [7:0]     I_dataB_buff;
    reg  [7:0]     I_dataC_buff;
    reg  [7:0]     I_dataD_buff;

    reg    vld;
    always@(posedge I_clk_100m) begin
        vld         <=      1'b1;
    end

    reg  [1:0]   en_cnt;
    always@(posedge I_clk_200m) begin
        if(vld)
            begin
            if(en_cnt == 2'b01)
                en_cnt <= 2'b00;
            else
                en_cnt <= en_cnt + 1'b1;
            end
        else
            en_cnt  <=   2'b00;
    end

    always@(posedge I_clk_100m) begin
        I_dataA_buff    <=   I_dataA;
        I_dataB_buff    <=   I_dataB;
        I_dataC_buff    <=   I_dataC;
        I_dataD_buff    <=   I_dataD;
    end

    wire [7:0] Add1;
    wire [7:0] Add2;
    assign  Add1 = en_cnt  == 2'b00 ? I_dataA_buff : I_dataC_buff;
    assign  Add2 = en_cnt  == 2'b00 ? I_dataB_buff : I_dataD_buff;

    reg [15:0] SUM_1;
    always@(posedge I_clk_200m) begin
        SUM_1   <=     Add1 * Add2;
    end
    reg [15:0] SUM_buff ;
    always@(posedge I_clk_200m  ) begin
        SUM_buff    <=     SUM_1 ;
    end
```

```
    reg [15:0] SUM;
    always@(posedge I_clk_200m ) begin
        SUM <= SUM_1 + SUM_buff;
    end

    reg [15:0] SUM_200M;
    always@(posedge I_clk_200m) begin
        if(en_cnt == 2'b01)
            SUM_200M <= SUM;
    end

    reg [15:0] SUM_100M;
    always@(posedge I_clk_100m) begin
            SUM_100M <= SUM_200M;
    end

    assign O_D = SUM_100M;

endmodule
```

逻辑代码中,寄存器 vld 和寄存器 en_cnt 是为了对齐时钟 I_clk_100m 和时钟 I_clk_200m 相同的时钟沿;en_cnt == 2'b00 表示时钟 I_clk_200m 第一个时钟沿,en_cnt == 2'b01 表示时钟 I_clk_200m 第二个时钟沿,用于切换乘法的输入数据;寄存器 SUM_buff 将计算完成的 I_dataA_buff×I_dataB_buff= SUM_1 打一拍,与 I_dataC_buff×I_dataD_buff= SUM_1 对齐。由于 2 个快周期内都有 SUM 值,仅当 en_cnt==2'b01 时为所求,将 SUM 值赋给 SUM_200M;SUM_200M 值在 2 个周期内保持不变,从 200M 时钟域传递到 100M 时钟域时(SUM_200M 传递到 SUM_100M)可设置多周期路径。

串行逻辑算法 A×B+C×D 的仿真结果如图 7-9 所示。仿真结果证明了"一个时序周期中并行使用两个乘法器"转化为"两个时钟周期中串行使用一个乘法器"是可行的。

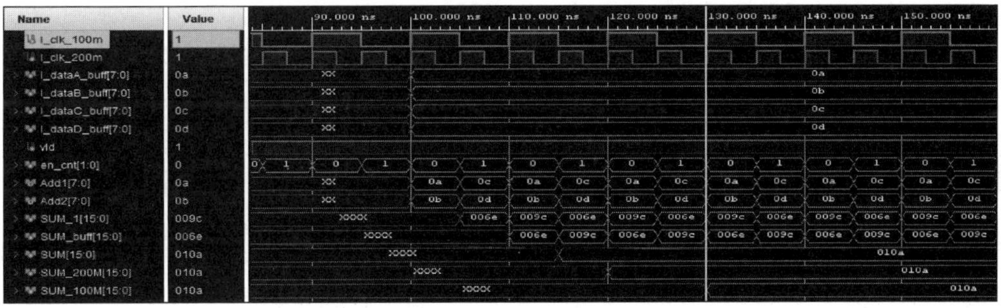

图 7-9 串行逻辑算法 A×B+C×D 的仿真结果

这件事做完了吗?串行逻辑算法 A×B+C×D 时序分析如图 7-10 所示。

图 7-10 中,默认包含时钟域 I_clk_100m 到时钟域 I_clk_200m 的时序路径,也包含时钟域 I_clk_200m 到时钟域 I_clk_100m 的时序路径;路径 A×B 保持当前建立/保持时间关系即可,乘法器先计算 A×B,数据到达时间需要约束在当前周期;路径 C×D 可以考虑约束多周期路径放宽时序要求,毕竟乘法器下个周期计算 C×D,数据到达时间早了也得等

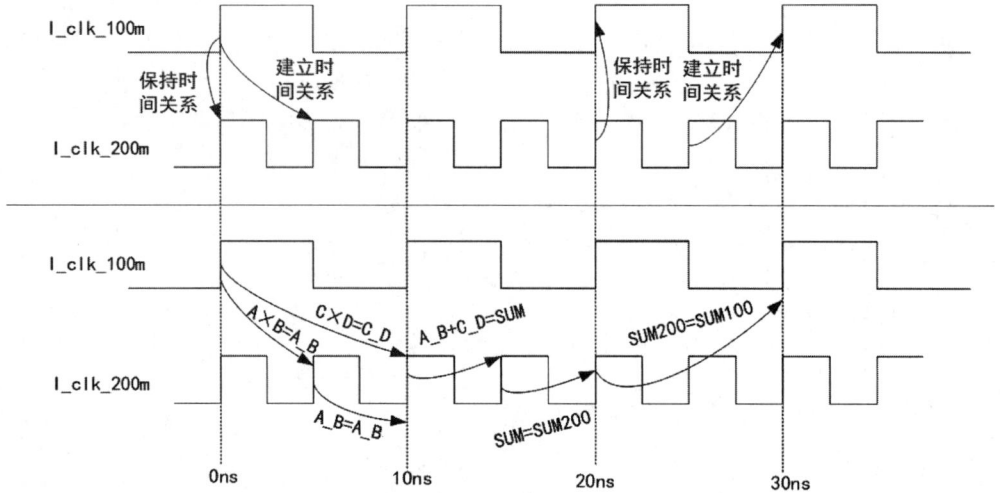

图 7-10　串行逻辑算法 A×B+C×D 时序分析图

着。路径 SUM200＝SUM100 也可以放宽时序要求,约束为快时钟到慢时钟的多周期路径。串行逻辑算法多周期约束后时序分析如图 7-11 所示。

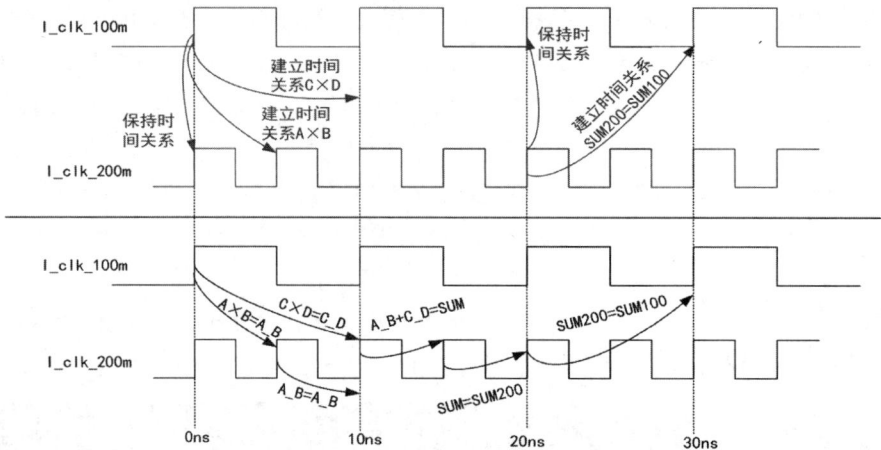

图 7-11　串行逻辑算法多周期约束后时序分析图

在工程中为路径 C×D 和路径 SUM200＝SUM100 添加多周期路径约束,以放宽路径时序要求,这样的做法并不会影响逻辑功能。约束指令如下:

```
set_multicycle_path 2  - end  - setup - from [get_pins {I_dataC_buff_reg[ * ]/C I_dataD_
buff_reg[ * ]/C}] - to [get_clocks I_clk_200m]
set_multicycle_path 1  - end  - hold - from [get_pins {I_dataC_buff_reg[ * ]/C I_dataD_buff
_reg[ * ]/C}] - to [get_clocks I_clk_200m]
set_multicycle_path 2  - start  - setup - from [get_pins SUM_200M_reg[ * ]/C] - to [get_
clocks I_clk_100m]
set_multicycle_path 1  - start  - hold - from [get_pins SUM_200M_reg[ * ]/C] - to [get_
clocks I_clk_100m]
```

第8章

写在最后

FPGA 时序约束主要分为时钟约束、输入/输出延时约束、时序例外约束和其他时序约束，其中主时钟约束和多周期路径约束较为重要。

8.1 FPGA 时序约束技巧

作为新手设计者，面对 FPGA 工程中的时序约束和时序违例时，可能来不及理清各种时序约束指令的原理和意义，当务之急是解决时序问题让工程编译下去，使时序满足设计要求。本书的建议是学会主时钟约束和多周期路径约束，便可在设计中快速取得阶段性进展。

关于时钟约束，FPGA 时钟输入主时钟约束是必要的；推荐使用 PLL 和 MMCM 等 IP 时，无须约束衍生时钟；在低频逻辑电路中，时钟抖动约束、时钟延时约束和时钟不确定约束可以暂不考虑，一般不会造成时序违例影响逻辑功能。

关于输入/输出延时约束和虚拟时钟约束，外部芯片与 FPGA 进行数据传递时（输入引脚到寄存器和寄存器到输出引脚），时钟频率一般不会特别高，时钟周期能覆盖外部"打包"的延时，可以暂不考虑输入/输出延时约束。逻辑设计时可以使用更高频率的时钟对外部芯片的数据进行采样，非源同步和系统同步设计，利用逻辑打拍和提沿等操作锁存稳定的数据，通过逻辑补偿 FPGA 外部的延时。类似 DDR 接口，FPGA 内部使用 DDR IP 核，外部 PCB 采用等长设计，一般无须特别约束。

关于时序例外约束，推荐使用多周期路径约束，代替优先级更高的伪路径约束和最大/最小延时约束，以放宽时序路径，避免使用优先级更高的约束指令。

关于其他时序约束，逻辑电路设计时一般不涉及，如无特殊需求暂无须约束。

综上，设计者重点掌握主时钟约束和多周期路径约束即可：FPGA 时钟输入引脚进行主时钟约束；异步/跨时钟域路径传递复位、初始化、Done 信号、初始参数配置等电平/数据信号时，可以放心使用多周期路径约束，不能确定的多周期路径可以不放宽时序要求；异步/跨时钟数据传递用 FIFO 或 RAM，异步/跨时钟脉冲传递用 xpm_cdc_pulse 或 FIFO

IP；如有时序违例，先处理异步/跨时钟域路径。

随着设计者编写的逻辑代码越来越多，解决时序问题越来越游刃有余，可以慢慢理解其他时序约束。最后会发现，使用最多且简单、好用的约束就是主时钟约束和多周期路径约束。这样的经验是以结果为导向的，也是退而求其次的折中，绝不能否认其他约束存在的意义。

8.2 FPGA 学习之路

在数字电路设计和嵌入式系统开发的广阔领域中，FPGA 以其高度的灵活性和强大的并行处理能力，成为众多工程师和科研人员的首选工具。然而，掌握 FPGA 并非一蹴而就，它需要系统的学习、实践和不断的探索。以下是作者 FPGA 学习之路。

Verilog 语言学习：Verilog 作为 FPGA 设计中最常用的硬件描述语言之一，了解其语法、数据类型、运算符、流程控制结构、模块与端口等基本概念是学习 Verilog 语言的第一步。此外，理解并熟悉 Verilog 中的并发信号赋值、阻塞与非阻塞赋值等关键特性至关重要。除了基础语法，还应深入学习 Verilog 的高级特性，如测试代码（Testbench）编写、时序逻辑设计、状态机设计等，这些对于复杂系统设计至关重要。

理论与基础知识学习：掌握数字电路的基本概念，如逻辑门、触发器、寄存器、移位器等，以及组合逻辑与时序逻辑的设计方法，参考阎石撰写的《数电/数字电子技术基础》。学习各种接口协议（如 UART、SPI、I2C 等），以及它们在 FPGA 中的应用。

FPGA 知识学习：了解 FPGA 芯片基础结构，学习 FPGA 的内部结构，包括查找表（LUT）、逻辑单元（LE）、逻辑块（LAB/CLB）、DSP 模块、存储器（BRAM、UltraRAM 等），以及 I/O 引脚配置等。

仿真：基于 Modelsim/Vivado 编译工具，编写仿真脚本，进行波形查看与逻辑分析；将仿真波形和逻辑代码对应，可以依据波形和功能要求对逻辑代码进行修改。

开发工具学习：根据所选 FPGA 厂商（如赛灵思/AMD 或英特尔），深入学习其提供的开发工具 Vivado、ISE、Quartus，利用其完成项目创建、综合、布局布线、时序分析、调试与验证等全过程。

学习优秀的代码：阅读优秀、完整的工程代码和官方代码，学习其代码习惯，接口风格，理清其时钟、数据和逻辑流程；多看、多想、多模仿。

项目实践：不断地阅读代码，不断地写代码，不断地调试代码，ILA 抓包分析时序波形并修改逻辑代码。

在不断的学习和实践中，作者进一步探索、实践并梳理了时序分析和时序约束问题。

8.3 引用文件

本书作者作为 FPGA 领域的新手小白，道行尚浅，在学习的过程中参考了领域前辈的经验总结，详见参考文献（扫描书后二维码获取），在此表示感谢。